权威·前沿·原创

皮书系列为
"十二五""十三五"国家重点图书出版规划项目

BLUE BOOK

智库成果出版与传播平台

科普蓝皮书

BLUE BOOK OF
SCIENCE POPULARIZATION

中国现代科技馆体系发展报告 No.2

DEVELOPMENT REPORT ON THE CHINESE CONTEMPORARY
SCIENCE AND TECHNOLOGY MUSEUMS SYSTEM
No.2

主 编／殷 皓

社会科学文献出版社
SOCIAL SCIENCES ACADEMIC PRESS（CHINA）

图书在版编目（CIP）数据

中国现代科技馆体系发展报告 . No. 2/殷皓主编
. -- 北京：社会科学文献出版社，2021.3
（科普蓝皮书）
ISBN 978 - 7 - 5201 - 7827 - 3

Ⅰ. ①中… Ⅱ. ①殷… Ⅲ. ①科学馆 - 发展 - 研究报
告 - 中国 - 2020 Ⅳ. ①N282

中国版本图书馆 CIP 数据核字（2021）第 022031 号

科普蓝皮书

中国现代科技馆体系发展报告 No. 2

主　　编/殷　皓

出 版 人/王利民
组稿编辑/邓泳红
责任编辑/宋　静

出　　　版/社会科学文献出版社·皮书出版分社（010）59367127
　　　　　地址：北京市北三环中路甲 29 号院华龙大厦　邮编：100029
　　　　　网址：www.ssap.com.cn
发　　　行/市场营销中心（010）59367081　59367083
印　　　装/天津千鹤文化传播有限公司

规　　　格/开　本：787mm×1092mm　1/16
　　　　　印　张：19.25　字　数：286 字
版　　　次/2021 年 3 月第 1 版　2021 年 3 月第 1 次印刷
书　　　号/ISBN 978 - 7 - 5201 - 7827 - 3
定　　　价/128.00 元

《中国现代科技馆体系发展报告 No. 2》
编 委 会

主要编撰者简介

殷　皓　中国科协党组成员，中国科学技术馆馆长，中国科学技术馆发展基金会理事长。参与制定《全民科学素质行动计划纲要（2006—2010—2020年）》、《全民科学素质行动计划纲要实施方案（2011—2015年）》、《科学技术馆建设标准》（建标101-2007）编制项目，参与科普资源共建共享、科普基础设施工程等工作；参与主持国家科技基础平台——中国数字科技馆建设、运营和管理工作；参与主持中国特色现代科技馆体系建设研究工作；作为项目负责人主持科技部"基于科技馆平台的创新方法培训研究与实践"项目和"公益性科普事业和经营性科普产业"项目等研究；主持《科学技术馆建设标准》修订项目和中国科技馆标准化体系研究与建设，负责总体方案的制定、审核与组织实施。参与编著《中国科普报告》等。研究方向为科技馆建设与管理、科普资源开发与应用、科技馆体系建设研究与实践等。

蔡文东　中国科学技术馆科研管理部副主任、研究员。主持、参与主持"新形势下中国特色科技馆体系创新升级对策研究""科技馆功能与内容配置规范研究"等省部级科研项目4项、"科技馆运行评估研究""全国科技馆'十四五'发展研究"等司局级科研项目5项，作为学术秘书、主要成员等参与省部级、司局级科研项目10余项，编辑出版《现代科技馆体系实践与创新》《科普蓝皮书——中国现代科技馆体系发展报告No.1》等图书5部；发表学术论文30余篇。研究方向为全国科技馆发展、科技馆体系、标准与评估等。

刘玉花 中国科学技术馆科研管理部副研究员。作为课题负责人、学术秘书、主要成员等参与科技馆现代化研究、创新科技馆科普教育活动对策研究、科技馆五年规划等 8 个省部级课题，科技馆体系运行机制研究等 10 多个馆级课题；参与"中国梦、科技梦——中国互联网 20 周年"专题展览展品创意策划、方案设计等工作；编辑出版《探索馆展品集》《现代科技馆体系实践与创新》等 10 余本图书；参与《自然科学博物馆研究》创刊及编辑出版 29 期杂志；发表学术论文 10 余篇。研究方向为科学传播与科技馆教育、科技馆体系、科普图书与期刊编辑出版等。

摘　要

针对我国公共科普资源供应不足、地区分布不均衡的问题，中国科学技术协会于 2012 年底提出建设中国特色现代科技馆体系（简称"科技馆体系"），以实体科技馆为龙头和依托，带动流动科技馆、科普大篷车、农村中学科技馆和数字科技馆共同发展，同时辐射带动其他基层公共科普服务设施和社会机构科普工作的开展，使公共科普服务覆盖全国各地区、各阶层人群。科技馆体系自建设以来，发展态势良好，成效显著，缓解了全国科技馆地区间分布不均衡的矛盾，使公共科普服务惠及更为广泛的城乡居民，推动了公共科普服务的公平普惠。

《中国现代科技馆体系发展报告 No.2》（简称《报告》）总结经验、分析案例，对科技馆体系的组成要素及重要内涵进行专项研究，从运行机制、资源建设、展品研发、安全管理、智慧服务等方面探索性地进行了相关研究并提出相应的对策建议。《报告》对科技馆体系组分中各重点专项的发展现状进行了深入分析；探索了区域联盟和年报制度等科技馆体系运行的创新机制；对科技馆主题展览巡展、信息化建设、展览展品研发、特效影院运营、中国古代科技展示、科学家题材电影发展等科技馆体系各项具体工作进行了研究分析；在专题研究的基础上，对部分有代表性场馆的体系建设进行了剖析。

《报告》结合当前科技馆体系建设的宏观背景，提出"十四五"期间需着重在推进科普场馆建设、提升资源开发能力、促进共建共享协同发展、创新运行管理机制等方面深入改革，勇于实践，同时需要通过健全协调机制、完善制度标准、创新人才机制等为科技馆体系可持续发展提供支撑、保障。

关键词： 科技馆体系　公共科普服务　科普资源

目 录

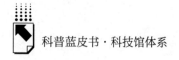

Ⅲ 调研篇

Ⅳ 实践篇

Ⅴ 借鉴篇

皮书数据库阅读**使用指南**

总 报 告

B.1

新时代 新挑战 新征程

——中国现代科技馆体系可持续发展研究报告

齐 欣 刘玉花 马宇罡 蔡文东 王美力 谌璐琳*

摘 要： 中国现代科技馆体系建设自 2012 年提出以来，取得了显著成绩，在推动科普公平普惠、促进基本公共服务均等化方面发挥了重要作用，但在质量效益和科普能力等方面还存在不平衡、不充分等问题。本报告通过实地调研、文献研究、问卷调查等方式，研究发现科技馆体系发展面临以下挑战与问题：

---

* 齐欣，中国科学技术馆展览教育中心主任，研究员，研究方向为科技馆体系、科技馆理论与实践、科普服务标准化；刘玉花，中国科学技术馆副研究员，博士，研究方向为科技馆教育与科学传播、科技馆体系；马宇罡，中国科学技术馆科研管理部副主任，助理研究员，研究方向为科技馆发展规划、国外科技馆；蔡文东，中国科学技术馆科研管理部副主任，研究员，博士，研究方向为全国科技馆发展、科技馆体系、标准与评估等；王美力，中国科学技术馆科研管理部助理研究员，研究方向为科技馆运行评估、科普服务标准化；谌璐琳，中国科学技术馆科研管理部助理研究员，研究方向为科学传播、科技馆体系研究。

一是战略规划有待完善；二是整体发展不平衡、不充分；三是体系运行机制与新时代要求不相适应；四是科普展览教育能力有待提高；五是人才队伍相对薄弱。结合当前科技馆体系建设的宏观背景，本报告提出促进科技馆体系可持续发展需着重在推进科普场馆建设、提升资源开发能力、促进共建共享协同发展、创新运行管理机制等方面深入改革、勇于实践，同时需要通过健全协调机制、完善制度标准、创新人才机制等为科技馆体系可持续发展提供支撑、保障。

关键词： 科技馆 科普资源 科普公共服务

科技馆是面向社会公众特别是青少年等重点人群，以展览教育、研究、服务为主要功能，以参与、互动、体验为主要形式，开展科学技术普及相关工作和活动的公益性社会教育与公共服务设施，对促进科普服务公平普惠、提高公民科学素质发挥了重要作用。近年来，随着我国科技馆事业的蓬勃发展，整体良好的发展态势和科普公共服务不平衡不充分之间的矛盾也日趋显现。党的十八大提出完善公共文化服务体系、提高服务效能、促进基本公共服务均等化的要求。为此，中国科学技术协会（简称"中国科协"）于2012年底提出建设中国特色现代科技馆体系（以下简称"科技馆体系"），即立足中国国情，以科技馆为龙头和依托，通过增强和整合科普资源开发、集散、服务能力，统筹流动科技馆、科普大篷车、农村中学科技馆、数字科技馆的建设与发展，并通过提供资源和技术服务，辐射带动其他基层公共科普服务设施和社会机构科普工作的开展，使公共科普服务覆盖全国各地区、各阶层人群，建设具有世界一流辐射能力和覆盖能力的公共科普文化服务体系[①]。

---

① 朱幼文、齐欣、蔡文东：《建设中国现代科技馆体系，实现国家公共科普服务能力跨越式发展》，载程东红等主编《中国现代科技馆体系研究》，中国科学技术出版社，2015，第7页。

习近平总书记提出"科技创新、科学普及是实现创新发展的两翼，要把科学普及放在与科技创新同等重要的位置"的重要论断。党的十九大清晰擘画了全面建成社会主义现代化强国的时间表和路线图，提出"加快建设创新型国家""完善公共文化服务体系""弘扬科学精神，普及科学知识""大力提升发展质量和效益"等新要求。新时代，中国在建设世界科技强国、实现公共文化服务公平普惠等方面发出了明确号召，成为科技馆体系建设的发展指引和根本遵循。

近年来，随着科技馆体系建设迅速发展，科普服务的覆盖范围不断扩大，服务人群不断增加，质量水平不断提高，其发展趋势逐步从实体科技馆、流动科技馆、科普大篷车、数字科技馆的数量与规模增长向科普能力与水平提升的质量效益发展方式转变。科技馆体系建设虽已取得显著成绩，但与新时代新要求相比，在质量效益和科普能力水平等方面还存在发展不平衡不充分的问题，在一定程度上影响了科技馆体系科普服务效能的充分发挥，只有以问题为导向，努力补足短板、创新发展，才能完成好新时代赋予的新使命。

2018 年，根据中国科协的工作部署，中国科学技术馆（简称"中国科技馆"，全书同）设立"中国特色现代科技馆体系创新升级调研项目"，重点了解科技馆体系的发展现状和存在的问题，提出新时代科技馆体系可持续发展面临的挑战和需要着力破解的难题；了解省、市、县各级科技馆在体系建设中发挥的作用，研究如何统筹协调不同层级的科技馆发挥体系建设的合力；了解体系在公共文化服务体系领域可利用的资源与合作的途径等，探索公共文化服务体系框架下的发展机制等，为科技馆体系可持续发展提供基础。

调研主要采取文献研究、问卷调查、实地调研、座谈研讨等方式，深入了解科技馆体系建设的基本情况，查找问题，深入剖析，以求获取更加全面、准确、多样的调研信息。实地调研分为 4 条线路，分别赴东部、中部、西部及东北部 4 个地区，对广东、河南、宁夏、黑龙江等省（区）开展实地调研与访谈，包括省级科技馆 4 座、地市级科技馆 10 座、县级科技馆 5 座。

"中国特色现代科技馆体系创新升级调研项目"设置 12 个专题项目，分别从科技馆体系运行机制、科技馆人力资源、展览展品设计研发、主题展览巡展、展览教育工作运行模式、中国古代科技展示教育资源、科技馆信息化（含数字科技馆）、特效影院运营现状与发展需求、特效电影共建共享现状与工作机制、全国科技馆免费开放运行、流动科普设施信息化、农村中学科技馆等方面进行深入调研。本报告主要基于科技馆体系运行机制专题调研项目的研究成果，整合了部分其他专题调研项目的成果，同时结合近年来开展相关调研取得的成果，对科技馆体系发展面临的挑战与问题进行分析①，并结合当前科技馆体系建设的宏观背景，提出"十四五"期间促进科技馆体系发展的重点工程与支撑条件。

一 科技馆体系发展面临的挑战与问题

经过7年的建设发展，科技馆体系已在中国大地上深深扎根。目前，科技馆体系的物质基础正在不断夯实，成果正在不断积累，对公共科普服务均等化、普惠化发挥了独特作用，做出了积极贡献；同时也必须清醒地看到，科技馆体系建设仍存在问题，尤其是与科技馆体系相适应的、适合我国国情的体系统筹协调机制、运行体制机制、资源创新机制和人才保障机制尚未完全建立起来，影响了科技馆体系可持续发展的水平和质量。

（一）战略规划有待完善

科技馆体系建设是一项跨地区、跨系统、跨部门的系统工程，涉及相关职能、任务、资源、节点、渠道、供求关系的重新布局和再分配，② 有可能打破某些机构之间现有责、权、利的格局。目前，我国尚缺乏一个高层次的领导机构负责统筹指导，使得科技馆体系建设发展缺少强有力的支持，因

---

① 《中国现代科技馆体系发展报告 No.1》的总报告《建设中国特色现代科技馆体系　实现国家公共科普服务能力跨越式发展》已经对科技馆体系的发展概况、成就、经验与做法等进行了总体介绍，时间仅过去一年，相关数据和内容变化不明显，故在本报告中不再赘述。

② "中国特色现代科技馆体系'十三五'规划研究"课题组：《中国特色现代科技馆体系建设发展研究报告》，载《科技馆研究报告集（2006～2015）》（上册），中国科学技术出版社，2016，第234页。

此，我国需要在科技馆体系的发展规划、统筹管理及免费开放管理等方面进一步完善。

1. 科技馆体系缺乏系统性的发展规划

2016 年 12 月 25 日第十二届全国人民代表大会常务委员会第二十五次会议通过、自 2017 年 3 月 1 日起施行的《中华人民共和国公共文化服务保障法》（以下简称《公共文化服务保障法》）规定："县级以上人民政府应当将公共文化服务纳入本级国民经济和社会发展规划……公共文化设施是指用于提供公共文化服务的建筑物、场地和设备，主要包括图书馆、博物馆、文化馆（站）、美术馆、科技馆、纪念馆、体育场馆、工人文化宫、青少年宫、妇女儿童活动中心、老年人活动中心、乡镇（街道）和村（社区）基层综合性文化服务中心、农家（职工）书屋、公共阅报栏（屏）、广播电视播出传输覆盖设施、公共数字文化服务点等。"① 由此可见，公共文化设施包括科技馆，但科技馆体系在公共文化服务体系的定位以及如何更好地借助公共文化服务体系建设推进科技馆体系建设等尚未有明确的定位。此外，体系建设虽然被纳入《"十三五"国家科技创新规划》《"十三五"国家科普与创新文化建设规划》《全民科学素质行动计划纲要实施方案（2016—2020年）》《中国科协科普发展规划（2016—2020 年）》等相关规划中，但基本上是原则性的要求，缺少对科技馆体系整体性、系统性的中长期发展规划和战略研究。

2. 科技馆体系标准化建设薄弱

随着我国经济的持续快速发展，科普服务投入也在不断加大，科普服务的软件和硬件条件大幅改善，科普服务范围日益扩大、深度不断扩展，但由于我国科普服务标准化工作起步较晚，与其他行业标准化工作相比，相对薄弱。目前，在科普服务标准体系框架下，我国尚未建立起科技馆体系标准化系统和标准体系框架，相关标准的编制和发布较少。国家标准方面，尚无科

---

① 中华人民共和国中央人民政府：《中华人民共和国公共文化服务保障法》，http://www.gov.cn/xinwen/2016 – 12/26/content_ 5152772. htm。

技馆体系相关标准，许多基础、重要、急需的标准亟待制定；行业标准方面，目前仅有《科学技术馆建设标准》（建标 101 - 2007）1 项，该标准作为建筑领域的行业标准对全国科技馆的建设发展起到了重要规范和指导作用，为了进一步适应全国科技馆建设发展的新形势、新要求，经住建部批准，由中国科协组织该标准修订；地方标准方面，部分地方科协、机构和企业依托当地标准化部门、机构和组织，陆续开展相关地方标准的编制，据不完全统计，目前共发布实施科技馆体系相关地方标准仅 10 余项。此外，标准化专业人才欠缺，我国缺乏既熟悉科普服务领域又具备标准化专业能力的人才队伍。

3. 实体科技馆建设发展和免费开放统筹管理不足

中国科技馆的调查数据显示，2018 年全国共有科技馆 244 座，其中隶属科协系统的有 207 座（84.8%）；非科协系统科技馆 37 座（15.2%），分别隶属 6 类系统①（见图 1）。归口不一、条块分割的状态明显。更为重要的是，管理分散造成全国科技馆的数据统计混乱、底数不清，使得无法对全国

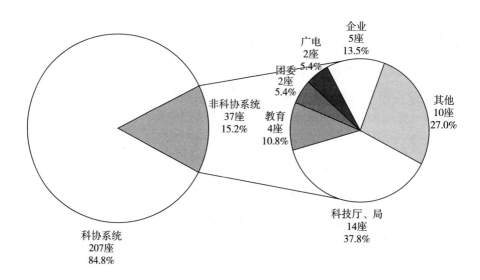

图 1　全国科技馆隶属情况

---

①　除特别标注外，本报告数据均来自中国科技馆统计数据。

科技馆的科普资源进行整合配置，无法进行统一标准的行业考核和监测评估，对科技馆事业的健康发展和实现公共科普服务均衡普惠造成了较大的阻碍。此外，2015年，中国科协、中宣部、财政部联合下发了《关于全国科技馆免费开放的通知》，免费开放采用分步实施的方式，目前实施免费开放的范围是科协系统所属的科技馆，隶属其他系统的科技馆暂未纳入；2019年全国共有219家科技馆被纳入免费开放实施范围，享受中央财政免费开放经费补助共计6亿元。科技馆免费开放政策的实施，为各地科技发展提供了运行经费保障，但补助经费的使用目前尚无具有操作性的指导性文件，免费开放经费的具体列支范围不够清晰，缺乏相应的经费管理办法。

（二）整体发展不平衡、不充分

截至2018年底，全国建成科技馆244座，正在建设中的科技馆100余座。但是，全国科技馆场馆总量仍然不足：根据《科学技术馆建设标准》，全国适宜建设科技馆的地级市及以上城市（户籍人口超过50万）共291个，但截至2018年底尚有143个城市未建成科技馆（占49.1%）。

1. 各省区市科技馆体系建设发展不平衡

各地对科技馆体系的认知与实践存在差异，有的省区市已基本形成了省级科技馆体系架构和相关运行协调机制，有的省区市则仍未建立科技馆体系。在统筹协调当地体系建设、辐射基层科普工作方面，各地科技馆大多面临统筹协调机制缺乏、经济条件支撑不足以及认识水平不高等导致的发展不平衡等问题。如在本次调研中，宁夏回族自治区作为西部省区，全区目前建成省级科技馆1座、地市级科技馆2座、县级科技馆1座、流动科技馆5套，场馆设施建设和运营困难较多，地市级科技馆艰难支撑场馆的基本运行，县级科技馆更是难以维系，普遍存在地方财政压力大、专业人才缺乏、展品更新匮乏、科普活动难以持续开展等问题，导致体系建设步伐缓慢，发展不平衡、不充分。

2. 科技馆区域分布不均衡

2018年东部地区建有科技馆102座（41.8%），远高于中部地区的67

座和西部地区的 75 座，由此可见，我国东部和中、西部科技馆数量差距依然较大，区域发展不平衡。同时，在同一个省区市内，实体科技馆的建设也存在不平衡的现象。例如，广东省虽为东部经济发达省份，全省科技馆建设区域发展不平衡情况也较为严重，相关调查资料显示，广东省目前建成省级科技馆 1 座、地市级科技馆 11 座、县级科技馆 3 座；而广东省共有地级市 21 个，均适宜建设科技馆，但仍有江门、茂名、清远、潮州、云浮等 10 个城市尚未建设科技馆，基层科普服务供给不足。

3. 各级科技馆发展不平衡

不同级别的科技馆受自身所在的地方财政收入分配及领导重视程度不同，发展状况也存在很大差距。从全国整体范围来看，省级科技馆的单位建筑面积运行经费超过市级和县级科技馆的总和（见图 2）。目前各省级科技馆整体发展较好，无论是在经费、人员等保障方面，还是在展教资源开发与运行管理方面，基本能确保稳定运行、适度发展。当地经济发展较好的地市级科技馆，特别是省会城市的科技馆，运行状况也比较好；但一些地方经济发展水平不高的地市级科技馆，则面临运行经费紧张、展品更新改造困难等问题。大部分县级科技馆由于经费投入不足，场馆建设质量整体不高，运行管理水平不高，可持续发展后劲不足，部分县级科技馆甚至维持基本运行都颇为困难。

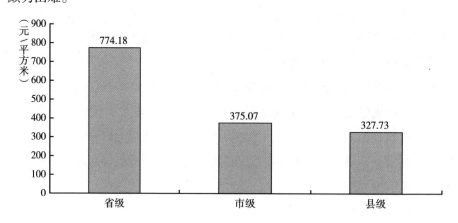

图 2 2018 年全国各级科技馆单位建筑面积运行经费对比

（三）体系运行机制与新时代要求不相适应

科技馆体系建设不能仅凭一己之力完成，需要进一步研究制定在科技馆体系总体协调下，实体科技馆、数字科技馆、流动科普设施与其他基层科普设施、社会机构之间的联动协作机制，各科技馆之间以及各科普项目之间资源集成、开发、服务的共建共享机制，科技馆与社会相关机构有效协作机制等一系列的制度性安排。目前，科技馆体系的运行机制相对滞后于科技馆事业的发展，内部有机融合、协同发展的运行模式尚不完善，在资源配置方面的优势尚未充分显现；科技馆体系整合外部资源联合协作、共建共享的组织模式尚未形成，没有充分调动、挖掘和整合社会力量和资源促进体系资源集成与创新，与学校、科研机构、社会组织等的交流合作还不够。

1. 统筹协调机制尚不完善

从科技馆体系内部看，科技馆体系相关工作任务尚未被纳入各级科技馆的三定方案和工作职责中，且大部分省区市科普大篷车的运行管理并未由当地科技馆承担，使得科技馆在推动当地科技馆体系建设发展时，在较大程度上缺乏政策、人员和经费等保障。目前，我国虽已基本形成中国科协及各基层科协组织联动机制，并在实践中逐渐建立了中国科技馆与省、市、县级科技馆相互支持和某些区域的协同发展机制，积累了一定的运行管理经验。但是，上述不同级别科技馆的联动与合作尚未形成一个统筹发展、协同增效、资源共享的有机整体，实体科技馆之间，实体科技馆与流动科技馆、科普大篷车、数字科技馆等其他科技馆之间还未建立信息、资源等交流共享平台，体系协同发展的机制有待进一步完善。从科技馆体系与外部关系看，科技馆体系建设各参与方与政府、学校、企业、科研院所等外部机构协同发展的意识不强、办法不多，运用社会化方式开展"大联合、大协作"以整合各方资源、提升科普服务水平的渠道狭窄、实效不彰，科技馆体系建设呈现较强的内向型发展特点。

2. 社会协同机制有待完善

在我国，包括国家实验室、大科学装置及科研人员在内的优质科普资源，大都掌握在高校及研究机构手中；而这些资源的开放对提升国家创新能力和公众科学素质作用重大。长期以来，我国科技馆领域与科研院所、高校之间的资源共建共享工作进展有限、渠道狭窄，亟须针对短板寻找整合破局之道。当前我国科技馆体系的社会化协同机制不完善，没有充分调动、挖掘和整合社会力量促进体系资源集成与创新，特别是与高新技术企业合作较少，缺少与企业、社会组织合作开展科普的协同机制，未充分发掘社会力量参与科普的积极性与能动性，开展科普工作的主体和手段较为单一，内容和形式较为局限，发展活力也不足。

（四）科普展教能力有待加强

1. 展览展品研发能力不足

我国科技馆和公众对于科普资源的需求日益增长，但科技馆自身和展览展品相关企业创新能力难以满足供给需要，展览展品多为模仿照搬，同质化现象严重，各馆的特色不突出。受限于专业人才的缺乏，常设展览和短期展览集成创新多、自主研发不足，展览展品更新频率落后于国家要求、科技迅速发展，更新的内容落后于公众日益增长的美好生活需要。本次调研发现①，约38%的科技馆没有自主策划研发展览展品的能力，均要借助展览展品研制企业的力量；约27%的科技馆可以自主完成概念设计，约16%的科技馆可以自主完成概念设计及初步设计，仅有约16%的科技馆能自主完成概念设计、初步设计及深化设计。

2. 展览教育能力亟须提升

近年来，我国科技馆对教育功能的重视程度逐步提高，教育活动的数量和种类不断增加，但教育活动的水平和创新能力还有待进一步提高。主要表现在如下方面。一是创新性教育活动数量较少，整体水平不高，发展不均衡。在现有的科技馆教育活动中，注重科学知识传播的教育活动较多，很多

---

① "全国科技馆展览展品设计研发现状与对策研究"课题组共对国内18座科技馆、8家展览展品研制公司进行了调研及访谈。其中，科技馆包括中国科技馆、13家省级科技馆、4家地县级科技馆。

科技制作、科学实验活动还是让观众按照固定套路、规定动作进行，缺少科学探究。从活动目标和内容看，科学知识的传播和实验技能的培训仍是活动的主要侧重点，对科学方法、科学思想和科学精神的培养尚未成为教育活动的主要目标；从活动方式看，真正的做中学、探究式学习较少，大多还是以讲授为主，而且对现代信息化技术手段的利用明显不足。二是教育活动缺乏科技馆特色，发展方向不明确。论坛、讲座、竞赛、冬夏令营等传统形式是各地科技馆开展教育活动的主要类型，与青少年宫等社会机构开展的活动形式相近，缺乏自身特色。展览辅导本应是最具有科技馆特色、最能发挥自身参与体验型展品特长的活动，而目前大多数科技馆不够重视，基础薄弱，组织实施水平不高。

3. 信息化应用能力相对滞后

目前，各地科技馆普遍存在信息化应用水平较低、可用于业务的信息化系统建设不足，尤其是服务于公众的信息化手段不够丰富等问题，导致科技馆体系在信息化建设及应用方面存在明显短板：一是面向科技馆体系的高效服务平台有待完善，造成资源整合与服务能力欠佳；二是服务科技馆体系数据采集分析和研判的平台需要持续建设，科技馆体系运行状态量化感知能力建设不足，资源建设和投放的精准度有待提高；三是科技馆体系信息化建设持续性推动相对欠缺，整体信息化工作导向性弱，建设进程相对滞后于科技馆体系整体发展。

（五）人才队伍相对薄弱

各地科技馆普遍存在科普专门人才队伍不足、专业化程度不够、人才职业发展受阻、人才评价和激励体系不够完善等问题，严重制约了科技场馆运行和展览教育能力、科普资源共享水平等多方面的提高。

1. 科技馆专业人才队伍编制和数量不足

中国科技馆的调查数据显示，2017 年，全国事业单位性质科技馆的馆均编制数为 32 人，其中，特大型科技馆平均每馆编制 85 人，大型科技馆 47 人，中型科技馆 23 人，小型科技馆仅 10 人。不同建筑规模科技馆的工作人员编制数量均大幅低于《科学技术馆建设标准》（建标 101 – 2007）中的相应要求（见表 1）。随着科技馆事业的发展，观众对科技馆的参观学习需求越来越多，要求越来越高，科技馆工作人员的压力越来越大，特别是科技馆免费开放后，观众量增加，在岗工作人员的工作压力、工作强度和工作时间也相应增加，而工资待遇却不能相应提高，造成近年来科技馆人才流失问题较为严重，且有日益加重的趋势。

表1　全国科技馆工作人员编制数量情况

馆类型	特大型馆	大型馆	中型馆	小型馆
科技馆建设标准数值:工作人员(人)/建筑面积(m^2)	1/200	1/180	1/180	1/160
2017 年实际数值:工作人员(人)/建筑面积(m^2)	1/587	1/474	1/488	1/396

资料来源:《科学技术馆建设标准》（建标 101 – 2007）。

2. 科技馆专业技术人才的职业发展受阻

科技馆专业技术人才队伍建设，特别是基层科技馆的专业技术人才队伍建设乏力，存在的主要问题表现在对从业人员职业发展前景的政策导向较模糊，缺乏指向明确的专业技术评价体系和健全齐备的专门人才继续教育培养途径等。但由于科普专业职称评价一直未被纳入现有 27 个（原 29 个）职称系列中，现有的职称系列中很难找到符合科技馆工作发展的职称系列，博物馆馆员、教师、工程师等职称系列都没有考虑科技馆工作的特点。评审条件与科技馆业务工作不匹配、缺乏针对科技馆工作人员的评审办法，致使科技馆领域专业人员职称评价遇到很大难度，科普实践中的诉求未能得到解决。目前，北京、天津开展了图书情报系列科学传播专业职称评审，新疆设立了科技辅导专业技术职务任职资格评审，为少部分科技馆在一定程度上解决了从事科学教育工作人员的职称评定问题。但全国科技馆普遍缺乏系统化的职称评定体系，特别是一线工作人员的高级专业技术职称评审困难，导致科技馆体系从业人员缺乏逐步晋升的职业发展途径，普遍存在迷惘感，在一定程度上迷失了工作的方向和目标，从而缺少工作动力。

3. 绩效管理激励不足

科技馆服务公众效果与从业人员激励机制尚未有效、切实挂钩，相对固化的激励模式滞后于新时期经济社会发展、公众期待和科技馆行业快速上升的节奏，科技馆领域出现关键岗位"隐性"人才流失以及难以激发从业人员队伍活力等问题。科技馆工作人员的绩效管理贯穿日常工作，但在实施过程中，一方面，绩效考核标准缺乏科学性和系统性，不能完全反映人员工作的实际状态；另一方面，事业单位工资改革，实行工资总额封顶，文创、研发等收入无法进行绩效再分配，致使每个人的绩效分配差距不大，因此绩效管理的激励不足、效果不明显，没有真正打破"大锅饭"，在一定程度上影响了人员的工作积极性。

二　科技馆体系可持续发展重点任务

2020 年是全面建成小康社会、打赢脱贫攻坚战和"十三五"规划收官之年，是实现第一个百年奋斗目标的关键之年。未来，我国将站在中国特色社会主义建设新的历史起点上，科技馆体系建设也将进入新时代、履行新使命、实现新发展，着力促进公共科普服务更加公平普惠、全民科学素质不断提升。科技馆体系可持续发展，必须结合实践发展与面临的挑战，坚持问题导向与目标导向，未来应着重在推进科普场馆建设、提升资源开发能力、促进共建共享协同发展、创新运行管理机制等方面深入改革、勇于实践，从而推动科技馆体系的新发展。

（一）推进科普场馆建设

1. 实施科技馆体系创新升级示范项目

支持省级科技馆、地市级科技馆承担所在地区体系建设发展的职责和任务，结合当地经济、社会、资源现状和未来发展规划，因地制宜地构建当地科技馆体系组织架构和运行模式，统筹协调实体科技馆、流动科普设施、基层科普设施、数字科技馆等的建设和运行，实现全国各地区科技馆体系高品质、特色化、创新化发展并发挥示范作用，从而带动周边区域科技馆体系的创新升级，形成全国科技馆体系的发展合力。

2. 加强全国科技馆建设并优化布局

推动每个地级市和常住人口 50 万以上的城市建设科技馆；推动建设和发展一批具有地方特色、产业特色的专题科技馆和行业科技馆；推动中西部地区和革命老区、少数民族地区、边疆地区、贫困地区科技馆的建设发展，特别是推动流动科技馆、科普大篷车、农村中学科技馆等项目进一步向以上地区倾斜，促进科技馆体系公共科普服务的公平普惠。

3. 完善科技馆免费开放制度

建立科技馆免费开放经费保障机制，中央财政经费应随着科技馆免费开放的覆盖范围扩大而逐渐加大支持力度。研究制定科技馆免费开放管理办法，明确免费开放经费的分配机制和使用范围，使科技馆免费开放经费能够用于各地各级科技馆承担的体系建设运行相关工作，通过科技馆的龙头带动作用促进各地科技馆体系可持续发展。建立全国科技馆免费开放评估考核制度和指标体系，重点对于中央财政支持的实施免费开放的科技馆进行绩效考核，将科技馆的综合科普效益与财政投入、免费开放专项补助等经费挂钩。

（二）提升资源开发能力

1. 建立科技馆体系科普资源研发基地

依托科普资源研发能力较强的国家级科技馆、省级科技馆等，在有条件的地区建立科普展览教育资源研发基地，与高校、科研机构、国有企业、高科技企业等联合攻关和创新优质科普展教资源，开发科技馆体系适用的展览展品、教育活动资源包、数字化科普资源和文创产品等，促进科研成果科普化和科普展览教育资源市场化，构建科普资源联合开发、共建共享的长效机制。探索展览展品"首台套"研发模式，攻关展示关键技术，促进新技术应用，丰富展品表现形式；促进流动科普设施展览展品资源开发"主题化、菜单化"，拓展展览内容主题，形成模块组合、主题丰富的展示内容体系；建立系列展览资源库，优化资源配置，激活基层热情，满足基层多层次科普内容需求。明确将科技馆年度运行经费的 10%～20% 作为科研经费使用和管理，用于支持展览教育资源研发与更新；将科普展览展品研发纳入"国家科技进步奖"评审范围。

2. 实施中小科技馆科普展览教育资源支持计划

建议中央财政设立中小科技馆科普展览教育资源建设专项支持计划项目，重点面向中小型科技馆和县级科技馆，特别是中西部地区和欠发达地区的地市级和县级科技馆，提供科技馆常设展览更新改造、短期展览巡回展出、教育活动课程和资源包、信息化和数字化建设等方面的支持，通过捐赠、共建、集成、开发等方式，解决中小科技馆科普展览教育资源匮乏陈旧、无力更新等问题，从而保障中小科技馆基本的科普功能和正常运行。

3. 举办科技馆科普资源国际化和全国性的专业赛事

面向科技馆体系，利用科技馆科普资源开发相关国际、国内大赛，立足促进科技馆科普资源研发创新，推进科普资源研发能力提升和专业人才培养。举办中国国际科普作品大赛，面向全球科技博物馆、高等院校、科研院所、科普机构和个人，征集科普展品、科普视频、科普文创三类科普作品，汇聚科普作品研发的国际智慧，加强科普理论与实践的交流研讨，建立多元有效的成果辐射机制，不断激发科普作品的创作热情，助力国际科普作品的繁荣发展。举办全国科技馆展览展品大赛，面向国内科技馆体系相关场馆和机构征集符合科技馆展教理念、面向公众展出的常设展览、短期展览和展品三类科普资源，推出更多优质展览和创新展品，满足群众日益增长的对美好文化生活的科普需求。

（三）促进共建共享协同发展

1. 通过行业、产业联盟促进馆际合作与资源共建共享

鼓励科技馆及与博物馆等相关行业建立行业、产业联盟，合作开发科普展览，共享展览教育活动资源，促进行业内及跨行业的交流。积极发挥中国自然科学博物馆学会以及公众科学素质促进联盟、长三角区域科普联盟、粤港澳大湾区科普场馆联盟、京津冀科学教育馆联盟等相关学会和区域性联盟

的作用，促进科技馆体系科普资源融合与协同创新。

2. 形成多元化社会协作开发模式

推进科技馆非基本服务市场化改革，即政府财政投入重点用于保障基本科普服务，而短期展览、科技培训、特效电影、文创产品等非基本服务引入市场化竞争机制，充分发挥市场配置资源的决定性作用。可采取众包、众筹等模式，鼓励各种社会资源、社会力量多渠道参与科技馆展览、教育和文创开发，与高校、科研机构、高新技术企业等社会机构开展广泛的合作，扩大政府购买服务范围。

3. 推进以流动科技馆方式开展县级科技馆区域化巡展

由县域科技馆集群中的县级馆提供场地保证，并要具备所需硬件基础条件以及人员和经费等条件，面向县域公众开放，能够用于长期展览展示；由中国流动科技馆和部分主题巡展项目提供多套专题化、系列化的展览教育资源，并需持续开发、定期更新；由多方协作开展经费筹措和运行管理，在各级财政提供相关经费支持的基础上，积极探索政府购买服务等社会化运营新模式，鼓励社会机构和企业参与县级馆的运行管理、人力保障、公众服务等。①

（四）创新运行管理机制

1. 探索科技馆体系下的总分馆制运行模式

以省级或地市级科技馆作为中心总馆，统筹所辖市、区县科技馆的建设运营并将市、区县科技馆作为区域分馆，同时吸纳面向社会开放的科研院所、高等院校和企事业的科普场馆、设施等作为特色分馆，予以科普资源、项目或经费、专业人才等方面的支持，探索适合科技馆体系可持续发展的总分馆制建设和运行模式，解决体系建设不平衡、不充分问题，推动体系多元化、协同化发展。

---

① 齐欣、刘玉花、龙金晶、陈闯：《我国县级科技馆建设发展的困境与对策》，载殷皓主编《中国现代科技馆体系发展报告 No.1》，社会科学文献出版社，2019。

2.探索社会化运行模式，创新管理机制

探索政府购买公共服务机制及公私合营模式。通过定向委托、公开招标、邀标等形式，将原本由科技馆承担的公共服务转交给有资质、有专业人才队伍的社会组织或企事业单位，以保障公共服务供给的质量、提高财政资金的使用效率、改善社会治理结构，进而满足社会公众的多元化、个性化需求。建立并完善创新性的、科学合理的展览教育资源开发与采购制度和规范，同时合理、有效地运用这些制度为科技馆的现实需要服务。

3.探索“馆校结合”长效机制

进一步加强与教育主管部门的沟通，协商建立科技馆与中小学校教育合作的制度化、专业化、特色化新机制，为馆校双方合作提供政策、制度、经费、人员、资源等方面的保障和指导。科技馆体系与中小学校共建“馆校合作基地校”，加强场馆科学教育活动、科普活动进校园、校本和馆本课程开发、青少年创新人才培养、科技教师培训等方面深度合作，有效促进科技馆体系为中小学科学课提供教学服务和实践体验场所，中小学为科技馆展览教育活动提供师资与教学资源服务，从而实现互补与共赢。

三　科技馆体系可持续发展的支撑条件

中国科协近年来在推动科技馆体系建设和创新升级方面开展了大量工作，为进一步保障体系在提高全民科学素质、促进科普的公平普惠中发挥更大的作用，仍需在更高层面寻求政策、经费、人才等方面的支持，通过健全协调机制、完善制度标准、创新人才机制等为科技馆体系可持续发展提供强有力的支撑。

（一）健全协调机制

1.加强科技馆体系发展顶层设计和政策支撑

深入贯彻落实《公共文化服务保障法》，在国家统一协调下，由中国科协联合文旅、财政等相关部委出台《关于新时代促进中国特色现代科技馆体系可持续发展的指导意见》，构建在公共文化服务体系的宏观架构下推进科技馆体系可持续发展的政策机制和组织保障。主要内容包括：优化科技馆体系相关组织机构设置、强化科技馆体系人才队伍建设；明确各地科技馆具有履行科技馆体系建设发展的职能，负责流动科技馆、科普大篷车、数字科技馆等的建设、开发、运行、维护和管理；按照科技馆体系的发展趋势安排免费开放资金总量，出台符合国家规定且具有针对性和可操作性的经费管理办法，科技馆免费开放经费允许用于该馆履行科技馆体系职责的相关支出，也可用于解决人力不足问题，或择优后补助运行效果好的科技馆；在流动科技馆和科普大篷车的项目经费中，预留一定比例作为国家引导资金，着重支持贫困地区采取政府购买服务等社会化方式，提高科普服务效果。

2. 推动科技馆体系智慧化发展和信息化协同

搭建"现代科技馆体系服务管理系统"，完善科技馆体系的数据中心和管理平台，通过中国数字科技馆集成整合体系各部分的优质科普资源，并向实体科技馆、流动科技馆、科普大篷车、农村中学科技馆以及基层科普设施等持续输出，实现资源共建共享。依托互联网将实体科技馆、流动科技馆、科普大篷车、农村中学科技馆等科普设施联通，实现科普设施及设备的远程实时管理以及各地运行数据自动化、周期性采集汇总，逐步建设现代科技馆体系大数据中心，及时了解各地运行情况，提高系统性开展科普工作统筹能力。树立智慧场馆的理念，充分运用大数据、云计算、物联网、移动互联网、人工智能等先进技术，建设综合信息服务平台，全面提升展览展品、教育活动、观众服务和管理运行等方面的信息化水平，实现场馆的智能化管理和公众的个性化服务。

（二）完善制度标准

1. 推动科技馆体系标准化建设

以全国科普服务标准化技术委员会为依托，充分调动科技馆领域各单位参与标准化工作的积极性，以"急用先立、重要先立、上层先立"为指导原则，切实推进体系各重点领域的标准制修订工作。研究建立科学、系统、完善的科技馆体系相关标准体系，通过深入分析体系的相关工作领域和要素，梳理体系相关的标准体系框架，并遵循该体系框架统筹推进科技馆领域标准化工作。加强标准研究编制，推进科技馆体系基础通用、基础设施、科普展览教育产品、科普服务等可持续发展急需且重要的标准规范，为体系各要素的发展提供具体的指导，树立尺度和标杆，促进科技馆体系公共科普服务能力和服务质量的提升。

2. 建立科技馆年报制度

根据《公共文化服务保障法》相关规定，"公共文化设施管理单位应当建立健全管理制度和服务规范，建立公共文化设施资产统计报告制度和公共文化服务开展情况的年报制度"。① 科技馆作为国家公共文化服务体系的重要基础设施，应该建立符合自身发展的年报制度。中国科协作为科技馆行业的主要管理部门，负责顶层规划、政策引导，制定并发布全国科技馆年报制度，进行宏观指导和全面管理。科技馆的年报内容主要包括两部分：一是年度工作数据，包括本年度的场馆基本情况、运行情况、展览教育工作情况、科研工作情况、社会反馈及其他工作形成的数据；二是年度工作总结，指本年度科技馆的工作总结或工作报告，包括本年度的场馆工作概况、获奖情况、大事记及其他情况等。科技馆年报制度的实施，将有助于进一步提升全国科技馆的规范化管理水平和现代化治理效能，对科技馆事业向高水平、现代化、可持续方向发展起到积极的推动作用。

3. 完善科技馆评估制度

借鉴公共文化服务体系中博物馆、图书馆、文化馆等行业的评级评估制度，依据《科学技术馆建设标准》等行业标准与相关规范，制定以科普展览教育效果为核心的科技馆评估办法和指标体系，逐步建立科技馆评估制度，定期对科技馆的运行状况及运行目标实现程度进行评估，帮助场馆提升工作效率、提高科普服务水平。根据科技馆体系建设发展的实际情况以及国

---

① 中华人民共和国中央人民政府：《中华人民共和国公共文化服务保障法》，http：//www.gov.cn/xinwen/2016－12/26/content_ 5152772. htm。

家级、省级、市级、县级科技馆在科技馆体系中的定位和应该发挥的作用，宜按照科技馆的行政级别进行分级评估，即对同一级别的科技馆采用相同的指标，不同级别的科技馆所使用的指标有所差异；根据行政级别对科技馆进行运行评估，有助于引导各级科技馆在科技馆体系中充分发挥作用，从而推动当地科技馆体系的持续发展。

（三）创新人才机制

1. 探索科技馆体系专业人才发展和激励机制

对于现有存量人才，建立政策性引导和扶持机制，深入推进科技馆人事制度和分配制度改革，建立科技馆专业技术职称通道和评聘机制，为科技馆人事、财务、业务等方面提供更多政策自主权，尤其是要解决科技馆事业发展与政策"天花板"之间的矛盾问题，增强科技馆自我发展动能和专业人员干事创业动力。对于未来后备人才，应加强高校和专门机构的科普人才培养和专业人才的继续教育，重点解决学用结合、持续发力的人才队伍问题，尤其是为基层科技馆提供人才输入和轮替的政策保障。

2. 完善科技馆体系从业人员绩效激励机制

根据"以岗定薪、按绩取酬、岗变薪变、动态调整"的原则，逐步完善与职业道德、岗位责任、工作业绩和安全风险相挂钩，充分体现人才价值、有利于激发人才活力和维护人才合法权益的激励约束机制。在绩效管理方案的制定过程中，上级单位要赋予各科技馆更多权利，加大绩效考核激励力度，拉开差距，提高业绩考核能力。探索按照市场价位实行协议薪酬制度，增加科技馆人员收入，以此提高对急需的高层次人才、紧缺专业人才和关键岗位核心人才的吸引力。

中国特色现代科技馆体系建设发展7年多来，科普资源开发、共享与服务能力日益增强，服务覆盖范围不断扩大，公众对科普服务的获得感显著增强，为提升我国科普公共服务能力做出了突出贡献。成绩的取得来之不易，但同样要看到存在的短板和不足，必须通过改革获得可持续发展的新动能。在习近平新时代中国特色社会主义思想的指引下，科技馆体系的建设者要坚定信念、深化认识，开拓进取、勇于担当，补足短板、接续奋斗，努力实现新时代科技馆体系可持续发展，为促进科普服务的公平普惠和提高全民科学素质做出新贡献，实现新发展。

参考文献

程东红主编《中国现代科技馆体系研究》，中国科学技术出版社，2014。

齐欣、朱幼文、蔡文东：《中国特色现代科技馆体系建设发展研究报告》，《自然科学博物馆研究》2016 年第 2 期。

"科技馆教育活动创新与发展研究"课题组：《科技馆教育活动创新与发展研究报告》，载《科技馆研究报告集（2006～2015）》（下册），中国科学技术出版社，2016。

科技馆发展研究课题组：《科技馆发展研究报告》，载《科技馆研究报告集（2006～2015）》（上册），中国科学技术出版社，2016。

分 报 告

B.2
全国科技馆免费开放现状与对策研究[*]

桂诗章 李柯岩 陈春 常雪 李煜 田友山 任杰 王茜[**]

摘　要：　科技馆免费开放是国家的重要惠民举措。基于对纳入2018
年度全国科技馆免费开放名单175家科技馆填报的调查表和
总结材料等文本进行的统计分析，并结合对22家科技馆进
行的实地调研情况，研究发现：全国科技馆免费开放工作整
体运行良好，基本公共服务得到持续保障，服务公众数量大
幅增长，基本实现教育活动全覆盖，科普服务能力持续提质
增效。同时，分析全国科技馆免费开放工作中有待进一步解

* 本报告为中国科协科普部2019年度推动实施全民科学素质行动申报评审项目"全国科技馆免费开放组织实施项目"（项目编号：2019qmkxsz-08）成果之一。
** 桂诗章，中国自然科学博物馆学会秘书处办公室副主任，助理研究员，研究方向为科普、科技馆理论与实践；李柯岩，中国自然科学博物馆学会秘书处职员；陈春，中国自然科学博物馆学会秘书处助理研究员；常雪，中国科学技术馆财务资产部工程师；李煜，中国自然科学博物馆学会秘书处会计师；田友山，中国自然科学博物馆学会秘书处助理研究员；任杰，中国自然科学博物馆学会秘书处副研究员，博士；王茜，中国科学技术馆展览教育中心翻译。

决的普遍困难与问题，并从顶层设计和导向、资金使用和管理、监督评估和考核及科技馆自身能力建设等方面提出对策与建议。

关键词： 科技馆　免费开放　科普公共服务

科技馆是普及科学技术知识、倡导科学方法、传播科学思想、弘扬科学精神、提高全民科学素质的重要公共设施。推动科技馆免费开放，是全面贯彻落实党的十八大、十九大精神，向公众提供公平均等科普公共服务的重要内容，对于提高我国全民科学素质，丰富人民群众精神文化生活，建设创新型国家、文化强国、美丽中国，推进社会主义核心价值观建设具有重大意义。

2015 年 3 月，中国科协、中宣部、财政部联合下发《中国科协、中宣部、财政部关于全国科技馆免费开放的通知》（科协发普字〔2015〕20号），正式启动全国科技馆免费开放工作。四年来，免费开放科技馆数量持续增加，2018 年共有 175 家科技馆被纳入免费开放科技馆名单，中央财政补助资金累计约 20 亿元。中国自然科学博物馆学会连续五年作为中国科协科普部推动实施全民科学素质行动申报评审项目"全国科技馆免费开放组织实施"的承办单位。在中国科协科普部的指导和支持下，本报告对 2018年度纳入全国科技馆免费开放名单的 175 家科技馆上报的有关数据及材料进行了统计和汇总，并结合 2018 年组织专家分 3 批次 6 条路线对 13 个省（区、市）22 家科技馆进行的实地调研情况，分析全国科技馆免费开放的运行概况、运行成效、存在的问题，提出改进科技馆免费开放工作的对策与建议。

一　全国免费开放科技馆概况

2018 年度纳入全国的免费开放科技馆共 175 家，增幅达 27%（上年度为138家），覆盖内地29个省（区、市）以及新疆生产建设兵团科协（北京市和海南省暂无）。从省份分布情况来看，免费开放科技馆数量较多的是山东（16家）、安徽（13家）、新疆（11家）、江苏（10家）、内蒙古（10家）。按地域分布来看，西部和东部多于中部（见图1）；按科技馆级别来看，地市级科技馆仍然最多（58%），符合我国科技馆事业发展的总体布局（见图2）。新增免费开放科技馆中，省级科技馆只增加1家（甘肃省科技馆），最突出的特点是县级科技馆比例迅速增加，增幅达到150%（由20家增至50家），并占年度新增科技馆数量的81%。

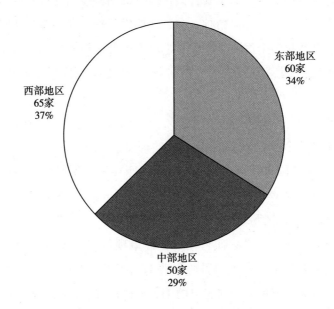

图1 2018年度免费开放科技馆地域分布

县级科技馆数量大幅增长的原因，主要有两方面：一是符合条件的省级馆和地市级科技馆，大部分已在2017年（含）以前被纳入名单；二是2018年名单确定的方式发生了变化。2015～2017年名单的确定主要通过各省级科协上报、中国科协会同财政部审批确定，此前从现代科技馆体系的角度来看，县级主要依靠流动科普设施进行覆盖，所以科技馆免费开放补助对象主要考虑省级馆和地市级馆；2018年名单的确定由省级科协会同省级财政厅

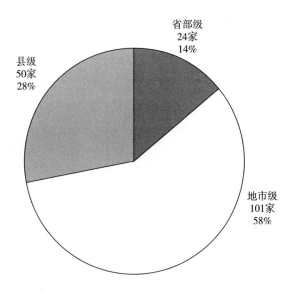

图2 2018年度免费开放科技馆级别分布

确定，部分省份对县级科技馆有所倾斜，其中，山东新增县级馆最多
（6家）。

二 全国科技馆免费开放运行成效

（一）基本公共服务得到持续保障

从免费开放区域来看，常设展厅是科技馆免费开放基本公共服务的主要
场地，所有科技馆常设展厅均免费开放。短期展厅免费开放的科技馆有119
家，较2017年度有所上升（增加24家）；特效影院免费开放的科技馆有73
家（见图3），较2017年度有所增加（增加16家）；其他区域免费开放的科
技馆有102家，占比较2017年度上升了11.6个百分点。其中，免费开放区
域总面积最大的3家科技馆依次为内蒙古科技馆（48300平方米）、吉林省
科技馆（43000平方米）、南宁市科技馆（35241.3平方米）。

从免费开放天数来看，所有科技馆（除新增科技馆外）平均免费开放天

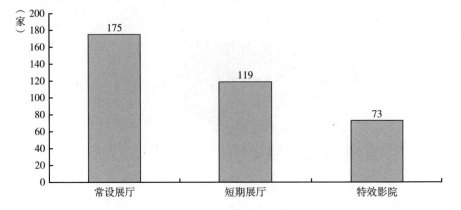

图3 2018年科技馆免费开放区域情况

数与2017年基本持平，均为256天。免费开放天数超过300天的科技馆有29家。从每周开放天数来看，有133家科技馆每周开放5天，占76%；有33家科技馆每周开放6天，占18.9%；有6家科技馆每周开放7天。

从展品完好率来看，2018年度全国免费开放科技馆常设展厅展品平均完好率为91.73%，与2017年免费开放科技馆展品总体完好率基本持平。其中，免费开放科技馆中除去38家新增科技馆外，完好率上升的有50家（占28.6%），下降的有40家（占22.9%），持平的有46家（占26.3%）。展品完好率上升幅度最大的是芦山科技馆（增加25个百分点）。

（二）服务公众数量大幅增长

2018年免费开放科技馆观众参观量与2017年相比，呈现稳定增长的态势，总体参观量从2017年的4065.3万人次增至4869.9万人次，增长804.6万人次（增长率19.79%）。在具体免费开放科技馆中，2018年参观量增长的为81家，下降的为49家，持平的为6家。2018年观众参观量最多的3家科技馆依次为：重庆科技馆（279.00万人次）、四川科技馆（198.27万人次）、湖南省科学技术馆（148.99万人次）（见图4）。2018年参观量增长最大的3家科技馆依次为：四川科技馆（增加188.2万人次）、湖南省科学技术馆（增加94.2万人次）、辽阳市科技馆（增加90万人次）。

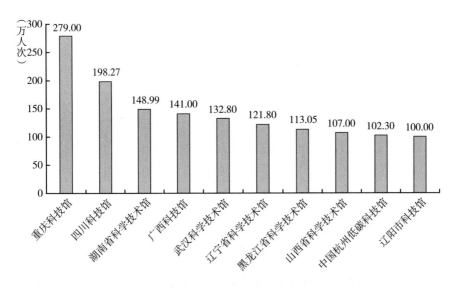

图4　2018年观众参观人次排名前十的科技馆

（三）基本实现教育活动全覆盖

2018年，在所有175家免费开放科技馆中，有173家科技馆开展了各种形式多样、丰富多彩的教育活动，占98.86%，与2017年科技馆教育活动的总体开展比例基本持平，基本实现教育活动全覆盖。其中，开展活动数量最多的是四川科技馆，教育活动开展数量达到3884场。从2017~2018年数据对比来看，除38家新增科技馆外，教育活动观众总量增长的科技馆有76家（占43.43%），下降的科技馆有56家（占32%），持平的科技馆有2家（占1.14%），另有3家科技馆数据不全。2018年参加教育活动观众总量最多的3家科技馆依次为山西省科学技术馆、辽宁省科学技术馆、四川科技馆（见图5）。

（四）科普服务持续提质增效

从展品更新情况来看，2018年，免费开放科技馆中有133家进行了展品更新，占76%，与2017年的116家相比增加了17家。其中，展品更新数

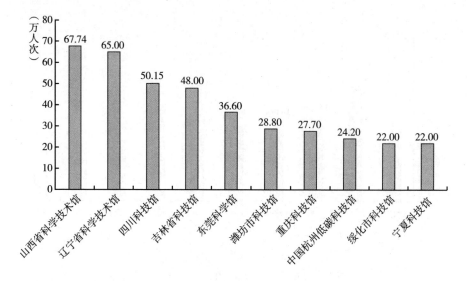

图5 2018年教育活动受益人次排名前十的科技馆

量排在前三的科技馆为方城县科技馆［156件（套）］、南京科技馆［129件（套）］、鄂尔多斯市鄂托克前旗科技馆［120件（套）］。

　　从短期展览数量及参观人数来看，2018年免费开放科技馆中有135家推出了短期展览（占77.14%），与2017年相比，除38家新增科技馆外，2018年有57家科技馆短期展览参观人数上升（占32.6%），51家科技馆短期展览参观人数下降（占29.14%），3家科技馆短期展览参观人数与2017年持平。短期展览参观人数最多的3家科技馆依次为辽宁省科学技术馆（120万人次）、郑州科学技术馆（75万人次）、重庆科技馆（73万人次）；参观人数增量较大的是辽宁省科学技术馆（增加45.2万人次）、重庆科技馆（增加38万人次）和四川科技馆（增加21.7万人次）。

　　从馆校合作情况来看，2018年共有118家科技馆与各类中小学签订了馆校合作协议，占比为67.4%，其中签约中小学数量最多的前三家科技馆为临沂市科技馆（128所）、遵义市科技馆（126所）、绍兴科技馆（88所）（见图6）。其中，有147家科技馆面向学生开展活动，占比为84%，学生参加科技馆活动人数最多的三家科技馆为新疆科技馆（30.37万人

次）、伊宁市科技馆（23.52万人次）、吴忠市青少年科技馆（10万人次）
（见图7）。

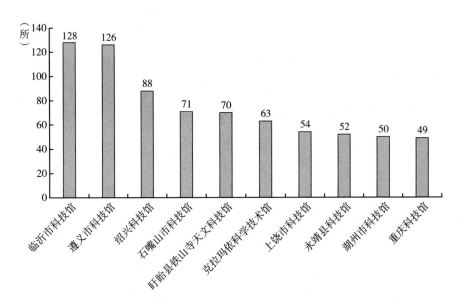

图6　2018年中小学签约数量最多的10家科技馆

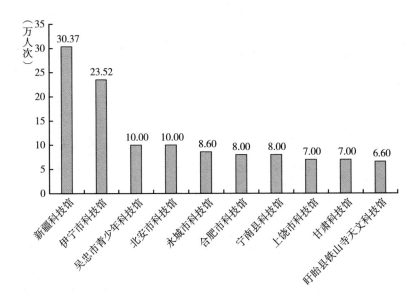

图7　2018年学生参加科技馆活动人数排名前十的科技馆

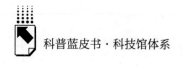

三 免费开放资金使用情况

（一）中央免费开放补助资金到位及使用情况

2018 年中央免费开放一般性转移支付总计 5.53 亿元，经统计，实际到账 5.47 亿元，到账率为 98.92%；实际使用 4.98 亿元，资金使用率为 91.04%，总体资金到位和使用情况良好。其中获得中央补助资金最多的三家科技馆为辽宁省科学技术馆、重庆科技馆、广西科技馆。

（二）展品更新改造费用情况

2018 年有 130 家免费开放科技馆进行了展品更新的支出，总体更新改造费用较 2017 年减少 8993.3 万元，降幅为 31.22%。其中，有 33 家科技馆支出比上年增加（占 18.9%）；有 91 家科技馆展品更新费用支出比上年减少（占 52%），新疆科技馆展品更新费用最高，其次为新疆石河子科学技术馆、宁夏科技馆。

（三）科技馆运行保障增量情况

从 2018 年运行保障增量数据来看，全国 175 家免费开放科技馆总体运行保障经费增加约 4066.9 万元，增幅为 15.76%。其中有 64 家科技馆运行保障增量持续增加，占比为 36.57%；51 家科技馆运行保障增量下降，占比为 29.14%，有 58 家科技馆未做统计或数据不全，另有 2 家科技馆与 2017 年持平。

四 问题与困难

调研发现，科技馆免费开放工作整体运行良好，免费开放科技馆数量逐渐增多，政策覆盖范围逐年扩大，服务公众数量逐渐增多，中央财政补助资金的管理和使用较为规范，特别是充分利用补助资金用于展品更新改造和教育活动开发等方面，较大地提升了科技馆的公共科普服务能力，为促进社会公平普惠和提高全民科学素质做出了贡献。同时科技馆免费开放工作普遍存在一些共性的问题和困难，主要有如下几方面。

（一）免费开放经费仍存在较大缺口

目前，中央免费开放财政补助资金基本完成符合开放条件省级馆和地市级科技馆的广覆盖。然而，以下两个方面凸显了免费开放经费仍存在较大缺口的现实或可能：一是从过去几年的情况来看，2016～2018年各年全国免费开放科技馆分别为123家、138家、175家，科技馆数量逐年增加，但三年的中央财政补助资金未增加（2019年补助资金总量增至6亿元，增加5000万元）；二是从未来三年的趋势来看，全国正在掀起新一轮科技馆建设高潮，其中不乏包括多家省级科技馆，可以预期符合免费开放条件的科技馆数量将迅速增加，这对中央财政支持力度提出了新的期待和需求。

（二）免费开放经费使用缺乏具体指导

2015年《中国科协、中宣部、财政部关于全国科技馆免费开放的通知》提出"中央补助资金主要考虑用于门票收入减少部分、绩效考核奖励、运行保障增量部分、展品更新等方面"。上述四方面的支出范围中，展品更新改造最为明确，门票收入减少部分随着免费开放的推进意义逐渐弱化，绩效考核奖励较难统一组织实施，而"运行保障增量"却是一个较为笼统和难以操作化的内容。有不少地方科技馆提出，在日常经费支出中很难确定哪些支出内容和多少经费数额才应属于运行保障增量。又如，特效影院技术升级改造或影片引进等方面的支出是否能纳入（免费开放政策未要求影院免费），流动科技馆、科普大篷车运行维护方面的支出是否能纳入，等等。同时，由于免费开放资金下拨时间较晚，使用周期较短，年末资金支出压力较大，而且科技馆展览展品设计、招标、制作周期较长，给执行预算方面带来较大压力。

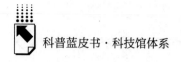

（三）科技馆服务质量有待进一步提升

部分科技馆初建时的规模和接待量依据收费场馆设计，免费开放后展厅人流量增加，场馆运行管理压力增大，导致公众参观效果较以往降低，安全保障出现一定的隐患。如何处理好数量和质量的问题，更好地服务公众、提升科技馆服务质量和教育效果，成为各科技馆在免费开放新形势下应着力解决的问题。这既包括基础的安全保障能力，也包括场馆运行管理水平、展览设计和展教水平、科技馆工作人员尤其是一线辅导员的精神风貌、职业道德和专业素养，还包括馆校结合、利用社会资源、志愿服务等多方面。同时也有不少科技馆反映，免费开放后员工劳动强度增大，而免费开放资金不能用于支付员工工资、加班费以及绩效考核奖励等项目开支，在一定程度上影响了场馆人员科普工作的积极性，进而影响科技馆服务质量。

（四）科技馆管理体制有待进一步完善

免费开放为科技馆在新形势下的运行发展提供了新的契机和方向，但就目前情况而言，顶层设计还在逐步实现相应的调整，科技馆运行管理体制有待进一步加强，部分科技馆人事制度改革不够完善，内部组织结构不够优化，未形成有效的激励机制，特别是人才队伍建设方面的问题较为突出。不少科技馆反映了一些较为集中的问题，比如，科技馆高层次专业人才缺乏，有的科技馆甚至没有专门的展览设计和展品维修人员；人员结构复杂，被上级借调较多，在编员工不好管理，劳务派遣制员工流动性太大；员工加班费发放标准、展教人员职称评定通道等不够明确；等等，这些问题对研究科技馆整体运行管理、提升科普公共服务能力提出了新的要求。

五　对策与建议

基于科技馆免费开放的运行现状和存在的问题及困难，本文提出如下建议。

（一）加强政策的顶层设计和导向

认真总结全国科技馆免费开放工作成果、问题和经验，结合我国科技馆建设发展的现状和趋势，提前谋划，加强顶层设计，进一步明确免费开放工作整体定位，增强免费开放工作的政策性和导向性。重点考虑好以下两方面。

一是目标取向上，注重提高中央补助资金的利用率，引导科普工作从"数量"向"质量"的转变，着力从整体上提升科普公共服务能力；注重发挥中央补助资金的牵引力，引导地方将补助资金或者免费开放政策本身作为"杠杆"，作为推动科技馆建设和发展的契机，撬动地方政府加大对科技馆事业的更多关注和人财物的政策支持，而不是将中央补助资金理解为单纯的"扶贫""补贴"，甚至"福利"。

二是资金分配上，配置更多地考虑有效性、公平性和针对性，处理好各层级补助对象的政策倾斜度，是趋向"扶强不扶弱""让强者更强"向省级科技馆、大型科技馆倾斜，还是"雪中送炭"向基层科技馆和偏远地区科技馆倾斜，要研究予以明确。要把资金分配作为重要杠杆，将免费开放工作与现代科技馆体系创新升级、"达标"科技馆建设等工作结合起来，引导地方合理调配资源，统筹考虑好新建、改扩建、修缮等多种手段，特别是建设规模应与当地社会经济发展水平、人口规模等相适应，避免大拆大建、重复建设、盲目追求规模、追求豪华，从而为后续的内容建设和持续的运行维护带来极大的负担。

（二）制定补助资金使用和管理办法

全国科技馆免费开放中央财政补助资金属于一般性转移支付资金，资金使用的实施主体为地方，地方可根据当地社会经济发展实际需要和财力状况等统筹安排。针对科技馆在使用免费开放补助资金中存在的上述问题和困惑，地方有必要研究制定科技馆免费开放补助资金使用和管理办法或指导性意见，加强经费的科学、规范管理。

一是明确补助资金的使用范围。有两个推进的方向值得考虑：按"从细"的方式，在 2015 年确定的免费开放使用范围基础上，对支出项目进行更加具体和有操作性的界定，特别是对运行保障增量范围的明确，列出"负面清单"，既能提升资金的有效使用率，又能使免费开放资金使用有规可循、安全规范；按"从宽"的方式，本着目标导向、化繁为简的原则，转变经费具体使用和管理的思路：从免费开放政策之初强调"免费"后增量性的补助向真正的"开放"质量本身转变（因为已推进免费开放多年的科技馆很难确定增量，新纳入的新建科技馆一开始就免费更无相对增量可言），即只要不是违反财经政策的支出范围（比如在编人员基本工资等），其他只要是科技馆为提升科普公共服务能力的所有内容均可支出，提高各科技馆对本身作为一般性转移支付的此项补助资金的使用自主权，有利于提高资金利用率，有利于科技馆结合具体实际解决事业发展中的问题。

二是加强经费管理的科学化、规范化。无论确定经费使用范围是"细"还是"宽"的方式，均需加强科学规范的管理。经费管理办法要充分考虑科技馆工作的特殊性，比如用于展品更新改造的资金使用上，此项工作前后大致需设计方案、专家论证、深化设计、招投标、展品制作、布展施工、试运行、验收等复杂过程，工作周期长，往往一年内很难完成，可考虑从财政政策的角度，探索实现中央财政补助资金的年度立项结转，提高科技馆对免费开放经费使用的科学性和实效性。还要通过规范的管理，确保中央补助资金下达后的及时拨付；增强地方财政部门的相应职责，保障当地科技馆免费开放的财政投入。

（三）建立监督评估平台和考核机制

建立免费开放运行评估机制，根据免费开放的工作定位和目标，加大对免费开放科技馆的评估工作，同时与绩效考核、资金分配挂钩，研究评估机制和指标体系，开展专项评估和绩效考核工作，注重科技馆免费开放的实际效果，提高中央财政资金的利用率。建设科技馆免费开放信息化的公共管理系统，探索启动网络填报、考核及数据上传平台，实现全国科技馆免费开放工作实时的动态管理，对不合格的科技馆进行限期整改或降低下年度补助资金额度，达不到条件的要取消免费开放资格。同时通过评估结果，对科技馆进行分级分类指导，针对不同级别、不同规模、不同地域、不同民族地区的科技馆，就其运行发展特点开展分级分类指导，并鼓励省级场馆在免费开放过程中，对本省（区）其他市、县级科技馆发挥示范作用，搭建交流平台，开展业务培训等工作，提高科技馆免费开放的整体社会效应。

（四）完善馆际交流和共享机制

搭建全国免费开放科技馆的资源互惠共享平台，组织开展免费开放政策解读和经验交流会，推动资源共享。加大馆际的交流合作，促进各场馆在优秀展览、教育活动等科普资源方面实现互惠共享，促进场馆建设常展常新；组织开展全国免费开放场馆的人员培训，学习发达地区科技馆在场馆管理、展教活动开发、场馆改造及展品维修维护等方面的先进经验，逐步提高欠发达地区科普场馆工作人员的管理水平和业务素质，实现不同地区场馆间的均衡发展，满足公众日益增长的多样化科普需求。

（五）强化科技馆自身能力建设

科学选人用人，合理配置管理、展览设计、展览教育、服务保障等方面的人力资源，加强岗位管理，加强岗位专业培训和继续教育。研究制定科技馆专业人员职称评定办法，建立展览教育人员职业规划体系，畅通科技馆员工的专业发展上升渠道；建立绩效考核和激励机制，提高科普工作人员待遇水平，提高工作热情和积极性；积极采取措施吸引各类专业人才投身科技馆事业发展，确保免费开放科技馆人才队伍稳定，减少优秀人才流失，为免费开放工作提供人才基础。同时通过购买社会化服务、招募志愿者等形式，强化人才队伍建设，更好地实现科技馆科普教育功能和作用的可持续发挥。

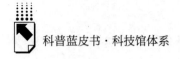
六 结语

习近平总书记在"科技三会"上的重要讲话强调："科技创新、科学普及是实现创新发展的两翼，要把科学普及放在与科技创新同等重要的位置。"这是党和国家对科学普及的高度重视。作为国家提高全民科学素质的一项重要惠民举措，科技馆免费开放工作要进一步加强顶层设计、统筹协调分工、落实各方责任、深化改革机制、完善服务体系、创新服务方式、提高服务能力、提高运行效率，更好地回应公众的期盼，为提高全民科学素质，推进创新型国家、文化强国、世界科技强国建设贡献更多力量。

参考文献

中国科协、中宣部、财政部：《关于全国科技馆免费开放的通知》（科协发普字〔2015〕20 号），2015。

B.3
流动科普设施信息化建设
现状与对策研究

刘媛媛　仲 凯　陈 健*

摘　要: 流动科普设施作为现代科技馆体系的一部分,在提高基层公众科学素质方面发挥了重要作用。随着网络和信息技术的高速发展,信息化技术手段逐渐应用于流动科普设施项目的运行管理中。基于问卷调研,结果显示,流动科普设施信息化在平台建设、信息化导览、重要运行数据管理、技术服务等方面存在问题和短板,同时面临基层没有稳定网络接入的限制。随着5G时代的到来,基于移动网络的信息技术应用越来越广泛,本报告提出流动科普设施信息化的发展对策。一是提高项目数据管理的信息化水平,构建便捷的管理平台和移动端应用,以便有效地进行项目管理。二是利用信息技术服务展览制作,加深公众对展示内容的理解。三是利用信息技术服务观众参观,提高流动科普设施的导览水平和科普持续力。四是利用信息化技术进行技术服务,解决展品维修等基层迫切需求,建设基层服务人才队伍。五是加强信息安全建设和保障。

关键词: 流动科普设施　信息技术　展览教育　公众服务

---

* 刘媛媛,中国科学技术馆资源管理部工程师,研究方向为流动科普设施教育、流动科普设施信息化;仲凯,中国科学技术馆资源管理部工程师,研究方向为信息化技术、网络技术、流动科普设施运行管理;陈健,中国科学技术馆资源管理部副主任,副研究员,研究方向为流动科普设施运行管理、流动科普设施教育。

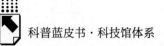

当前，以云计算、大数据、移动互联等高新科技为代表的互联网技术和应用迅猛发展，成为推动当今社会生活深刻变革的巨大动力。党的十九大报告指出，信息化、网络化、智能化将是未来中国经济、社会等领域发展的重要主题，提出建设更加广泛的智慧社会。《中国科协科普发展规划（2016—2020年)》提出实施"互联网＋科普"建设工程，实施科普信息化落地普惠行动，拓展科普信息传播渠道等一系列举措。

在信息技术迅猛发展的背景下，使用信息技术加强流动科普设施的管理和服务显得日趋必要和紧迫。本报告立足流动科普设施的业务内容，充分发掘运行单位的实际需求，深度分析已有信息化手段的应用效果，广泛研究适合流动科普设施需求的信息化技术，提出信息化建设的思路，明确建设的具体内容和方法，为流动科普设施信息化建设建言献策。

本报告开展的调研分为问卷调研和实地访谈两部分。问卷调研以线上和线下两种形式开展，调研开始时间为 2018 年 1 月，截止时间为 2018 年 8 月。调查对象面向各省流动科普设施主管单位和基层运行单位，涵盖全国 23 个省、5 个自治区、1 个直辖市，最终共收回有效问卷 90 份。同时，实地走访了黑龙江省科学技术馆、哈尔滨科学宫、大庆市科学技术馆、北安市科技馆等省级、市级、县级科技馆，与相关人员进行了实地访谈。

一 流动科普设施信息化建设现状

（一）流动科普设施发展现状

为深入贯彻落实《全民科学素质行动计划纲要（2006—2010—2020年)》，加快科学知识及科学观念在边远地区、贫困地区的传播速度，加大覆盖广度，促进当地公众科学素质的提高，中国科学技术协会（简称"中国科协"）于 2010 年 6 月启动"中国流动科技馆"项目，研制和配发流动科技馆。截至 2019 年 12 月，共向全国 29 个省级行政区累计配发流动科技馆 475 套，累计巡展 3734 站，服务公众 1.3 亿人次。

2000 年，中国科协根据我国基层科普工作的需要，针对基层科普基础设施短缺的问题，启动"科普大篷车"项目，研制和配发科普大篷车。截至 2019 年 12 月，已成功研制出 4 种车型，共向全国 31 个省级行政区累计配发科普大篷车 1639 辆，累计开展活动约 24 万次、行驶里程约 4016 万公里、服务公众约 2.55 亿人次。

（二）流动科普设施信息化建设现状

流动科普设施运行的流动性和分散性很强，这为项目运行管理带来了严峻的考验和挑战。从 2013 年开始，项目陆续采用信息化技术和手段对项目运行进行监督管理，流动科普设施信息化建设初见成效。

1. 全国流动科普设施服务平台

流动科普设施运行单位庞大，以流动科技馆为例，2019 年巡展运行套数为 328 套，需要每月报送每套展览的运行数据，2019 年的运行数据就近 4000 条，每条数据里面包含人数、站点名称等若干信息要素，如何准确地记录、存储运行数据就是项目管理首先要考虑的问题。

从 2013 年开始，中国科技馆利用中国数字科技馆平台建设"全国流动科普设施服务平台"网站。2015 年科普大篷车项目、流动科技馆先后启用平台。自 2016 年至今，流动科普设施服务平台功能不断优化，初步集成了科普大篷车北斗动态管理系统、流动科技馆互动大屏管理后台，实现了与其他系统的连接。

平台具备通知公告、工作动态、展览申报、数据管理、资源共享等功能模块。通过平台，流动科普设施已经实现了全部线上申报展览和车辆，截至 2019 年底，共有 254 条展览申报信息、3244 条车辆申报信息，线上申报便于方便高效地统计汇总、保存申报信息；每月的运行数据也从原来的人工电话、纸质文件报送等方式中脱离出来，采用平台网络报送的方式，提高了数据报送的及时性、准确性，也为项目运行数据库的建立奠定了基础。平台的使用标志着流动科普设施管理向数字化迈进，平台也成为流动科普设施的信息发布、管理和展示的主要工作平台。

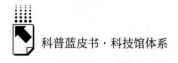

2. 流动科技馆互动大屏系统

2016 年，流动科技馆开发互动电子屏，电子屏集合了站点定位、展示互动、视频通话等多种功能，在流动科技馆巡展中担任多重角色。

流动科技馆运行中缺乏专门的展览教育人员，因此，电子屏一项重要的功能就是展品的介绍和虚拟体验。电子屏安装增强现实展品，可通过触摸的方式虚拟操作展品，增加展品与观众的互动。同时还将每一件展品的操作过程及原理制作成视频并安装在电子屏中，观众可以随意观看。2017 年，在电子屏上增加局域网模块，制作局域网网页和手机 App，推动"互联网 + 局域网"这一平台与流动馆展品进行深度融合。局域网为更多公众提供科普服务，流动科技馆网页简明清晰地展示相关展品知识，观众还能在线观看球幕影片，手机 App 能够自动识别展品并播放展品介绍。电子屏以展示流动科技馆展品为目的的一系列功能，在一定程度上拓展了流动科技馆的展教功能。

除此之外，电子屏安装定位模块，可以实时将站点信息传送给管理后台，首次实现了流动科技馆的主要运行数据——巡展站点的自动获取和报送。2018 年，电子屏增加红外人数统计模块，2019 年，将其升级为人脸识别模块，初步实现了流动科技馆的另一个主要运行数据——参观人数的自动获取和报送。电子屏定位功能和人数统计功能的使用，使获取的流动科技馆运行数据更加客观，标志着流动科技馆的管理向智能化、自动化迈进。

3. 北斗动态管理系统

与流动科技馆相比，科普大篷车的数量更多，开展活动地区更加分散，以 2019 年为例，运行车辆为 1152 辆，每月都需报送行驶里程、活动次数、服务公众数据，数据量大且主观性强，如何准确地记录、监测运行数据就是项目管理首先要考虑的问题。

从 2014 年开始，中国科协探索利用北斗卫星定位技术，开展流动科普设施的远程管理工作。2015 年，中国科协为流动科技馆和科普大篷车配备了 270 台手持式北斗定位设备，在运行中发现科普大篷车更适合利用北斗定位设备进行监督管理。

从 2016 年开始，中国科协为科普大篷车安装北斗定位设备，北斗终端由手持式改为车载式。车辆启动，设备自动上传位置信息和行驶轨迹，实现了车辆轨迹信息的自动监控、记录、回放，也实现了车辆的里程自动计算统计和排名，首次实现了科普大篷车主要运行数据——行车里程的统计自动化，中国科协逐年对系统和设备进行优化和升级。2017 年中国科协开始在车辆上安装摄像头，实现图片抓拍功能，实现对车辆开展活动图片信息的监督和管理。2018 年，科普大篷车实现"车辆停车与拍照匹配"功能，首次实现另一个主要运行数据——活动次数统计获取的自动化、智能化。

北斗平台首次实现对每一辆安装北斗设备的车辆精确管理，使管理者对每一个省、每一辆车的运行情况一目了然。

二 存在的主要问题

根据调研结果，本报告利用 Excel 建立数据库进行数据统计与计算，对实地访谈的内容加以整理、归类、提炼，对问卷调查的结果进行补充，发现流动科普设施信息化建设中存在如下问题。

（一）工作平台功能需完善

作为流动科普设施的主要工作平台，大部分调研对象认为全国流动科普设施服务平台的使用体验较好，如图 1 所示，还有一部分调研对象提出平台在使用中存在问题，主要集中在以下方面。

1. 账号管理不符合基层实际情况

负责流动科普设施运行的基层单位众多，例如，大篷车配发量为 1639 辆，涉及运行账号 1600 多个，需要使用平台申报资源或者报送数据的人员众多，报送数据时必须使用分配的平台账号。在实际运行中，基层人员流动性强，平台账号交接经常出问题，影响使用的便捷性。

2. 缺少线上展览内容展示

展品目录、展品内容、使用手册是流动科普设施重要的技术资料文件，一般是纸质资料，随展览配发。纸质资料容易遗失和损坏，基层使用不方

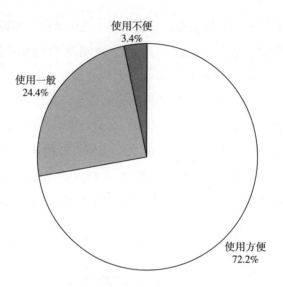

图1　全国流动科普设施服务平台的使用满意度

便，目前工作平台上缺少数字化技术资料的收录、发布、展示和查询功能。

3. 缺少移动端应用

在流动科普设施开展活动时，基层工作人员有现场传送数据、活动图片的需求，使用手机是最方便快捷的方式。但是，全国流动科普设施服务平台为网页版，基层人员登录平台需要使用电脑，不方便基层及时、高效地工作。

（二）现有信息化导览使用率不高

由于基层缺少专业的展教人员，为了弥补人工导览的不足，2017年流动科技馆研发了具备导览功能的手机App，但调研显示，实际使用率小于30%。分析原因，主要有以下几方面。一是主要参观人群没有手机，由于基层公众以中小学生为主，这些公众通常参观的时候没有手机，因此无法利用手机App自助导览。二是使用步骤较多而放弃，受基层网络条件的限制，手机App导览首先需要连接局域网，进行四至五步操作后才能使用，公众会觉得烦琐而放弃。三是信息化导览提示不明显，有些公众根本就没有注意到此功能。因此，流动科普设施信息化导览需根据基层的实际情况进行优化，调研中一些基层工作人员反映固定的导览设备更适合基层使用。

（三）信息化运行管理有待提高准确性与可行性

运行数据是反映流动科普设施运行情况的基础数据，也是项目考核的依据，因此项目信息化运行管理的关键是运行数据的管理，可反映项目的管理水平。

流动科技馆的运行数据为巡展站数和服务人数两项，其中巡展站点已经实现了精确获取；科普大篷车运行数据包含行驶里程、活动次数和服务人数三项，其中，行驶里程也已经实现了精确定位与统计。流动科普设施运行数据的信息化管理初见成效，但是其他运行数据尚未完全实现自动化管理。

1. 自动人流统计方法尚不成熟

服务人数是流动科普设施运行情况的基本数据，也是考核的关键因素。受网络环境和活动条件的限制，科普大篷车尚未安装相关设备，统计仍采用人工计算的方式。2019 年，流动科技馆安装了人脸统计设备，在封闭场馆内可以实现较准确的统计，但是由于每个站点场地条件不同，在开放式场馆或者由多个出入口组成的巡展空间内，统计数据与实际出入较大。因此，需根据流动科普设施开展活动的场地情况和特点，采取合适的、可行的技术手段，提高获取人流数据的准确性。

2. 活动次数统计尚在摸索中

活动次数是科普大篷车另一个主要的运行指标，该指标需要人工干预、审核，具有主观性强、难区分、工作量大的特点，因此一直是数据信息化管理的难点。2018 年，在北斗系统原停车统计功能的基础上，科普大篷车增加"车辆停车与拍照匹配"功能，在基层开展活动停车拍照的情况下，可以实现活动次数统计的自动化，但是还不能做到完全自动化获取，在基层人员不配合的情况下，该指标与实际差别较大。

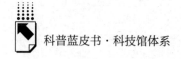

（四）尚未建立信息化网络

基层负责流动科普设施的运行工作，对其技术支持主要体现在展览维修管理和展览运行培训两方面。由于运行单位分散，基层很难通过线下的方式实现统一的管理和服务，而线上技术服务支持尚未建立。

1. 维修售后服务关注度高，尚未实现统一管理

目前展品售后模式是由基层直接联系厂家，调研显示，61.78%的调研对象认为不同厂家的售后服务质量不同，20.00%的人认为售后服务水平都一般，10.00%的人认为都不太满意，2.22%的人认为都非常满意，如图2所示。

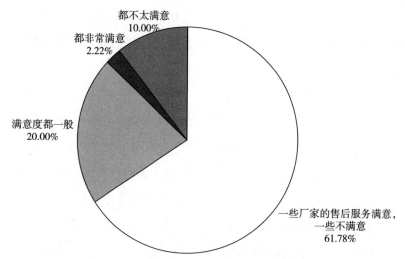

图2 基层对于不同厂家维修情况的满意度

由此可以看出，不同厂家的售后服务质量差异较大，并且基层对整体售后服务的满意度不高，因此展品的维修售后是基层普遍关心的问题，期待尽快通过信息化手段加强维修售后的技术服务。在现行模式下，项目管理者无法准确区分不同厂家的展览制作水平和维修售后服务，也不利于提升展览质量和售后服务水平。

2. 现有技术培训手段不能满足基层需求

由于流动科普设施分散在全国各地，各单位技术力量、需求各不相同，

因此很难通过统一现场培训的方式提供技术支持服务。目前是将展览资料通过光盘、印刷品的方式邮寄给各单位，由各单位自行学习。这种方式针对性不强、不够直观、容易遗失，约有74.4%的调研对象希望通过信息化的手段和方式加强展览相关技术培训。

调研显示，最感兴趣的培训有三方面，分别是展品使用和故障处理、展品讲解和教育活动，占比分别为91%、86%和78%，如图3所示。基层对于培训频率的接受程度为接受半年一次的约占31%，不定期的约占24%、一年一次的约占19%、一月一次的约占2%，还有部分调研对象未答，因此应使用定期培训和不定期培训相结合的方式，定期培训应以半年及以上为佳。

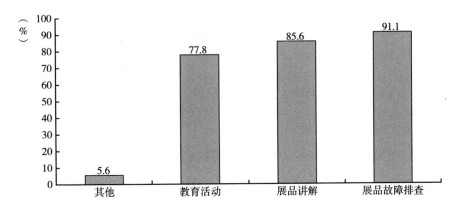

图3　基层对培训内容的需求

（五）信息化发展受基层实际限制

1. 网络条件制约

流动科普设施开展科普活动的地点大多为县域、农村等地区，网络条件有限。流动科技馆巡展站点为室内环境，其网络条件水平参差不齐，但整体水平不高，调查显示，约60%的巡展站点不能提供网络接入。科普大篷车在乡镇农村等地区的室外开展科普活动，基本没有网络接入的条件，并且偏远地区的网络信号不好。基层网络条件制约信息化终端的配备。

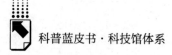

2.人员条件制约

基层人员条件有限，主要体现在三个方面。一是基层运行单位人员不足。流动科技馆和科普大篷车开展科普活动需要一定人员的投入，流动馆需要4人以上，大篷车需要2人以上。调研显示：流动科技馆每套展览大部分配备2人；科普大篷车每辆车大部分配备2人，且大部分是兼职人员。二是基层运行人员更换频繁。以流动科技馆为例，每年巡展4站，每站运行人员都会发生变更。三是基层运行人员的信息化水平有限。调查显示，约95%的人员没有参加过软件、信息系统的培训，还有的单位"老龄化"情况严重，人员不具备计算机的相关知识。基层人员不足、流动频繁、技术水平有限这些客观因素都很大程度上制约了项目信息化的发展。

三　发展思路与对策

（一）流动科普设施信息化建设发展思路

1. 立足长远，高质建设

信息技术具有发展迅速的特点，这就要求项目信息化建设必须用发展的眼光、长远的眼光和战略的眼光面向应用、面向未来，同时还要有高标准建设来保证质量，即推进项目信息化要立足长远、适当超前、保证质量。要围绕完善现代科技馆体系、实现科技馆体系创新升级的任务目标推动流动科普设施信息化工作。

2. 统筹规划，服务业务

流动科普设施作为现代科技馆体系中的一部分，承担着基层科学普及的责任，覆盖面广、管理分散、需求多样的特点使得项目建设牵一发而动全身，因此，项目信息化建设要立足项目自身发展的实际需求，统筹规划，服务业务工作，推进项目创新升级。

3. 因地制宜，便捷高效

流动科普设施信息化建设需要充分考虑项目特点、基层条件、使用习惯等实际因素，通过成型软件购买、服务购买、特色研发等多种方式进行，提高信息化建设的效率，达到使用方便、操作简单、实用高效的要求。

4. 防患未然，安全可靠

信息化建设安全水平和信息化水平的提高同步增长，因此，要建立健全信息安全保障机制，保证信息化建设成果稳定、安全运行。信息安全保障机制的建设应该包括安全技术与安全管理两种手段，其中技术手段是安全保障的基石，管理手段是关键，两者相辅相成，缺一不可。

（二）流动科普设施信息化建设发展对策和建议

1. 提高项目大数据管理的信息化水平

（1）探索可行可靠的数据获取手段

经过发展，获取项目运行数据已经从人工电话催要、纸质文件报送等方式中脱离出来，但是由于尚未完全解决人数、活动次数两类运行数据的信息化管理问题，需要广泛研究基层开展科普活动的特点、习惯和规律，深入研究人流监测、图像自动识别等技术的应用和发展，找到一种适合流动科普设施使用的技术手段，实现对人数等关键运行指标的自动化获取、报送和更新，节约人力成本，提高运行数据的准确性、时效性，为项目考核提供准确的基础数据。

（2）实现运行数据链的信息化管理

除了运行数据的获取和报送，运行数据的统计、分析、展示和查阅等整个数据链的信息化管理，也是提升项目运行管理水平的关键。建立项目运行的数据库，每月更新，对庞大的数据资源实现统一管理。根据数据分析的要求，实现人工和自动化分析相结合，提升数据分析的质量和水平，节省人力和时间成本。利用移动端应用，实现直观、便捷的数据展示和查询。

（3）不断完善服务平台，提高管理效率

针对调研反馈的问题，完善原有全国流动科普设施服务平台的各项功能，重点对账户管理、资源展示查询等功能进行完善。在此基础上，有步骤、有计划地开发移动端平台应用，深挖项目需求，优化业务流程，明确建设的具体内容和方法，可从开发建设中国流动科普设施微信小程序入手，实现移动端平台从无到有。打通移动端与网页端平台，实现移动端与网页版后台数据互通，实现多端报送、便捷高效。

（4）用大数据服务展览设计

由于流动科普设施分散在全国各地，不深入基层很难得到关于公众对展品反馈、展品运行情况的一手资料，在这种情况下，设计、优化符合基层公众需求的展品就显得非常困难。一方面，使用信息化技术对公众参观大数据进行挖掘分析，有效搜寻参观轨迹、热度等信息，进行公众行为分析，推测他们的兴趣点。另一方面，使用信息技术对展品运行进行统计，监测展品运行状况和故障情况。大数据信息能使项目团队及时跟踪展品使用效果，全面、及时地管理和评估展览状态，并将结果应用于展品设计、优化和制作的决策中。

2. 合理利用信息技术提升展览水平

（1）利用信息化手段加深公众对展览的理解

流动科普设施展示的是以基础科学为主的小型化展品，每件展品配备图文版。对于年龄较小的公众，看不懂图文版的内容，不能快速了解操作步骤，因此需要一种新颖、有趣的手段引导公众参与、理解展品，提高公众的参与性和互动性，而信息技术手段恰恰符合展示的需求。

（2）丰富信息化主题展览资源

流动科普设施作为普及科学知识的基层设施，是体现我国科技、文化和社会发展形象的重要窗口。在信息高速发展的时代，人工智能等领域也成为社会关注的热点，因此信息技术是实现展览的手段，也是展览本身的内容。调研显示，约82%的调研对象希望增加信息化类展品，因此要充分结合多媒体技术、虚拟现实技术等信息化手段，加大机器人、人工智能等主题展览的开发力度，将其转化为展教内容，探索将信息化前沿转化为流动科普设施内容资源。

（3）提高信息化展品的质量和效果

调研显示，约12%的调研对象认为不应该增加信息化展品，主要担心此类展项故障率高和展示效果。首先，信息化展品在开发和制作时首先要考虑展品的稳定性问题，减少由展品质量导致的基层运行负担。其次，充分发挥信息化展品的技术手段，增强体验效果，提升展品吸引力。最后，信息化展品的展示内容要通俗化，更易理解、更接地气。

3. 探索适合基层情况的信息化导览服务

根据调研反馈，适合流动科普设施的导览服务宜采用固定导览和自助导览相结合的方式，通过新颖、有趣的手段引导公众参与、理解展品，提升公众的认知效果和兴趣。固定导览应准确、简洁地播放展品的基本原理和操作方法，自助导览应丰富、生动地播放视频等原理及知识拓展。需要深入开展技术研究，找到符合基层实际情况的固定导览和自主导览的具体实现手段。

4. 利用信息技术增强科普持续效果

作为临时性的展览，流动科技馆在一地展出时间为2~3个月，科普大篷车每次活动时间以天为单位，为满足基层对科普展示内容的长期需求，不再受时间局限，可将整个展览及其延伸内容数字化，并配以"科普中国""数字科技馆"等网络平台的科普内容，供基层公众参观浏览，增强流动科普设施的持续效果。

5. 利用信息技术加强技术服务

调研显示，基层期望通过信息化加强展品维修维护管理，约87%的调研对象认为有必要增加展品故障网上申报功能。通过此项功能，希望达到缩短展品维修周期、提升企业服务质量、改进展品工艺的目的。

建设维修维护平台，基层单位可以直接将展品故障上传至平台，厂家根据展品故障情况对展品维修立即做出回应；不同展品厂家还可以统筹管理，形成网络维修联盟，指派离故障单位最近的维修人员上门服务，减少现在的路程时间和人工费用消耗；维修结束后基层单位还需对维修服务进行评价，督促厂家提供优质的维修服务；质保期外，当基层单位有购买维修服务或零配件的需求时，可以通过网络下单采购的方式进行购买服务或零件；项目管

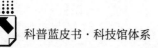

理团队可定期查看维修记录，以便了解展品故障率和厂家维修服务质量，提升展览运行质量。

6. 加强信息安全建设和保障

（1）进一步优化平台业务逻辑

全国流动科普设施服务平台是流动科普设施的工作平台，也是项目信息化管理最重要的手段和内容，是项目信息安全的重点。发现平台系统漏洞后，需要在平台软件上进行开发和修改才能从根本上解决，因此，需要系统开发持续投入。此外，通过系统的开发和优化，也可避免账号重复使用，例如，开发展览迁移功能或凭展览编号上报数据功能，不仅方便使用，还有利于信息安全。

（2）建立健全信息安全制度

信息安全的保障是一个全方位、多角度的工作，既需要平台和技术层面的保障，也依赖平台各个层级的使用者。安全管理是安全技术手段真正发挥效益的关键，目前流动科普设施运行人员安全意识不足，因此，要建立健全信息安全制度，使信息化运行更规范、更安全，最终形成安全技术体系、安全管理体系和运行保障体系相结合的信息安全保障体系。

（3）借助专业力量加强信息安全保障

信息化系统的安全受使用的软件架构、开发人员的安全意识、软件开发能力等多方面的影响，往往需要大量、细致的工作，因此需要有非常专业的安全团队，通过技术手段进行漏洞的发掘和封堵。

7. 高效应用，加强人才队伍建设

（1）利用信息化加强技术培训

基层运行单位对于展览的讲解、教育活动和展品故障处理等项目衍生培训内容需求迫切。流动科普设施项目分布在全国各地，基层管理、运行人员数量庞大，可通过制作标准化网课的方式提供常规化系统培训，可通过视频等方式提供有针对性的培训，逐步提高基层队伍的技术水平，提高展览运行效果。

（2）加强信息化系统使用培训和交流

信息化建设只是信息化的基础，还需要长期的运行维护、升级，这就需要强化信息化与业务连续性管理意识，形成一个持续的信息化管理机制，支撑流动科普设施业务的持续发展。需要加强各级人员联系，开展流动科普设施信息化系统的使用培训，提升信息化素质，保证各信息化系统在全国范围内的推广和正常使用。

参考文献

郑浩峻、周明凯、韩景红、邱永哲、廖红：《运用互联网理念，大力发展网络科普》，《第十六届中国科协年会论文集》，2014 年 5 月。

樊庆：《中国流动科技馆巡展的现状及问题分析》，《科技传播》2015 年第 3 期。

陈健：《科普大篷车十五年发展分析研究》，《科技与企业》2015 年第 5 期。

陈珂珂：《中国流动科普基础设施发展研究》，《科协论坛》2015 年第 9 期。

苑楠：《如何运用互联网思维管理流动科技馆项目的几点思考》，《网络安全技术与应用》2017 年第 6 期。

Deqing Li, Honghui Mei, Yi Shen, Shuang Su, Wenli Zhang, Junting Wang, Ming Zu, Wei Chen, "ECharts: A Declarative Framework for Rapid Construction of Web-based Visualization," *Visual Informatics*, Vol. 2, Iss. 2, 2018: 136 – 146.

B.4
农村中学科技馆发展现状与对策研究

常 娟 初学基 范家旭*

摘 要： 通过系统分析农村中学科技馆项目截至 2017 年底实施情况的调研数据，研究认为，该项目"补短板、抓关键"的目标定位精准，受益覆盖范围逐年扩大，运行管理机制逐步健全，组织实施成效日益显著；同时指出，遇到的"社会捐赠＋政府支持"的投入方式尚不稳定，"跨系统、多部门"联动的长效机制尚待健全，"以评促建、以奖代补"的支持动力尚显不足等发展挑战。最后，从建设与维护、运行与管理、评估与激励三个方面提出多方投入、合力共建、完善跨系统多部门的长效联动机制，促进项目规范化发展，健全科技馆资源的开放共享机制，制定运行标准规范，开展绩效评估等，为实现农村中学科技馆项目在新时期的转型升级和创新发展提供参考。

关键词： 科技馆 农村中学 科学素质

2012 年 8 月，中国科技馆发展基金会（以下简称"基金会"）在中国科协和教育部的大力支持下，由正大环球投资股份有限责任公司和新时代证

---

* 常娟，中国科学技术馆发展基金会办公室副研究员，研究方向为科普教育；初学基，中国科学技术馆发展基金会办公室工程师，研究方向为公益科普；范家旭，中国科学技术馆发展基金会办公室会计师，研究方向为公益科普。

券有限责任公司捐赠资金 2000 万元，启动实施"农村中学科技馆项目"。该项目通过政府支持、社会捐赠、基金会运作的方式，重点面向中西部地区，特别是经济欠发达地区、少数民族地区选择一定数量的中学，充分利用中学现有场地条件，结合青少年对科学技术的兴趣和爱好，建设一批农村中学科技馆。通过项目实施，实现"一提升、两促进"的发展目标，即提升农村青少年科学素质，促进科普资源均衡化、促进科技馆展品产业化。

为全面准确把握农村中学科技馆项目实施情况，总结经验、查找不足，完善各项制度措施，更好地推进项目进展，中国科技馆发展基金会于 2018年在"中国特色现代科技馆体系调研"项目的指导和带领下，开展针对农村中学科技馆的专题调研。研究组设计了"农村中学科技馆调查表"和"农村中学科技馆学生调查问卷"，面向 2017 年之前资助的 539 所农村中学科技馆所在校开展运行情况调查，共回收有效学校调查表 229 份，通过学校向在校学生开展问卷调查，共收到学生反馈问卷 10904 份。调研组对反馈的大量信息进行系统整理和分析，掌握了农村中学科技馆的利用效果和服务观众覆盖范围，以及观众群体对农村中学科技馆的认可和满意程度，为调研提供了有效的证据支撑。调研组还按西部（甘肃、宁夏）、中部（河北、安徽）、南部（江西）线路专赴 20 余所农村中学展开实地调研，考察学校科技馆实际运行情况，听取了地方科协、学校负责人、教师和学生的意见及建议。

一 发展现状

（一）科学选址、精心布局、服务农村

截至 2017 年底，农村中学科技馆遍布全国 29 个省（自治区、直辖市）和新疆生产建设兵团，达 539 所，直接服务基层公众 206 万人次以上，有效填补了科普资源从城市到农村"最后一公里"的空白。对目前已经统计出来的建设有农村中学科技馆的 539 所学校进行省份和地域分析发现，农村中学科技馆在中西部地区分布较多（见图 1），排在前三位的地区分别是西藏、

贵州和云南（见图2），中部地区学校占15%，西部地区学校占比高达72%①，中、西部的农村中学科技馆建设共占87%。农村中学科技馆多数布局在中西部相对欠发达地区，为广大农村中学生提供科普教育资源，促进教育资源均衡化。

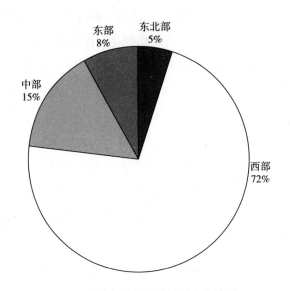

图1　农村中学科技馆地区分布情况

2016年，中国科协、农业部、国务院扶贫办联合印发了《科技助力精准扶贫工程实施方案》，已将农村中学科技馆建设纳入重点任务，明确优先向贫困地区配发配送农村中学科技馆，计划到2020年，支持每个贫困县至少建设1所农村中学科技馆。农村中学科技馆项目在"农村中学的遴选、科普产品的遴选、科普活动的推广"等方面积极探索，实行了"精准+精

---

① 地区划分是按照国家统计局2011年6月13日的划分办法，将我国的经济区域划分为东部、中部、西部和东北四大地区。东北地区包括黑龙江省、吉林省、辽宁省。东部地区包括北京市、天津市、上海市、河北省、山东省、江苏省、浙江省、福建省、台湾地区、广东省、香港特别行政区、澳门特别行政区、海南省。中部地区包括山西省、河南省、湖北省、安徽省、湖南省、江西省。西部地区包括内蒙古自治区、新疆维吾尔自治区、宁夏回族自治区、陕西省、甘肃省、青海省、重庆市、四川省、西藏自治区、广西壮族自治区、贵州省、云南省。

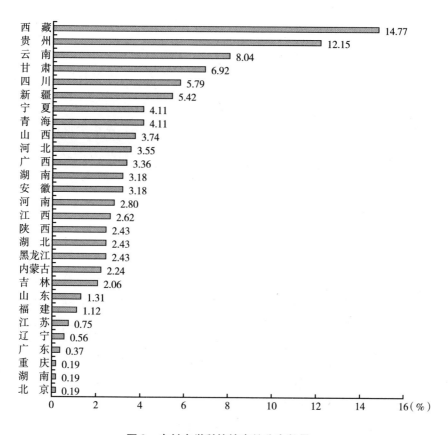

图2 农村中学科技馆省份分布数量

细科普"新模式,改变了原有的扶贫观念,将以往扶贫成人改变为扶贫未成年人,将物质扶贫改变为精神扶贫、科技扶贫,将扶贫从"授人以鱼"的传统方式改变为"授人以渔"的新方式。同时,该项目定位于我国科普工作相对滞后、科普资源相对匮乏、基础设施相对薄弱的重点地区和薄弱环节,将以往局限在大城市的科普资源输送到广大农村地区,让农村青少年有机会享受到与城市学生一样的科普服务,有效填补了科普服务"最后一公里"的空白,弥补了我国科普资源空间上分布不均衡的问题。

(二)内容丰富、形式多样、深受欢迎

一是农村中学科技馆深受学生欢迎,赢得学生们的一致好评。基金会结

合中小学生对科学技术的兴趣和爱好，通过科普专家研究遴选出符合青少年需求的互动性和创意性科普展品、科技创意作品（挂图和展板）、科普图书等科普资源，作为农村中学科技馆的主要建设内容，并实施标准化配置，丰富了农村青少年的科技生活，深受他们的喜爱。调查问卷显示，85.03%的学生对农村中学科技馆的基本印象是非常好或挺不错，基本呈现正面积极评价。在农村中学科技馆的展品种类和数量能否满足需求方面这一问题中，85.69%的被调查学生认为农村中学科技馆的展品种类和数量能够满足他们的学习需求（26.7%完全满足＋58.99%基本满足）。86.34%的同学认为农村中学科技馆在提高科学兴趣、增长科学知识上有很大帮助，53.84%的同学认为在帮助理解日常生活知识上有很大的帮助，均呈现正面评价。调查结果反映了农村中学科技馆对学生在科学素养培养上的帮助是非常大的。

二是学校认为农村中学科技馆在培养学生科学素质方面发挥了积极的作用，给予了充分肯定。在调查中，我们采取了问卷填写者书面填写的方式来评价学校认为科技馆建设对农村中学生的帮助。通过分析关键词词频得出，大部分学校认为科技馆对学生科学素养培育的帮助主要有：激发学生学习科学文化知识的兴趣；有利于提高学生创新意识，培养学生的科研创新能力；培养了学生的动手、动脑能力，开拓了学生的眼界；让学生会用科学的思维方式解决自身学习和生活中遇到的问题。各学校均对农村中学科技馆的积极作用给予肯定。受助学校还表示，学生对展品科学原理的理解，"全部能"和"大部分能"理解占75.28%，说明科技馆对学生科学原理的普及和求知欲的满足作用较大，展品基本上适合学生的知识层级，能够启发学生思考，激发学生创新创造热情，引导学生将自己脑海中的好想法、好点子通过动手实践转化为创意作品或独立完成一些具有科学内涵的创新作品。学校不仅将学生们自制的科普作品在本校科技馆展出，还积极组织学生参加科技竞赛。

三是当地居民（学生家长）表示农村中学科技馆彰显了项目的普惠性，对科技馆建设给予了高度认可。农村中学科技馆向学校周边的居民（学生家长）和其他学校师生免费开放，进一步扩大了服务覆盖面。问卷调查显示，建有农村中学科技馆的学校，外校参访学生月均 89 人次，周围本地居民月均参访人次 42 人，充分营造了农村地区的科普氛围，拓展了中西部科普薄弱地区社会公众获取科学知识和信息的机会，也激发了当地居民学科学的兴趣。例如，甘肃省白银市实验中学组织学生和家长共同参观农村中学科技馆，让学生为自己的父母讲解科普仪器中所蕴含的科学原理，通过"一个学生宣传一个家庭"营造良好的崇尚科学的氛围。

（三）科学管理、运转顺畅、效益优先

项目启动实施以来，基金会不断加强管理制度建设，制定项目实施方案，完善项目管理办法，规范项目操作流程，积极探索有利于项目组织实施的管理模式和运行机制，项目组织管理科学、规范、有效。

一是建立了"基金会运作 + 科协组织"管理模式，各方职责分工明确。基金会制定了"农村中学科技馆项目实施方案"，发布了"农村中学科技馆项目管理办法"，组建了以中国科协科普部、中国科学技术馆、基金会、地方科协为主体的组织管理架构，明确了各方职责分工，广泛调动多方力量，充分发挥群团组织特色和优势。为更好地推进项目实施，基金会组建了专家评审委员会，聘请了 17 名科学家、科技馆专家、青少年教育专家担任专家评审委员会委员，负责农村中学科技馆项目的指导检查工作。

二是形成了"公开申报 + 择优支持"运行机制，组织实施开放有效。项目实施流程清晰，基金会发布项目通知，地方科协组织学校公开申报，学校自愿填写并提交"农村中学科技馆项目申报表"，由基金会组织专家对申报学校进行综合评审，择优支持确定后，捐赠方（基金会）、受助方（农村中学）、保障方（当地科协会同有关部门）三方签订"农村中学科技馆项目运行合作协议"，启动项目建设。项目涉及科普展品、图书等配套产品全部按照招标规范和流程，通过公开招标形式进行选择和生产，保质保量，并由企业提供 5 年无偿保修服务。同时，印发《农村中学科技馆展览手册》，保障农村中学科技馆的有效运行。

三是探索了"社会捐赠 + 政府支持"实施方式，项目效益显著。项目

建设资金采取社会捐赠方式，既可通过捐赠资金来建设科技馆，也可将捐赠实物充实科技馆科普资源，并倡导"农村中学科技馆的日常运行费、展品更新费和维护费等列入当地政府财政预算予以支持"。通过大量社会捐赠与政府支持，项目能在2017年迅速落实，由2016年的293所农村科技馆增加到2017年底的539所。

可以说，经过多年的辛勤工作，农村中学科技馆项目基本实现了项目目标，全面彰显科普的知识价值、社会价值、文化价值，激发全社会特别是边远农村地区受众创造智慧和创新热情，为科学素质薄弱地区的扶贫、扶志、扶智发挥推进作用，得到社会普遍认可和一致好评。中央电视台新闻联播、朝闻天下、《人民日报》、《光明日报》、新华网等30余家主流媒体对相关活动进行宣传报道，认为农村中学科技馆项目将以往局限在大城市的科普资源输送到广大农村地区，特别是经济欠发达的边远地区、少数民族地区的农村青少年身边，使他们有机会享受到与城市学生在理念、形式与内容上都十分相近的科普教育服务，让农民及其子女有更多的机会获取科学知识、享受科学乐趣，不仅"传导了科技之光"，还"点亮了明日之星"，"从大都市到小乡镇，科技馆一小步科普一大步"。

二 存在的主要问题

农村中学科技馆项目以其精准的服务定位，汇聚社会力量，通过城乡联动、馆校联动，促使科技馆科普教育在农村地区发芽、生根、开花和结果。该项目未来深化发展主要面临如下三个方面的挑战。

（一）建设与维护方面，"社会捐赠＋政府支持"的投入方式尚不稳定

农村中学科技馆项目资金短缺，可持续性尚显不足。从问卷调查中可看出，主要问题是资金短缺。"资金"这一关键词出现了37次，"维修"出现了51次，"运行"出现了29次，比对建议，均为"由于科技馆展品使用频

繁，故障率，维护成本非常高，而农村学校学生人数少，公用经费少，所以学校无力承担科技馆的运行费用""资金投入不足，缺少长效化的科普财政投入机制""资金短缺，希望设立农村中学科技馆专项经费"。配置一所农村中学科技馆的费用在 20 万～30 万元，若要实现 2020 年底建成 1000 所农村中学科技馆的目标，初步计算至少还需要 1 亿元的资金，再加上科技馆日常管理费、展教品维护维修和更新换代费等，项目资金需求量很大。基金会反映，该项目公益性很强，目前主要依靠宣传报道来争取社会各界对该项目的资金支持。因此，该项目尚未建立稳定的社会捐赠渠道，国家和地方财政资金支持力度略显不够，一定程度上会影响项目资金来源和数量的稳定性，以及项目实施的可持续性和效果。

（二）运行与管理方面，"跨系统、多部门"联动的长效机制尚待健全

根据该项目管理办法，已建农村中学科技馆的日常管理主要由学校负责，95.04% 的学校科技馆都有专门的管理制度，仅 4.96% 的学校未设立专门的管理制度，但在问卷中针对目前存在的问题，"展品"出现了 127 次，大多数学校提及了目前配发的科教展品种类单一、数量较少，缺乏相关科普活动教案。同时受助学校表示由于农村中学科技馆展品缺乏更新换代机制，售后维修服务有时不够及时到位，展品出现故障时，往往采取自修模式。上述问题一定程度上会影响农村中学科技馆的运行效果。另外，项目管理的"公益 + 群团 + 教育"的跨界合作模式作为一种新型的模式，也面临着一定的困难和挑战，主要表现为还未形成长期稳定的联动机制。跨系统意味着合作主体多，有其独特优势，但往往也易于出现主体多、力量散、效果微的问题。在缺乏长期稳定的联动机制时，问题更加凸显。

（三）评估与激励方面，"以评促建、以奖代补"的支持动力尚显不足

农村中学普遍反映专职科技教师极其紧张，缺少专业科技辅导员。在回

收的问卷中，专职管理人员和科普老师缺乏是部分学校感到困扰的问题。配备专职管理人员的学校只有 42.7% 左右，配备专职科普教师的学校只有 36.2%，其中 61.83% 的学校科技馆管理人员由学科教师来担任，其中大部分学校是由物理老师担任的。关于学校目前认为农村中学科技馆存在的问题中，"教师""专业""培训""辅导员"等关键词分别出现了 52 次、42 次、29 次和 24 次，比照学校提出的原建议，均为"科技馆管理人员多数为兼职，专业知识缺乏，不能满足学生要求""兼职辅导员在单位考核中无课时量，工作量，全靠老师奉献，无法有效、积极的运行""西部基层科学教师、辅导员师资力量十分薄弱，特别是科技教师、辅导员的培养和培训亟待加强，缺乏长效化教育培训体制做保障"。学校普遍反映，目前农村中学科技馆日常管理主要靠教师兼职，但由于教学任务繁重，教师们对管理学校科技馆显得力不从心，同时由于兼职教师缺乏专业知识的培训，管理水平十分有限。教师们也反映，管理学校科技馆会增加额外工作量，但与学校考核不挂钩，福利补贴得不到保障，一定程度上影响了教师们的积极性。基金会响应的评估与激励制度还不完善，"以评促建、以奖代补"的工作格局还未形成。

三　对策与建议

农村中学科技馆项目要大力推进场馆软、硬件建设，以开展科学普及活动为载体，为边远贫困地区的青少年及周边居民提供丰富的科普活动，提高其科学文化素质，营造良好科学学习的环境，提供有力的阵地保障。

（一）多方投入，合力共建

对于全国 5 万多所初中来讲，农村中学科技馆的覆盖面只占很小一部分。问卷调查显示，在科技馆平均面积、配套设施、展品等方面，中西部地区与东部地区仍有一定的差距。

首先，进一步探索和强化"社会捐赠 + 政府资助"的投入方式。建议国家设立农村中学科技馆专项经费，会同社会资本，形成以政府资助为主、以社会捐赠为辅的投入机制。一方面，要积极从社会上广泛征集捐赠。另一方面，积极引导和支持各地充分争取政府支持，为项目的运行和推广提供资金保障。通过国家财政资金支持示范建设，带动企业、研究机构、社会各方在资金、资源、设备和信息方面的投入。建议项目实施单位在组织宣传方面，积极寻求合作交流新平台，拓展筹资新渠道，唤醒民众的公益之心，动员企业、社会团体、公众等各方优势力量充分参与项目建设。

其次，积极争取政策支持。争取各级党委和政府的领导支持与政策支持，通过联合发文等方式，争取更多资源投向革命老区、边远农村、少数民族地区的青少年科普教育工作；建议各有关部门和单位加强合作，把落实国家义务教育责任与公益事业有机结合，将农村中学科技馆建设列入中小学教育发展规划，让农村中学科技馆成为中西部地区学校的标准配置，增设专职科技教师编制，加大对教师的培训，增加科普必修课程设置；争取教育管理部门的政策支持，建立健全考核激励机制。将农村中学科技馆科技教师培训纳入教师继续教育学分体系，认定和计算其工作量，激发教师开展科技教育和科普工作的兴趣，促进教学方式的变革、教师的专业化发展和教学质量的提高。

（二）跨界联动，长效管理

首先，建立和完善跨系统多部门的长效联动机制，成立由中国科协、教育部基础教育司、农业部、基金会、各省级科协等部门组成的专门领导小组，设立项目联席会议制度，定期研讨部署工作，加强协同联动，形成长效机制。同时，还可以广泛调动其他基金会、包括共青团妇在内的各类群团组织、教育系统多部门参与项目运作。

其次，资源更新，强化项目运行管理。加快展品的更新速度，通过举办中学科技馆创新展品征集大赛等方式，为已过和临近质保期，还在持续运行开展活动的场馆按计划逐步完成展品更新；通过"以奖代补"的方式向农村中学科技馆所在校配备新技术硬件和创新教育活动资源，使其成为结合地域特色、满足多样化需求、布局合理、设施配套、功能完善的乡村科普阵地；打造"中学科技馆在行动"等亮点科普活动品牌，使中学科技馆成为农村科普工作的大本营，成为师生和居民参与科普、感受科学、进行交流和展示的平台；全面推进信息化建设，着力构建集中枢指挥、信息支持、网格化管理于一体的农村中学科技馆项目的管理运行机制，探索出一条高效管理的有效路径。

最后，建章立制，促进项目规范发展。项目管理从如何使用、开放时间、服务范围、如何开展活动等方面都做出明确规定，要求已建有农村中学科技馆的学校全部成立组织管理小组，一方面负责日常管理，妥善维护好科普设施；另一方面负责各种科普活动的组织协调，努力提高科普活动阵地的使用效率，使阵地真正建好、用好、发挥其应有的作用。加快研究制定农村中学科技馆运行标准规范，建立农村中学科技馆场地建设、展品陈列、宣传开放、活动开展等方面的评价体系，制定资金、人员、资源管理办法，完善积分奖励制度，开放建立第三方评估机制。

（三）开放共享，以评促建

建立健全科技馆资源的开放共享机制，支持教师和学生将科技馆资源融入学科教学和学习中。以农村青少年和社区居民科学素质提升为导向，将各级科技馆、城市科技示范校、高校、科研机构、科学家、科普专家、科技教师和中学科技示范校等的科普资源进行有效整合，提供"服务清单"，农村中学根据自身发展需要提出"需求清单"。通过科学营、夏令营、冬令营、点对点的师生相互访问活动等多种形式，将两份清单进行优化匹配，精确定位，实现优质科普资源与农村中学科技馆所在校的深度融合。

扩大兼职科学教师队伍，让科协"三库一平台"建设惠及基层，加强志愿服务体系建设，鼓励和支持有条件的在校大学生参与公益科普，充分发挥基层志愿者服务优势，拓宽农村中学科技馆获得资源与人才服务渠道；让老科技工作者继续发光发热，将经验传给青年人，促进地方持续推进农村中学科技馆建设；深入实施"三支一扶""师范生公费教育"等政策，不断扩大农村科学教师队伍，从到农村基层从事"三支一扶"工作的毕业生和到农村义务教学学校任教服务的国家公费师范生中，选拔人员担任农村中学科技馆专兼职科学教师；加强数字科技馆平台建设，打造深入基层的资源服务共享平台，畅通基层共建通道，着力建设一个多层次、广领域、宽覆盖的乡村科普服务体系。

制定农村中学科技馆运行标准规范，建立农村中学科技馆场地建设、展品陈列、宣传开放、活动开展等方面的评价体系，制定资金、人员、资源管理办法，完善积分奖励制度，建立第三方评估机制。联合地方科协等相关单位，建立健全监测调研机制，加强对农村中学科技馆开放和使用情况的跟踪考评，定期或不定期地开展绩效调研，督促受助学校加强对农村中学科技馆的日常管理；在后期维护方面，加强与地方教育部门合作，配合学校做好农村中学科技馆展览教育品的维修维护工作。诸如可以借助中国老科学技术工作者协会等专项工作组成员单位力量，协调各地成员单位定期或不定期对农村中学科技馆的运行状况展开监督检查，通过实地调研，总结分析面临的困难与问题，将各地已建科技馆的阶段性建设与运行情况反馈给项目实施单位。

自农村中学科技馆项目实施以来，一定程度上缓解了我国科普资源空间上分布不均衡的问题，扩大了服务覆盖面，拓展了公众获取科技知识和信息的机会，推动了科普服务的公平与普惠。同时，项目还带动和促进了地方科协开展科普活动，对加强中国特色现代科技馆体系建设做出了有益补充。项目不仅得到舆论的关注和社会的参与，更在受助学校和当地公众中受到普遍欢迎和赞誉。今后，在科技馆体系创新升级下，农村中学科技馆项目将进一步发挥促进科学素质薄弱地区科普工作高质量发展的重要作用。

参考文献

《全民科学素质行动计划纲要（2006—2010—2020 年）》（国发〔2006〕7 号），2006。

《全民科学素质行动计划纲要实施方案（2016—2020年）》（国办发〔2016〕10号），2016。

中国科协：《中国科协科普发展规划（2016—2020年）》（科协发普字〔2016〕20号），2016。

中共中央办公厅：《科协系统深化改革实施方案》，2016。

程东红主编《中国现代科技馆体系研究》，中国科学技术出版社，2014。

B.5
中国数字科技馆现状与发展对策研究

李璐　赵铮　李大林*

摘　要： 通过文献研究、调查问卷、实地访谈等方法对中国数字科技馆进行研究，阐述其在网站、新媒体平台、共建共享三个方面的发展现状，分析数字科技馆用户的实际需求，指出目前中国数字科技馆存在栏目架构和检索功能不够健全、与泛科普平台同质化严重、枢纽作用发挥不佳、共建共享内容形式创新不足等问题。针对以上问题，本报告从优化网站结构功能、强化科普资源建设、完善共建共享机制及科普信息化复合型人才培养四个方面提出了具体对策和建议，为进一步提升中国数字科技馆网站科普效能，发挥引领带动作用，扩大行业影响力提供参考。

关键词： 数字科技馆　科普资源　平台结构　资源建设

　　数字科技馆是中国现代科技馆体系的重要组成部分，是科普信息化的重要载体。自2009年建成以来，随着互联网及信息技术的发展变化及其对科普信息化工作提出的新要求，数字科技馆也在不断探索并调整自身定位。

---

* 李璐，中国科学技术馆网络科普部工程师，研究方向为科普信息化、数字科技馆建设；赵铮，中国科学技术馆网络科普部工程师，研究方向为数字科技馆建设；李大林，中国科学技术馆网络科普部工程师，研究方向为科普新媒体运营。

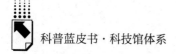

在中国数字科技馆平台上，除了中国科技馆建设的网站和数字化科普资源，还包括地方科技馆通过参与共建共享工程利用平台软硬件条件建设的地方数字科技馆网站等资源，更有为发挥现代科技馆体系枢纽作用而开发建设的"全国流动设施科普服务平台"等信息化系统。中国数字科技馆在资源不断丰富、功能不断完善的过程中，其资源建设、传播平台以及共建共享工作都呈现新的特点，同时也暴露出一些不足。

本文依托三个方面的调研资料对中国数字科技馆的现状进行研究：一是中国数字科技馆建设发展相关资料与近年来的运营数据；二是对参加"第八届全国科技馆馆长培训班"的79名来自全国26个省级馆和44个市级、县级馆的馆长所做的问卷调查，该调查回收有效问卷61份；三是2018年8月实地调研了广东科学中心、深圳科学馆、深圳市龙岗区科技馆、深圳市宝安科技馆、佛山科学馆等省级、市级、县级科技馆，并与广东省科协、广州市科协等相关人员进行座谈，收集各单位对于中国数字科技馆建设的意见和建议。

一 中国数字科技馆发展现状

（一）网站建设现状

自2010年进入常态化运营以来，至2019年，经过近十年的建设发展，中国数字科技馆网站由最初的服务于科普机构和科普工作者的数字科普资源集成和共享平台，发展为如今服务于公众、服务于科普工作者和科普机构，同时更加重要的是，服务于中国特色现代科技馆体系的集科普门户网站、远程管理平台、线上线下活动以及离线数字服务等多功能于一体的综合性网络科普服务系统。

2019年底，中国数字科技馆拥有超过14TB的数字化科普资源和120余万注册用户，日均页面浏览量超过400万次。公众、科普工作者和科普机构可以在线浏览科普专题、文章、音视频、漫画、动图、直播课堂等多种类型的科普资源，并可下载、离线使用其中部分资源。网站内容涵盖数理化生、信息技术、能源环境等 20 余个学科，并设有"科幻世界""论剑""儿童乐园""农业天地"等面向不同受众群体的特色栏目。

除了线上资源，中国数字科技馆还为用户提供线上与线下相结合的多种科普活动资源。例如，中国数字科技馆自 2018 年下半年起策划实施的"科学连线"系列讲座活动，以介绍和探讨科技前沿为内容特色，以和国外知名科学家视频连线同时又和学校及地方科技馆等通过视频连线互动为形式特色，既有现场观众，又对活动进行同步网络直播，进而与网民互动，实现了线上与线下的深度结合。截至 2019 年底，该活动共举办了 7 期，每期直播收看人数不少于 20 万，反响良好。

在服务于现代科技馆体系方面，中国数字科技馆网站建设了一批服务于实体科技馆、流动科技馆、科普大篷车和农村中学科技馆等现代科技馆体系各组成成分的信息化应用系统。如全国流动科普设施服务平台，可以监测和显示全国科普大篷车和流动科技馆的动态，为其提供运行管理和成果在线展示服务。另外，网站围绕中国科技馆的重点展览和活动，着力开发针对实体科技馆的特色资源和服务。例如，2019 年中国科技馆开展"律动世界"国际化学元素周期表年主题活动期间，中国数字科技馆网站上线了相应的综合性网络专题，专题包含"律动世界"主题展览的虚拟漫游、化学类 VR 科普资源 6 个、原创科普视频 9 个、化学实验 30 多个，以及根据 118 位中国青年化学家资料制作的"中国青年化学家元素周期表"等丰富内容。同时，网站推出了"你问我答"征集公众问题并邀请化学专家解答的活动，以及"请你来答"化学元素有奖答题活动，并制作了以化学元素周期表为主题的电子杂志。

（二）新媒体平台建设现状

近年来，移动互联网发展迅猛，更多公众通过手机、平板电脑等移动终端上网。中国数字科技馆顺应时代潮流，将优质科普资源和服务从网站逐步拓展到两微平台（微博、微信），再拓展至头条号、百家号等自媒体平台。

目前，中国数字科技馆的建设已经从以网站为中心转向网站、移动社交媒体、自媒体平台等多媒体融合发展。

截至2019年底，中国数字科技馆在其上开通账号的新媒体平台有新浪微博、微信、头条号、百家号、企鹅号、快传号、一点资讯、抖音、知乎、央视频等，涵盖了当前主流移动社交媒体和自媒体平台。中国数字科技馆新浪微博粉丝为805万人，微信（服务号与订阅号）粉丝总数为114.6万，抖音号粉丝40万人，百家号粉丝2.4万人，头条号粉丝约2万人。

2019年，中国数字科技馆新浪微博全年发文数约3900条，新增阅读量超过5000万次，日均阅读量约13.7万次；百家号平台发布文章4900余篇，阅读量超过3.5亿次，同时，利用百家号直播各类活动72场，播放量达352万次；头条号平台发布文章3381篇，阅读量达441.4万次。

除了图文、音视频等常规科普资源，中国数字科技馆也积极采用AR、VR等新技术手段进行移动端科普资源的开发。例如，2017～2018年，中国数字科技馆大力开发移动VR科普内容，在网站上打造了"移动VR科技馆"，网民用手机扫描二维码就可以进入VR模式，然后将手机装入VR眼镜便能获得沉浸式的科普体验，方便快捷。2019年，中国数字科技馆联合百度百科与科普中国，为"纪念新中国成立70周年科技成就科普展"的12件展品制作了互动AR科普资源，投放在百度App上。

此外，中国数字科技馆将部分优质资源投放在爱奇艺、喜马拉雅、百度"知道日报"和"秒懂百科"等网络平台，并与百度和喜马拉雅建立了合作关系。

（三）共建共享现状

为发挥集群效应，扩大数字科技馆影响力和科普服务受众，中国数字科技馆多年来一直面向地方科技馆开展共建共享工作，并伴随互联网的发展变化和科技馆体系建设实际调整每年的建设任务。

2010～2017年，共建共享工作的重点是在中国数字科技馆网站开设地方数字科技馆。各地科技馆利用其提供的网站开发工具和运维服务，在中国数字科技馆网站上以二级子站的形式建设自己的数字科技馆；中国数字科技馆每年会倡议地方数字科技馆围绕某一特定主题制作、发布科普资源，也会联合地方数字科技馆共同开展线上、线下活动，如"科技大辩论"线上活动与"青稞沙龙"对谈类讲座活动。截至 2017 年，中国数字科技馆网站上共建成地方数字科技馆 58 家，其中省级参建单位 31 家、市级参建单位 22 家、县级参建单位 5 家。

2017 年下半年至 2018 年，共建工程工作的重点转移到移动端。中国数字科技馆联合地方科技馆在今日头条上建立"头条号"矩阵，矩阵成员可以利用该平台发布科普图文、视频，联合开展大型科普活动等。截至 2018 年 10 月，有 41 家单位入驻数字科技馆矩阵，发布文章的总阅读量超过 1300 万次。同时，中国数字科技馆开展 H5 移动科普资源建设项目，为地方科技馆等单位提供 HTML 5 Web 开发工具，帮助和支持地方科技馆制作基于 HTML 5 技术的响应式科普专题。H5 科普专题具有交互功能，可以自适应各类手机、平板电脑等移动设备，非常适合在新媒体上进行传播。

2019 年，共建共享工作重点围绕全国科技馆虚拟漫游项目展开。截至 2019 年底，中国数字科技馆建设上线了包含中国科技馆、上海科技馆、广东科学中心等特大型科技馆在内的全国 115 家达标科技馆的虚拟漫游系统，公众可以在线选择全景模式或者 VR 模式实现对这些科技馆的虚拟漫游。

二　存在的问题与原因分析

通过对参加"第八届全国科技馆馆长培训班"的馆长们开展的问卷调查工作中回收的 61 份有效问卷进行统计分析，并结合与部分地方科技馆的实地访谈情况，发现当前中国数字科技馆建设主要存在以下三方面的问题。

（一）栏目架构需继续优化，检索功能尚待完善

调查问卷统计结果显示，对于"您认为中国数字科技馆网站有什么不足?"这个问题（多选题），45.9%的受访者认为"没有不足"，24.6%的受访者认为"栏目架构有待改善，不能很快找到所需内容"，其他选项集中在对内容质量、页面技术、页面设计等方面的看法（见图1）。

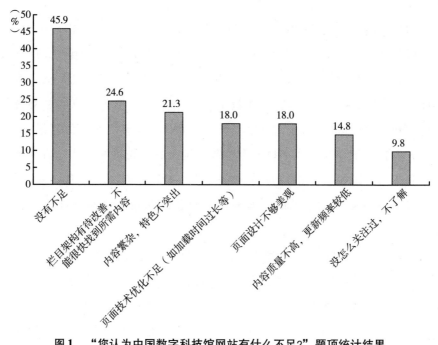

图1 "您认为中国数字科技馆网站有什么不足?"题项统计结果

原因分析：从资源量和网站架构来看，中国数字科技馆拥有14TB的数字化科普资源，涵盖天文地理、物理化生等多个学科的多种类型的资源，资源的丰富性和多样性是其优势，但也造成了资源庞杂、网站栏目多、导航层级结构复杂的问题，从而影响了用户体验，造成许多用户不能方便、快捷地找到自己感兴趣的内容。从网站功能上来看，一是网站的检索功能不够完善，检索结果不够精准；二是网站不具备智能推荐功能，不能根据用户的浏览行为推荐用户关心的内容。

（二）与泛科普平台同质化严重，枢纽作用发挥不佳

问卷调查中"贵单位希望数字科技馆能共享哪些资源"一题（双选题）的统计结果显示，有75.4%的受访者选择教育活动资源，有44.3%的受访者选择短期展览资源，有34.4%的受访者选择特效电影影片（见图2）。

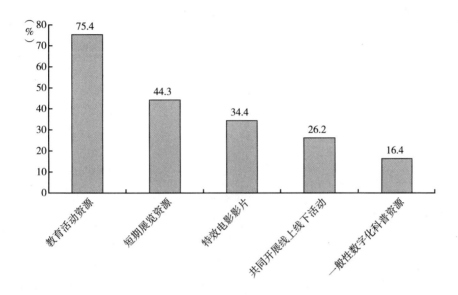

图2 "贵单位希望数字科技馆能共享哪些资源"题项统计结果

结合实地访谈资料，地方科技馆工作人员普遍认为中国数字科技馆与其他网络泛科普平台同质化严重，内容及形式趋同，枢纽作用发挥不明显。除各学科的图文、音视频等科普资源外，教育活动资源和短期展览资源等也是地方科技馆迫切需要的，但中国数字科技馆对此类需求的响应速度和反馈效果尚未达到地方科技馆的期望。

原因分析：就资源量而言，中国数字科技馆建设的服务于公众的泛科普类资源明显多于专门服务于科技馆体系的科普资源，如问卷调查结果显示的地方科技馆最希望获取的教育活动资源、短期展览资源等。此外，数字科技馆也缺少地方科技馆进行线上反馈的有效渠道，导致对地方科技馆科普资源的实际需求和在工作中遇到的困难响应不足。

（三）基层专业人才不足，共建共享内容形式仍需创新

调查问卷统计结果显示，对于"参与共建共享工程建设时是否存在困难？"这个问题，45.9%的受访者认为"缺少相关人员（如内容创作、图片编辑等）"，14.8%的受访者表示"个别操作、地方有困难，需要技术指导"，3.3%的受访者表示"不知道如何使用（头条、子站和H5工具等）"（见图3）。这意味着，在提交有效问卷的61家地方科技馆中，有64%的地方科技馆在参与数字科技馆共建共享工作时，存在缺少相关人员、不知道如何操作或个别操作需要技术指导等困难。此外，还有16.4%的受访者表示"不知道如何加入"共建共享工程。

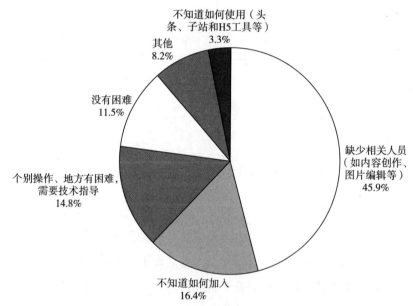

图3 "参与共建共享工程建设时是否存在困难？"题项统计结果

与此同时，实地访谈资料显示，部分地方科技馆认为加入数字科技馆矩阵对日常科普内容的生产、运营等方面没有起到明显的效果，H5移动科普资源建设的工具易用，但缺少好的创意。

原因分析：一方面，地方科技馆负责科普内容策划、生产、运营的专业

人员较为缺乏，中国数字科技馆开展相关技能培训的次数较少，科普内容的生产数量和质量无法得到保证。另一方面，对于数字科技馆共建共享工程来说，相关的考核及奖励机制不完善。

三　对策与建议

（一）进一步优化中国数字科技馆平台结构与功能，提升用户体验

1. 优化网站栏目架构

根据用户的认知水平、特点和使用习惯，而不是科普资源的形式或来源等，对网站现有栏目进行重新划分，并精简栏目层级结构，让用户能更轻松、快捷地在中国数字科技馆平台找到自己关注的内容。在调整架构时，还应为网站的不同用户群体建设拥有不同界面、不同数据资源、不同应用系统和不同功能的专属网站。例如，普通公众、科普工作者和科技馆体系各组成成分（包括实体科技馆、流动科技馆、科普大篷车和农村中学科技馆等）成员单位所需数字化科普资源和科普服务各不相同，应根据它们各自的需求建设与之相适应的网站，并在中国数字科技馆主站首页设置明显的入口，方便用户进入。

2. 完善检索功能，提高用户查找信息的便捷性

对于学科主题多样、内容资源体量大的信息类网站而言，检索功能的完善是影响用户体验和资源获取便利性的一个关键因素。中国数字科技馆正是属于此类网站，可通过增设高级检索功能，允许用户设置检索条件，例如，检索的时间范围、栏目范围、学科类别、关键词出现的位置等，以提高检索结果与用户期望的匹配性。同时，进一步优化检索结果的呈现形式，在检索结果中添加资源所在栏目、资源类型等分类标签，并允许用户根据这些标签对检索结果进行二次筛选，让用户能更加方便、快捷地获取其感兴趣的内容。

3. 建设大数据智能内容推荐系统，为用户提供精准科普服务

用户的浏览行为，如浏览的内容主题、页面停留时间等，可以反映用户

对网站哪些内容感兴趣。在对现有资源进行有效整合的基础上，建设基于这些数据的智能内容推荐系统，利用大数据、人工智能等新技术手段，搜集、分析、挖掘数据，判断用户潜在需求，主动在用户登录或浏览页面时为用户推荐其感兴趣的内容，为公众提供个性化智能科普服务，可以提升网站用户友好度，提高用户黏性和网站浏览量。事实上，目前很多网站，包括新闻网站、购物网站、视频网站等，都已经建立了良好的智能推荐系统。这方面的算法和技术已相对成熟，中国数字科技馆应积极利用大数据技术，尽快建设智能内容推荐系统，通过精准科普，提高科普服务水平。

（二）加强面向科技馆体系的特色科普资源建设，切实发挥枢纽作用

1. 围绕实体科技馆开发在线资源，促进线上和线下服务的交互融合

围绕实体科技馆的短期主题展览、教育活动和科普赛事等，深度策划线上内容，并积极利用移动端和人工智能技术等创新服务形式，提升实体科技馆智慧服务水平。例如，为实体科技馆短期展览开发网络科普专题，制作文章、在线游戏、音视频等拓展内容，利用智能机器人、扫码讲解等为展览提供智慧导览等服务，通过新媒体平台对展览进行宣传推广。

充分利用信息技术手段，加强线上线下相结合活动的研发，不断拓展教育活动的范围、形式及受众。建设教育活动资源库，开发、集成各类教育活动资源；建立统一的资源存储、管理、查询和共享机制，提升教育活动资源开发、使用、评估、改进工作中的系统性和延续性，实现教育活动资源的数字化、可检索。

2. 建设科学教育直播平台，探索平台的体系化发展

以"科技馆里的科学课"和"居家实验"栏目为依托，搭建面向中小学生的科技教育直播平台，为中小学生提供优质的在线科学课，并为这些课程提供文章、音视频、VR等配套拓展资源。同时，搭建网络互动直播教学系统，完善平台的互动功能，优化师生体验，争取引领示范地方科技馆加入平台的共建共享，为公众提供各馆优秀的科学课程，并为地方科技馆提供宣传展示、交流互动等信息化服务，探索和促进平台的体系化发展。

3. 继续推进全国科技馆虚拟漫游项目建设，扩大建设范围

中国数字科技馆平台已上线的115家科技馆的虚拟漫游系统受到广泛好评，既满足了公众足不出户参观全国各地科技馆的需求，又极大拓展了实体科技馆的受众。建议继续推进全国科技馆虚拟漫游系统的建设，为更多的地方科技馆建设虚拟漫游系统，并将流动科技馆、科普大篷车和短期主题展览纳入建设范围，尤其是短期主题展览的虚拟漫游系统能够为展览资源紧缺的地方科技馆提供学习借鉴的资源。同时，建议升级已有虚拟漫游系统，增加虚拟漫游场景中的互动热点，让公众能通过热点获取展品多媒体信息，实现深入学习。

4. 发挥科技馆体系的集群优势，大力建设数字化展品资源

目前，中国数字科技馆"展品荟萃"栏目已集成流动科技馆展品51件、农村中学科技馆展品20件、实体科技馆展品764件，入驻湖南省科学技术馆、营口市科学技术馆，数字化展品资源建设取得了一定成效。

建议依托"展品荟萃"栏目进一步提高地方科技馆的参与度，联合更多的地方科技馆共建共享数字化展品资源，发挥科技馆体系的集群效应，提高资源利用效率和建设水平。征集地方科技馆、流动科技馆、科普大篷车、数字科技馆和农村中学科技馆各类特色展品资源，逐步形成面向社会和行业服务的共同品牌，并持续扩大展品规模，吸纳更多的优质展品资源入驻中国数字科技馆。

（三）优化共建共享机制，加强行业交流

不断优化数字科技馆共建共享工程建设内容及运行机制，鼓励更多的单位加入共建共享工程，建立各成员单位间有效的沟通反馈机制；做好资源的标准化及转换，最大限度地实现在实体科技馆、科普大篷车、流动科技馆、农村中学科技馆等体系各部分间的流动及共用复用；服务体系各部分的管理，更好地发挥中国数字科技馆的枢纽作用。

可以在中国数字科技馆搭建科技馆业界交流的平台。平台的建设应以需求为导向，充分考虑平台对象的实际需求，开发相应功能，并连通已有平

台，避免信息孤岛现象，设计易用的流程及制度，保证交流通畅和反馈及时，促进科技馆行业蓬勃发展。同时，整合全国科技馆的科普资源，实现展品、展览资源的线上展示与数据更新，为各科技馆的新馆建设、常展常新提供支持，实现现代科技馆体系各部分间的有效联结。

（四）加强科普信息化人才培养和队伍建设

科普文章、图片、音视频等数字化科普资源的创作，线上线下科普活动的策划实施，H5移动科普资源的设计制作，专题网站的开发，新媒体平台的运营以及各类信息化应用系统的使用与建设等都需要科普信息化专业人才来完成。在当前"互联网+科普"时代，数字科技馆的建设对科普从业人员的信息化素养提出了更高要求。制定可持续发展的科普信息化人才培养目标，培养具备信息化素养的专业人才是推动数字科技馆建设的一个关键环节。

基层对信息化培训和信息化专业人才的培养需求尤为迫切。中国数字科技馆可以利用网络互动直播教学系统，开展面向科技馆体系的科普信息化技能培训，并可制作系统化课程课件，将培训常规化，提高基层单位的数字化科普资源创作能力、信息技术应用能力和"互联网+科普"服务能力。此外，应在科普硕士的培养中增加信息化、数字化的相关课程，加强高水平复合型人才培养。

参考文献

李璐、任贺春、卢志浩：《中国数字科技馆发展报告》，载殷皓主编《中国现代科技馆体系发展报告 No.1》，社会科学文献出版社，2019。

中国科学技术馆：《中国数字科技馆建设进展》，《科技导报》2016年第12期。

调 研 篇

B.6

以制度建设推动我国
科技馆事业可持续发展

——全国科技馆年报制度研究

苑 楠　齐欣　蔡文东　刘玉花　刘 琦　王美力*

摘　要： 通过综合调研国内博物馆、图书馆、工人文化宫等公共文化服务
机构实施登记注册制度和年报制度等有关情况，对全国科技馆登
记注册制度和年报制度进行可行性研究。根据科技馆行业发展特
点和管理机制，建议实施全国科技馆年报制度，并对年报实施范

---

* 苑楠，中国科学技术馆科研管理部高级工程师，研究方向为科技馆理论与实践、流动科普设
施建设；齐欣，中国科学技术馆展览教育中心主任，研究员，研究方向为科技馆体系、科技
馆理论与实践、科普服务标准化；蔡文东，中国科学技术馆科研管理部副主任，研究员，研
究方向为全国科技馆发展、科技馆体系、标准与评估等；刘玉花，中国科学技术馆科研管理
部副研究员，研究方向为科学传播与科技馆教育、科技馆体系；刘琦，中国科学技术馆科研
管理部助理研究员，研究方向为科技馆理论与实践、科普服务标准化；王美力，中国科学技
术馆科研管理部助理研究员，研究方向为科技馆运行评估、科普服务标准化。

围、统计内容、实施流程、业务培训、监督保障等方面提出对策建议，形成科技馆年报制度及配套实施方案。通过建立科技馆年报制度，为全国科技馆的规范管理、监测评估、合理布局奠定基础，促进科技馆事业向着高水平、现代化、可持续方向发展。

关键词： 科技馆　登记注册制度　年报制度

　　近年来，全国实体科技馆①稳步发展，场馆规模迅速增长，科普功能显著增强，社会效益日益突出，作为中国特色现代科技馆体系的龙头带动作用不断突显②。但同时，我国科技馆也存在建设发展不平衡、公共科普服务供给不足、自身机制不适应新时代要求等问题③，与党的十八大提出的"完善公共文化服务体系、提高服务效能、促进基本公共服务均等化"以及党的十九届四中全会提出的"完善治理体系、提升治理能力"等要求，还有很大改进的空间。因此，必须完善相关制度，以推动我国科技馆事业可持续发展。根据《中华人民共和国公共文化服务保障法》（以下简称《公共文化服务保障法》）相关规定，科技馆作为国家公共文化设施之一，应该建立符合自身发展的年报制度。同为国家公共文化服务基础设施的博物馆、图书馆、工人文化宫等，在行业发展、制度建立、管理机制等方面与科技馆行业有相近之处，据此，本文在文献研究和综合调研的基础上，借鉴不同行业在登记注册制度和年报制度方面的做法和经验，提出实施全国科技馆年报制度的建议，以更好地推动全国科技馆行业规范化管理和有序发展。

---

① 中国特色现代科技馆体系包括实体科技馆、流动科技馆、科普大篷车、农村中学科技馆、数字科技馆，一般情况下，本文中的科技馆指实体科技馆。
② 殷皓：《建设中国特色现代科技馆体系　实现国家公共科普服务能力跨越式发展》，载殷皓主编《中国现代科技馆体系发展报告 No.1》，社会科学文献出版社，2019。
③ 马宇罡、蔡文东、齐欣、陈闯、王美力：《新时代我国科技馆事业的发展与创新》，载殷皓主编《中国现代科技馆体系发展报告 No.1》，社会科学文献出版社，2019。

一　前言

20 世纪 80 年代，我国建成开放了以中国科技馆为代表的首批科技馆，开启了科技馆建设的先河，2000 年以后，党和政府对科技馆建设日益重视，政策不断完善。2002 年 6 月，《中华人民共和国科普法》颁布实施；2006 年 2 月，国务院发布《全民科学素质行动计划纲要（2006—2010—2020 年）》；2007 年 7 月，原建设部、国家发展改革委颁布《科学技术馆建设标准》（建标 101—2007）；2008 年 11 月，国家发展改革委、科技部、财政部、中国科协联合发布《科普基础设施发展规划（2008—2010—2015）》；2015 年 5 月，中国科协、中宣部、财政部发布《关于全国科技馆免费开放的通知》，科协系统所属科技馆启动免费开放试点工作。2016 年国务院颁布的《全民科学素质行动计划纲要实施方案（2016—2020 年）》中提出："完善科普基础设施布局，提升科普基础设施的服务能力，实现科普公共服务均衡发展。"科技部等八部委出台的《关于加强国家科普能力建设提出的若干意见》中明确提出要推进科普场馆建设。这些政策法规的出台，大力推动了科技馆建设，实体科技馆的数量不断增长，财政经费投入不断加大，全国科技馆事业迅猛发展，已形成一定的体量规模。

中国科协和中国科技馆定期对符合《科学技术馆建设标准》的全国科技馆的发展状况进行调查统计。截至 2018 年底，全国共有达标科技馆 244 座。科技部每年发布的《中国科普统计》也对科技馆有关情况进行统计，其调查的科技馆涵盖了"以科技馆、科学中心、科学宫等命名的以展示教育为主，传播、普及科学的科普场馆"，其中既包括科技馆，也包括非科技馆类型的科普场馆，并且其统计在内的部分科技馆不符合《科学技术馆建设标准》，这使得其统计的"科技馆"数量偏多（2018 年 518 座）①。两者统计标准、统计数量不一致，对科技馆领域以及有关领导、部门制定决策造

---

① 科技部发布的 2018 年度全国科普统计数据。

成了困难。

《公共文化服务保障法》第二十一条规定："公共文化设施管理单位应当建立健全管理制度和服务规范，建立公共文化设施资产统计报告制度和公共文化服务开展情况的年报制度。"① 科技馆作为国家公共文化服务体系的重要基础设施，目前尚未建立符合行业发展的管理制度和年报制度，因此应当积极响应并落实国家规定，建立健全科技馆行业内的管理制度和服务规范。

二　公共文化服务体系相关机构登记注册和年报制度

（一）博物馆登记注册与年报制度

我国博物馆登记注册管理始于 20 世纪 90 年代，北京市文物事业管理局于 1993 年发布施行了《北京市博物馆登记暂行办法》，至此我国博物馆登记注册管理制度正式实施。《北京市博物馆登记暂行办法》对博物馆的申请条件做出了较为明确的规定，提出了藏品（收藏、研究、展示）、人员、馆址设施、开放要求、开放条件与安全设施五项申请条件②。该办法所规定的博物馆申请程序也并不复杂，即由北京市文物局对申请材料进行核实，而后颁发博物馆登记证书，在获得该证书后博物馆便获得对社会开放的资格，以上规定对于我国的博物馆规范化管理具有重要意义。2001 年 1 月 1 日，《北京市博物馆条例》作为我国首个博物馆管理方面的地方性法规正式颁布施行，标志着我国将博物馆登记管理正式纳入法制化轨道。此后，2005 年 12 月，文化部发布了《博物馆管理办法》，确立了我国博物馆设立、登记的标准与程序。2015 年 3 月，国务院颁布了《博物馆条例》，对博物馆的设立、

---

① 《中华人民共和国公共文化服务保障法》，2016。
② 《北京市博物馆登记暂行办法》。

变更、终止条件进行了明确规定，对申请流程进一步予以规范。

博物馆登记注册属于"事前登记"，须经过文物行政主管部门审核、相关行政部门批准许可才能开放运行，具有法制约束性。现行博物馆审批流程是文物行政主管部门自接到申请书之日起两个月内，组织专家进行评审，对符合条件的予以核准，不符合条件的书面回复并告知理由。根据《博物馆管理办法》[①] 规定，"申请设立博物馆，应当由馆址所在地市县级文物行政部门初审后，向省级文物行政部门提交材料"，从而我国形成省、市、县三级行政部门同时审批博物馆设立的制度[②]，现行博物馆登记注册流程如图1所示。[③]

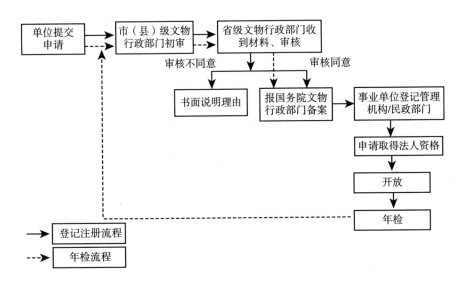

图1 现行博物馆登记注册流程

国家关于博物馆的审批，博物馆条例及相关政策规定："以博物馆为代表"的各类博物馆公共服务体系中，这些公共文化设施管理机构要建立健

---

① 《博物馆管理办法》。
② 邢致远：《博物馆审核设立与注册登记管理的实践探索和政策性建议》，《中国博物馆》2012 年第 4 期。
③ 陆敏洁：《非文物系统博物馆登记注册体系设计研究》，复旦大学硕士学位论文，2012。

全的管理制度和服务规范，其中公共文化设施产业资产报告和公共文化开展的服务情况应该以年报制度的落实来完成。具体而言，在各类年度报告中，博物馆需要在每年的 3 月 31 日前向所在的县级文物管理单位递交一份该馆在上一年度中的工作报告。工作报告包括博物馆的藏品情况、展览展示情况、工作人员情况、资产情况、开展教育活动情况、博物馆安全情况以及财务管理情况等。

据资料查询，2018 年上海市文化广播影视管理局、上海市文物局发布了《2017 年上海市博物馆年报》（见表 1），向社会公布了全市博物馆事业发展年度概况，内容包括设施概况、开放服务、宣传教育、学术研究等方面，客观、全面地展现了 2017 年上海 125 家博物馆管理服务的亮点与特色。

表 1   2017 年上海市博物馆年报内容

目录	内容
设施概况	1. 上海市已备案博物馆总量 2. 新建场馆情况 3. 场馆类型、布局、规模情况 4. 从业人员情况 5. 藏品情况
开放服务	1. 观众接待量 2. 专题展览 3. 馆外巡展
宣传教育	1. 媒体宣传 2. 教育活动
学术研究	1. 学术活动 2. 出版物
文博文创	1. 文创产品开发与销售 2. 文博文创开发试点
发展展望	1. 未来发展的展望 2. 上海市博物馆开放信息汇总表 3. 本年度各博物馆举办的情况

广东省博物馆年报以白皮书的形式向社会公布，内容包括广东省博物馆年度工作报告、相关资质证明文件、年度服务数据统计情况、年度受奖惩情

况、接受捐赠资助及使用情况（见表2）。

2020年温州博物馆发布了2019年度公共文化设施资产统计报告和公共文化服务开展情况年报，主要包括单位基本情况、资产情况分析、公共文化服务开展情况三方面内容（见表3）。

表2　广东省博物馆年报内容

目录	内容
年度工作报告	年度工作总结及下一年工作要点
相关资质证明文件	事业单位法人证书
年度服务数据统计情况	1. 接待观众量情况 2. 便民服务年度情况 3. 宣教活动情况 4. 基本陈列到访情况 5. 临时展览到访情况 6. 馆外临时展览（境外）情况 7. 馆内临时展览（境内）情况 8. 馆外临时展览（展品出借）情况 9. 巡回展览情况
年度受奖惩情况	年度获奖情况
接受捐赠资助及使用情况	本年度馆内接受社会人士捐赠藏品或资金捐赠情况

表3　温州博物馆2019年度公共文化设施资产统计报告和公共文化服务开展情况年报

目录	内容
单位基本情况	单位隶属情况、人员编制情况、预算收入及支出情况
资产情况分析	1. 资产总量、构成、变动情况 2. 资产管理情况
公共文化服务开展情况	1. 馆藏文物 2. 展览资源 3. 文博特色活动 4. 规范藏品保管 5. 场馆安全管理 6. 智慧博物馆建设 7. 学术研究出版 8. 全市博物馆交流合作

通过研究发现，我国博物馆年报多以文物收藏、学术研究、观众接待量、教育活动开展、预算资产为主要内容，由于各馆业务工作侧重点不同，还没有统一年报标准。此外，博物馆的种类很多，如展览馆、纪念馆、美术馆、陈列馆、收藏馆、艺术馆等，或者自然标本、矿石、当代艺术品等非文物收藏的博物馆，再如高校博物馆、各行政部门或科研院所兴办的博物馆，大部分还没有到文物部门登记，因此明确审批对象十分重要。现行规定中主要博物馆场馆面积、藏品数量、人员设置、资质条件等方面有相应的指导意见，缺少量化指标，在实际操作中给审核人员带来一定难度；在没有标准依据情况下，审核过程可能会掺杂主观因素，影响审核结果的客观公正。此外，博物馆的登记注册需要经过博物馆行业主管部门批准，然后到市文物局行政部门登记备案，再到法人资格登记管理部门登记批准，有的还要到工商局、税务局等部门进行登记注册，审批程序较为规范，但提交资料较多，如北京市申请博物馆设立要全部提交纸质文件，而且要到指定办理地点进行材料申请、人工处理。申报方式可进一步优化。

（二）图书馆登记注册与年报制度

我国为了加强对公共图书馆管理，推进公共图书馆事业的发展，2018年1月1日起正式实施《中华人民共和国公共图书馆法》（以下简称《公共图书馆法》）①，图书馆的登记注册制度在法律制度和社会公共服务体系构建上与博物馆基本一致，遵循的是法人注册，在注册制度上采用年度考核与评价制度，登记注册的资金、图书的册数和图书的价值评估等都需要作为核心指标来申报不同等级图书馆注册的条件。图书馆的登记注册以县级为单位，严格按照《公共图书馆法》中的相关规定及设立条件来进行登记注册，该法的颁布对我国公共图书馆的管理与发展具有重要意义，标志着我国图书馆事业发展正式步入法治化的轨道。

根据《公共图书馆法》的相关规定，图书馆申请注册也需要具备一定

---

① 《中华人民共和国公共图书馆法》。

的条件，包括章程、固定的馆址、相对齐全的设施设备、专业的工作人员等。图书馆的登记注册制度和年报制度的发展与博物馆走的是类似道路；不同的是，图书馆登记注册单位大部分与教育系统紧密联系，属于国家全额资金拨款的单位，在高校一般是独立的二级下属单位。部分高校图书馆也会定期对社会公众开放，这些图书馆的登记注册制度也是按照国家法律要求执行的。

在《公共文化服务保障法》和《公共图书馆法》两法颁布实施的背景下，图书馆逐步推行年报制度。如浙江省图书馆年报主要包括九方面内容，重点是对业务工作的数据统计（见表4），这是图书馆年报工作重要内容之一，通过对数据分析，力图在研究过程中挖掘规律，为管理层决策提供参考，成为科学管理的手段①。目前图书馆对年报数据统计工作非常重视，其借阅率、文献流通量、入馆人次、馆藏数量等统计数据不仅反映了图书馆管理情况，也是推动图书馆未来发展的重要依据。

表4 浙江图书馆年报内容

目录	内容
工作要点	本年度工作要点
工作总结	本年度工作总结
大事记	本年度记录的重大事件和活动
机构与人员	1. 理事会、行政领导、内设机构及负责人名单 2. 党委、工会、团支部及负责人名单 3. 民主党派组织及成员名单 4. 业务咨询机构及成员名单 5. 人员结构状况 6. 离休、退休人员名单 7. 晋升（转评、初定）各系列职称人员名单 8. 考核优秀部门、人员名单

---

① 何明翔：《两法背景下公共图书馆建立现代年报制度的研究和思考》，《四川图书馆学报》2019年第4期。

目录	内容
面积汇总表	1. 馆舍面积 2. 读者用房面积
经费情况	1. 经费拨入情况统计 2. 创收情况统计 3. 经费支出情况统计 4. 新增馆藏购置经费使用情况统计
业务工作情况	1. 文献入藏情况统计 2. 文献采访情况统计 3. 电子图书入藏情况统计 4. 数据库建设情况统计 5. 新注册用户数量统计 6. 文献流通册次统计 7. 电子图书借阅（下载）量 8. 读者人次统计 9. 各阅览室人次统计 10. 国际交换工作统计 11. 馆际互借情况统计 12. 咨询统计 13. 代检索课题统计 14. 研究课题立项统计 15. 学术成果统计 16. 举办读者活动一览表
获表彰情况	1. 集体获奖情况 2. 个人获奖情况
新闻媒体报道情况	1. 纸质媒体报道 2. 网络媒体报道 3. 电视广播媒体报道

图书馆年报工作是对图书馆事业发展的一个梳理总结，年报信息的公开对扩大图书馆影响力发挥着重要作用，部分高校图书馆也对此非常重视。如复旦大学图书馆2019年年度报告覆盖了图书馆的亮点活动、党群工作、读者服务、资源建设等15个方面的内容（部分内容见表5），其中对于经费统计、文献购置、人员数据、服务情况、读者培训等做了详细说明。

表5　2019年复旦大学图书馆年报部分内容

目录	内容
读者服务	1. 基础服务工作 2. 宣传推广工作 3. 学科服务工作 4. 情报研究工作
资源建设	1. 年度概况 2. 文献资源建设 3. 特藏资源建设 4. 数据库资源（平台）建设
机构建设	1. 中华古籍保护研究院及文物保护创新研究院 2. 人文社科数据研究所 3. 中国索引学会工作 4. CASHL全国中心工作
科研教学	1. 招生与学生培养 2. 科研论文与项目
馆员发展	1. 获得的荣誉 2. 我们的馆员 3. 交流与合作 4. 会议与调研
合作交流	1. 邀请专家来访 2. 参加国际会议 3. 馆际合作交流 4. 学术会议讲座 5. 接待来访情况
管理保障	1. 员工招聘和培训 2. 财务和预决算 3. 宣传和档案 4. 系统安全管理 5. 消防安全
统计数据	1. 经费统计 2. 文献购置 3. 人员数据 4. 服务情况 5. 读者培训
大事记	年度发生的重大活动和重大事件

我国图书馆年报制度还处于起步阶段，各馆年报的内容设置不同，篇幅长短不一，格式上也有差异。经过研究发现，图书馆年报内容一般是指其一年内的重要事件及各类统计资料的汇总，包括一年内的基本情况、资源建设、读者服务、培训、管理、馆舍建设、学术研究、活动开展、财务等各项工作情况。但由于各馆实际业务和服务内容的侧重点不同，内容结构并不相同。[①] 在效果呈现方面，大部分图书馆通过图文并茂的方式进行展示，配有馆舍、亮点活动及场馆服务等辅助说明，能够生动形象地向读者呈现图书馆总体情况；而有些图书馆的年报仅以 Excel 表呈现，内容形式较为单一。[②]

（三）工人文化宫的相关管理制度

工人文化宫与博物馆、图书馆相比，更加具有娱乐性和休闲性。工人文化宫是组织职工开展文化活动的重要场所，是密切联系群众的桥梁和纽带，是工会组织发挥教育功能、娱乐功能的主要阵地。工人文化宫实质上是公益性文化事业单位，在实际运营过程中一直坚持公益和效益共同发展的原则。近年来，国内部分企业，包括国企和私企等在内的工人文化宫的发展，也进入新时代转型阶段，一些企业的文化宫虽然也有登记注册，但都是以企业名义进行登记注册的，因此，文化宫自身的发展和运行很大程度上受到企业运行管理的干扰，没有凸显其本质。

为了规范工人文化宫的规范管理，着重展现其公益性与服务性，强化其服务职工的功能，2016 年全国总工会印发了《中华全国总工会关于加强和规范工人文化宫管理的意见（试行）》（总工发〔2016〕21 号），各地方总工会以其为指导并结合各自实际，纷纷出台了不同的规章制度。[③] 尤其是在监管、考核、奖惩、补助等方面，各省都有相应举措，但在登记注册制度和年报制度上没有明确规定，各项规章制度还不够健全，没有形成制度化、规范化的管理体系。

---

① 刘光迪：《关于建立图书馆年度报告制度的思考》，《四川图书馆学报》2015 年第 6 期。
② 何盼盼、陈雅：《我国城市图书馆年报制度建设现状分析与策略研究》，《图书馆建设》2018 年第 12 期。
③ 刘宁：《新时期工人文化宫改革发展的实践与探索》，《东方企业文化》2014 年第 23 期。

（四）其他相关行业的登记注册制度

文化游乐园、主题公园、人工游乐园、公共体育场以及大型公共商业游泳健身中心等其他相关场馆，其登记注册制度与年报制度的设立和实施，很大程度上和自身所属企事业单位的文化与公众服务意识有关。如北京市公园的建立与管理依据《北京市公园条例》，本市公园的名录、等级、类别由市园林绿化部门按照有关规定确定并公布；① 公园的登记注册审核工作一般由市园林绿化局负责。例如，申请设立国家级森林公园的条件，需要提供公园的区域位置、规划面积、林地面积、森林覆盖率、地理坐标和四界范围；公园的景观资源特色和重要森林风景资源概况；以及近年来的保护、建设和管理概况等内容。

可见，公共文化服务体系中的不同设施和机构，有其不同的自然属性和社会功能，通过建立登记注册制度和年报制度，能更好地规范行业可持续发展，建立健全各项规章制度，实现行业有制度、实施有细则、工作有章程、奖惩有依据，促进行业整体向制度化、规范化的方向发展。

三　科技馆年报制度的实施建议

（一）落实年报主体，确定实施范围

科技馆与博物馆、图书馆等其他行业不同，有其自身发展特点。2018 年，全国共有科技馆 244 座，其中 84.8% 的科技馆隶属科协系统；科协属于群团组织，没有行政审批权，所以从现实出发，登记注册制度即"事前登记"的方式不适用于科技馆，因此建议采用"事后备案"的方式统筹管理全国科技馆。依据《公共文化服务保障法》相关规定，科技馆作为国家公共文化设施之一，应建立健全行业管理制度和服务规范，建立公共文化设施资产统计报告制度和公共文化服务开展情况的年报制度。结合科技馆发展需求，建议实施年报制度，推动科技馆事业高质量、

---

① 《北京市公园条例》（北京市人大常委会公告第 65 号），2003。

可持续发展。

中国科协作为全国科技馆行业的主要管理部门，负责顶层规划、政策引导，制定并发布全国科技馆年报制度，进行宏观指导和全面管理；各级科协负责当地科技馆年报制度的组织和实施。年报制度实施范围建议以科协系统内的科技馆为基础，先进行试点，然后逐步推广至非科协系统的全国其他科技馆。科协系统所属的科技馆，如符合国家有关规划并由相关部门批准立项建设，常设展厅面积在 1000 平方米以上，具备基本常设展览和教育活动条件，并配套一定的观众服务功能，能够正常开展科普工作，即可作为年报制度的实施主体。中国科协统筹指导地方科协，采取上下联动的方式，共同推进全国科技馆年报制度的实施。

（二）制定年报内容，明确实施流程

在充分借鉴博物馆、图书馆年报内容设置现状和经验的同时，结合科技馆的业务特点和管理模式，建议科技馆的年报内容主要包括两部分：一是年度工作数据，包括本年度的场馆基本情况、运行情况、展览教育工作情况、科研工作情况、社会反馈及其他工作形成的数据，这是了解和掌握科技馆年度工作情况的核心内容和量化指标，具体数据内容设置建议见表6；二是年度工作总结，是指本年度科技馆的工作总结或工作报告，包括本年度的场馆工作概况、获奖情况、大事记及其他情况等。

表6　科技馆年报工作数据内容设置建议

目录		内容
基本情况	基础信息	包括单位名称、上级主管部门、通信地址、场馆建成开放时间、建筑总面积、场馆级别、单位性质、隶属关系等，以及场馆所在城市常住人口及数据来源、享受中央财政免费开放资金补助情况等信息
	展览教育设施面积	包括常设展厅、短期展厅、报告厅/多功能厅、科普活动室、各类影院及其他展览教育设施的面积
	常设展厅基本情况	包括各展厅/展区的名称、主要展示内容、展示面积、展品数量及展品资产总额等
	场馆开放情况	开馆接待情况，包括开馆天数、开放时间及接待观众总量等信息
		场馆收费情况

续表

目录		内容
	人员构成及收入	在编人员情况,包括编制总数及学历情况
		其他人员情况,包括政府买岗、劳务派遣及社会化人员数量
		志愿者情况,包括注册总人数、年度服务总人天
	年度总经费情况	经费总收入
		年度总支出
	中央财政补助的免费开放资金情况	中央补助资金入账金额
		中央补助资金已使用金额
展览教育工作	常设展览运行	常设展览接待观众总量
		展品完好率
		展品更新率
		常设展厅更新改造情况,包括改造战区名称、时间及展品数量
	短期(临时)展览	馆内展出情况,包括展览数量、来源及接待观众总量
		馆外巡展情况,包括巡展数量及范围
	展览教育活动	教育活动开展情况,包括各类活动的举办次数及服务人次
		教育活动开发数量
	影视及网络科普	馆内特效影院运行情况,包括放映场数、接待观众总量、影片保有量及更新量
		科普影片拍摄情况
		网络平台建设情况
		展览教育资源数字化建设情况
科研工作	科研产出	科研项目情况,包括各级项目的数量、来源及名称
		科研成果情况,包括发表文章、图书出版、专利申请、文创产品研发等项目的数量
社会影响	社会反馈	社会认可度,包括观众满意度等
		社会关注度,包括传统媒体报道数量和新媒体宣传方式及影响力
其他	辐射服务	主办/参与流动科技馆、科普大篷车巡展站数
		举办行业会议、培训、活动、赛事等数量
		为其他科普设施/机构提供服务的情况,包括展教资源提供、展品维修、技术支持、人员培训等
	其他情况	

在年报实施过程中,中国科协负责发布年报填报通知,各级科协负责组织和监督本辖区内的科技馆年报完成情况,各级科技馆负责指派专人通过网络进行数据填报,明确职责分工是实施年报工作的基础,根据各方职责,细

化实施内容，制定年报工作流程，确保年报工作顺利开展、高效执行，具体实施流程如图2所示。

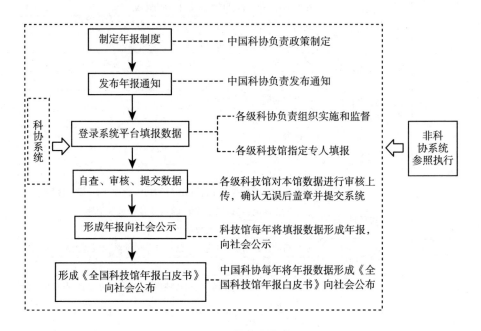

图2　年报实施流程

（三）加强政策协同，建立奖惩机制

根据党中央提出的推进国家治理体系和治理能力现代化的有关要求，加强制度建设、强化监督落实极为重要。近年来，公共文化服务体系相关设施和机构为了加强科学化、制度化、规范化管理，将相关制度与免费开放政策配套实施，效果显著。例如，我国博物馆已经实施了免费开放政策，由中央和地方各级财政提供免费开放专项补助资金，而登记注册和年报制度是免费开放政策实施的基础。此外，国家文物局已在全国博物馆开展免费开放绩效考评工作，按照单位自评，县、市逐级审核，省级考评和总结验收的程序进行，有利于提高博物馆免费开放资金使用效益，同时保障博物馆年报制度的实施和年报质量。

为了加强全国科技馆规范化、制度化管理，建议将科技馆年报制度与科技馆免费开放政策相结合，建立考核机制，开展绩效评估。目前中央财政经费已随着科技馆免费开放的覆盖范围扩大而逐年加大支持力度，科技馆年报和年度数据是各科技馆获得下一年度中央财政免费开放资金补助的重要参考依据，每年科技馆年报上报工作可与科技馆免费开放经费补助核定一并完成，因此可有效激励各科技馆开展年报、年度数据等的上报与备案工作。对于提交年报信息及时、真实、准确、完整的科技馆，给予相应奖励，如设立"优秀年报奖"等，提高各科技馆年报上报的积极性，切实发挥激励作用；对于提交年报信息不及时、不真实、不准确、不完整的科技馆，视情节轻重予以警告、严重警告。

（四）确保年报质量，搭建管理平台

为了保证科技馆年报工作质量，简化年报上报流程，规范年报内容设置，需搭建全国科技馆年报数据信息化管理平台，建立统一、标准的科技馆年报信息填报系统，实现科技馆年报信息填报、审核、存储网络操作一体化。同时，通过系统设定，对前后填报信息进行核验，可以在填报过程中有效避免数据漏填、错填情况发生，也可通过系统实现往年数据对比分析，对于填报数据有重大异常情况的科技馆进行核准，确保年报信息的真实性、准确性。此外，在实际使用全国科技馆年报数据信息化系统的过程中，需各科技馆分别设立信息填报人与信息审核人，多重审核，确保年报信息质量。如条件允许，在当年科技馆年报信息填报后，可以委托第三方机构，通过系统抽查、现场调研、专家评审等方式，对各科技馆填报信息质量进行抽查和评估，确保数据填报的客观真实。

（五）加强队伍建设，开展业务培训

在年报信息填报过程中，各科技馆需指定专门的工作人员作为信息填报人，同时指派专门的领导作为信息审核人，建立填报、审核分立制度。要求做到将年报填报工作责任到人，任务明确，环节清晰。将全国各科技馆的信

息填报人和审核人联合起来，成立年报工作团队，负责各馆每年数据的填报、更新、维护等。要求各填报人和审核人能及时了解掌握本馆建设发展情况和动态，对工作认真细致，有较强的责任心，能够按时保质完成数据填报，如有数据变动能够及时更新，逐步形成一支懂业务、懂技术的专业化年报人才队伍。

年报工作是规范管理全国科技馆的基础，积极开展行业人员培训，有助于提高数据的填报质量和效率。通过系统培训，一是对年报要求、年报内容涉及的重点要素进行详细讲解，统一指标含义与统计范围，规范填报内容；二是对年报填报程序进行讲解说明，对年报统计工作中可能出现的问题进行当面答疑，指导相关人员熟悉填报系统并顺利使用；三是强调双重审核方式，指派科技馆分管领导作为审核人，对填报人审核后上报的年报信息进行复审，确保年报数据准确、无误、按时上报；四是实施科技馆年报制度反馈，对运行后的科技馆年报制度及填报系统做问卷调查，及时了解各级科技馆填报困难与改进需求。开展业务培训，培养信息化专业人才队伍，是适应新形势下科技馆事业发展的新要求。

通过对比分析博物馆、图书馆、工人文化宫等相关行业的登记注册制度及年报制度的实施情况，发现科技馆有其自身特殊属性，更适用于年报方式。因此，为规范全国科技馆管理，促进科技馆事业高质量可持续发展，科技馆亟须建立一套适合自己行业发展的年报制度。科技馆年报制度是规范行业管理和业务指导的基础性工作。通过明确实施主体，制定年报内容，明确实施方式，搭建网络平台，开展业务培训，设立奖惩机制，加强监督保障，进一步提升全国科技馆规范化管理水平和现代化治理效能，为科技馆事业向高水平、现代化、可持续方向发展发挥积极推动作用。

参考文献

殷皓：《建设中国特色现代科技馆体系　实现国家公共科普服务能力跨越式发展》，

载殷皓主编《中国现代科技馆体系发展报告 No.1》，社会科学文献出版社，2019。

马宇罡、蔡文东、齐欣、陈闯、王美力：《新时代我国科技馆事业的发展与创新》，载殷皓主编《中国现代科技馆体系发展报告 No.1》，社会科学文献出版社，2019。

邢致远：《博物馆审核设立与注册登记管理的实践探索和政策性建议》，《中国博物馆》2012 年第 4 期。

刘光迪：《关于建立图书馆年度报告制度的思考》，《四川图书馆学报》2015 年第 6 期。

何盼盼、陈雅：《我国城市图书馆年报制度建设现状分析与策略研究》，《图书馆建设》2018 年第 12 期。

陆敏洁：《非文物系统博物馆登记注册体系设计研究》，复旦大学硕士学位论文，2012。

何明翔：《两法背景下公共图书馆建立现代年报制度的研究和思考》，《四川图书馆学报》2019 年第 4 期。

李新跃：《浅谈新时期工人文化宫的改革与建设》，《科技资讯》2006 年第 10 期。

刘宁：《新时期工人文化宫改革发展的实践与探索》，《东方企业文化》2014 年第 23 期。

项晓梅：《关于新时期依法加强文化宫建设的若干思考》，《艺术百家》2011 年第 S2 期。

魏勇：《以建促改 以奖代补 双轮驱动 助推工人文化宫高质量发展》，《中国工会财会》2019 年第 6 期。

B.7
助力公共文化体系建设
促进科普资源均等化

——主题展览巡展现状与发展调研

陈健 苑楠 刘媛媛*

摘　要： 本报告以主题展览巡展为核心开展系统研究，通过对主题展览的开发主体、内容需求、运行模式、经费来源等方面进行深入调研，发现主题展览存在资源供给不足，人才配置不健全，巡展模式单一等方面的问题，需要进一步丰富开发主体、创新巡展形式、建立资源共建共享平台和巡展评估机制，激发主题展览的内生动力，真正解决地方科技馆资源少、更新难等问题，以期推动科技馆体系创新升级，同时在完善公共文化服务体系、促进科普资源均等化等方面起到积极推动作用。

关键词： 科技馆　科普资源　主题展览　公共文化体系

当前，我国不同区域经济发展水平不一，科普资源供给不足，分布不均衡，极大地影响了科学普及的效果。面对各地区差异，公众科普不同需求，我国亟须加大科普资源的研发力度，扩大研发规模，以解决我国中小科技馆

* 陈健，中国科学技术馆资源管理部副主任，副研究员，研究方向为流动科普设施；苑楠，中国科学技术馆科研管理部高级工程师，研究方向为科技传播、主题展览开发及巡展、流动科普设施建设；刘媛媛，中国科学技术馆资源管理部工程师，研究方向为流动科普设施教育、主题展览开发。

大多存在的展品资源匮乏、展示内容不足、资源更新困难等问题，中国科协、中国科技馆先后启动了"中小科技馆支援计划"和"主题科普展览开发与巡展"项目。本报告以主题展览巡展为核心开展系统研究，对主题展览巡展的现状及问题进行分析，提出对策建议，指出主题展览在科普资源供给方面发挥的重要作用，同时也对推动现代科技馆体系创新升级、助力公共科普服务的公平普惠起到积极推动作用。

一　主题展览巡展发展现状

近年来，中国特色现代科技馆体系迅速发展，实体科技馆规模不断壮大，流动科技馆、科普大篷车运行数量也快速增加，发展趋势已从原来的数量规模转变成科普能力和质量的提升。主题展览作为体系中实体馆建设的一部分，其发挥的作用不同于流动科技馆和科普大篷车。主题展览聚焦于某一领域、学科、科技热点或话题，一般时效性较强。开展巡展，可以持续提高科技馆对公众的吸引力，能够实现各地资源共享。主题展览巡展多在具有一定条件的人员、场地、经费支持的地方科技馆短期展厅进行。

（一）发展历程

主题展览巡展是通过中国科协科普部实施的"中小科技馆支援计划"项目和中国科技馆实施的"主题科普展览开发与巡展"项目，逐步发展壮大。主题展览巡展工作是为全国中小科技馆输送展览资源、全面落实《全民科学素质行动计划纲要》、搭建科普资源共建共享平台的一项重要举措。

1. 中国科协实施"中小科技馆支援计划"项目

我国中小科技馆大多存在展品匮乏、展示内容不足、展览研制维护水平有限等问题，影响了科技馆自身科普展览教育功能的发挥。为改变这一状况，中国科协2005年底启动实施了"中小科技馆支援计划"，开发出一系列主题科普展览，在全国中小科技馆展开巡展，目的是扶持、丰富地方中小科技馆展览教育内容，推进科普资源共享，提升各地科技馆的科普展览教育能力。

自 2005 年 12 月起，中国科协科普部先后委托北京科普发展中心、上海科普教育展示技术中心、安徽省科学技术馆、湖北省科学技术馆和江苏省科普展教品研制开发中心作为"中小科技馆支援计划"项目执行单位，截至 2010 年，开发巡展资源 20 套，为全国 23 个省（区、市）的 102 家中小科技馆（或其他基层科普设施）提供巡展服务 139 站，累计服务公众达 400 万人次以上。自"中小科技馆支援计划"实施 5 年以来，受到各地公众的热烈欢迎，取得了预期效果。

2. 中国科技馆实施"主题科普展览开发与巡展"项目

（1）第一阶段（2009~2015 年）

为了贯彻中央领导指示精神，全面落实《全民科学素质行动计划纲要》，中国科技馆搭建科普资源共建共享平台，大力提高国家级科技馆的科普综合服务能力和辐射带动作用，努力将其建成"全国科技馆资源的研发中心、集散中心和服务中心"。自 2009 年起，在中国科协领导下，中国科技馆联合社会各界力量，全面启动了"主题科普展览开发与巡展"专项工作。以自主开发、联合开发、引进集成为主要工作方式，设计制作一批以节能、环保、安全、健康以及重大科技政策、科技活动、社会热点内容等为主题的大型科普展览，并联合全国基层科技馆，特别是展览资源匮乏的边远贫困地区科技馆开展巡展活动，努力打造全国科技馆展览资源共建共享服务平台，将优质展览资源流动起来，惠及更多的基层公众，有效丰富了基层科技馆的科普展览资源。

2009 年，中国科技馆联合全国 9 家大型科技馆，合作开发了"地震科普体验""食品、添加剂、健康""科技新发展，生活大变样""防震减灾科普展""好玩的数学""走进机器人""南极展""人与健康""节电从身边做起"等 10 套主题科普展览，投入开发经费 750 万元，为全国巡展工作做好资源储备。

2010 年，中国科技馆全面启动了主题科普展览服务全国的工作，科普资源共 17 套，包括 2009 年已开发的 10 套展览、中国科协科普部提供的 6 套展览、头发的奥秘 1 套展览。全年共展出 112 站，服务公众达 290 万人次，收到良好的社会效益。同年，中国科技馆通过自主开发与联合开发相结合的方式，共开发18套展览，其中联合地方科技馆开发了"衣言布语话科技""海洋家园""运动·科学""身边的水资源""新能源临时展览""童话科学""如影随形的辐射""传统玩具中的科学""我们珍贵的地球"等17套新展览，此外，中国科技馆还自主开发了1套大型低碳生活主题展览。

2011年，中国科技馆将已开发的18套新展览、自主开发的1套"水·生产·生命·生态"展览，联合往年开发的展览，全年共组织26套主题展览赴全国巡展，极大地丰富了巡回展览资源，全年展出70站，服务观众303万人次。

2012～2013年，中国科技馆组织了25套主题科普展览在全国25个省（自治区、直辖市）的基层科技馆巡展，累计展出173站，服务公众达到597万人次，并继续自主开发了"食品与健康"主题展览1套。

2014年，中国科技馆组织了"食品与健康"等15套主题科普展览，开展全国巡展，展出60站，服务公众约250万人次。

2015年，中国科技馆组织了14套主题展览在全国巡展，展出56站，服务公众突破200万人次，主题展览巡展有效支持了地方科技馆的科普工作。

2009～2015年，"主题科普展览开发与巡展"项目在中国科技馆的统一管理下，以"一条龙"的服务工作模式，将内容丰富、形式新颖的优质主题科普展览资源，无偿送到了全国各地的基层边远地区科技馆，丰富了全国科技馆的展览资源，加快了科技知识在全社会的传播速度，加大了覆盖广度，提升了全国科技馆服务社会的能力和水平，社会反响热烈。

（2）第二阶段（2016～2019年）

2016年，主题展览管理模式发生转变，由原来的"一条龙"服务转变为"中央和地方共建"的巡展方式，经费由中国科技馆与地方科技馆共同承担。中国科技馆负责主题展览开发，地方科技馆负责承担展览运输和布撤展等工作。全新的巡展运行模式激发了地方科技馆的积极性，巡展效果社会反响良好。2016～2019年，中国科技馆先后开发、引进了"遇见更好的你——心理学专题展""镜子世界""脑中乾坤""影子世界""创新决胜未来"等7套主题展览,全国巡展40站,服务公众约566.8万人次,平均每站约14万人次。2016~2019年,每年服务公众数都在不断增加,平均每站服务公众数也稳步提升,如图1所示。

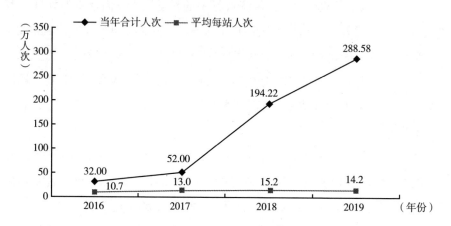

图1 2016~2019年巡展服务观众量

资料来源:中国科技馆资源管理部。

(二)现状分析

为进一步深入了解主题展览运行现状,2018年中国科技馆成立主题展览巡展专题调研小组,项目组采用实地调研、问卷调查、理论研究、专家咨询、归纳总结等方法进行研究,对主题展览巡展现状进行了分析梳理①。

1.整体情况

经过调研,全国大部分科技馆设有临时展厅(见图2),临时展厅面积大多在500~1000平方米(见图3)。调研的科技馆中23家有主题展览展出,大多数承接过中国科技馆的展览,有19家科技馆(73%)表示满意或

---

① 据"主题展览巡展专题调研"情况,项目组实地走访了黑龙江省科学技术馆、哈尔滨科学宫、北安市科技馆、大庆市科学技术馆等地并进行现场调研。共向地方科技馆发放问卷30份,回收问卷26份,包括省级科技馆13家、市级科技馆11家、县级科技馆2家。本报告中数据除特别标注外,均来自2018年中国科技馆重大调研项目主题展览巡展主题调研项目。

非常满意（见图4），同时，调研中发现主题展览的来源以引进为主，自主开发、资源集成的方式相对很少（见图5）。

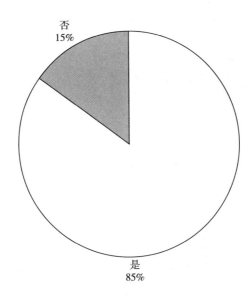

否
15%

是
85%

图2　临时展厅情况

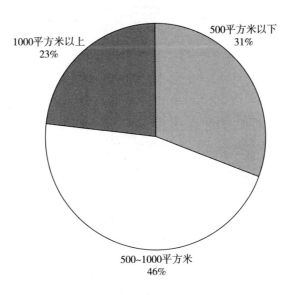

1000平方米以上
23%

500平方米以下
31%

500~1000平方米
46%

图3　临时展厅面积情况

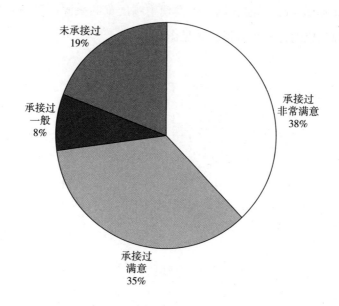

图4 承接中国科技馆主题展览情况

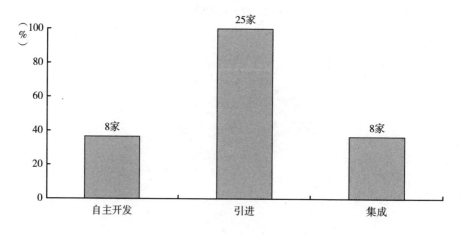

图5 主题展览来源方式

2. 需求情况

由于全国各地场馆面积不一，大部分科技馆对600～800平方米的展览需求较大。在展览内容方面，调研发现，大部分科技馆对于科技热点类主题更为关注，占比为27%，其次是信息技术类、日常生活类，再次是航空航天类、基础科学类（声光电）（见图6）。

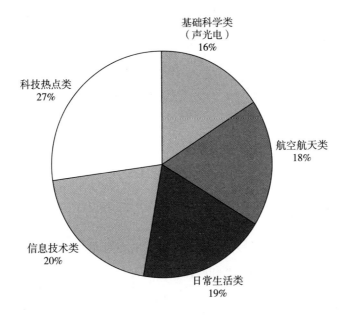

图6　展览内容需求度

3. 开发情况

在调研的科技馆中，发现具备自主开发主题展览能力的科技馆仅有27%（见图7），这些科技馆大多是省级科技馆和少数地市级科技馆，如合肥科技馆、南京科技馆等。而其他科技馆开发能力不足，主要表现在两方面，一是专业设计人员不足，大部分科技馆没有专业设计人员，二是开发经费不足，有开发经费的科技馆，其主要来源是当地财政专项经费。

4. 运行情况

经过调研发现，大部分科技馆有运行经费支持，运行经费来源主要有两方面：一是财政专项资金（多为科技馆免费开放经费），二是科技馆自有资金。其中调研中的科技馆24家填报了运行经费金额，少的有10万元、20万元、30万元不等，多的有100万元、120万元不等（见图8），其余科技

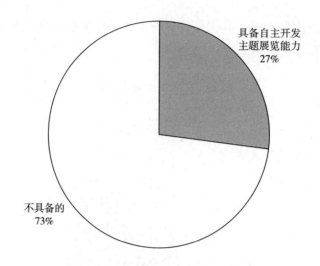

图7　主题展览自主开发能力情况

馆未明确具体金额，表示展览运行经费会根据当年展览运行情况而定，展览运行经费也包括教育活动开展和媒体宣传等。

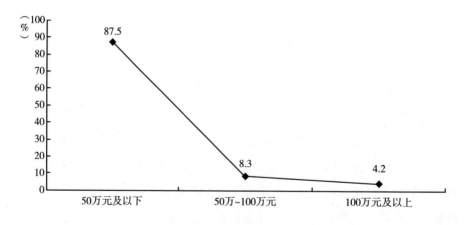

图8　展览运行经费情况

　　基于上述调研情况，目前主题展览深受各地科技馆欢迎，也是各地科技馆急需的科普资源，并且主题展览能够有效补充各地科技馆临时展厅资源。

　　地方科技馆受到人力、财力等诸多条件的限制，所以自主开发的资源较少，多以中国科技馆开发的展览为主要引进资源。

主题展览的有效实施，极大地丰富了基层科普展览资源，同时激活了基础科普设施，地方科技馆积极接展，主动宣传和组织，重点体现在联系媒体进行多方位宣传、开展相关教育活动和组织观众参观三个方面。例如，厦门科技馆在接展"脑中乾坤"展览期间，共计8家媒体进行了直接报道或转载报道，厦门及周边城市18个微信公众号共计38篇文章进行了宣传。广西科技馆在接展"创新决胜未来"展览期间，配合展览主题开展系列公众科普讲座、联合创客工作室开展有奖问答等多项科普教育活动，展览历时两个月，服务公众达37万余人次。泰安市科技馆在接展期间，积极组织观众，联合学校、小记者团、老一辈科技工作者等团体进行参观，社会反响良好。

二　存在的问题

（一）开发主体单一，社会力量参与度有待提高

广大科技馆尚未成为共建的主体。主题展览开发是一项系统工程，从选题调研到主题的确定，从方案设计到深化设计，从展览制作到后期巡展维护，从教育活动开展到媒体宣传，各环节都需要专业人才。但调研发现，一些地方科技馆，尤其是地市级、县级的科技馆，开发人员及能力均不足，只有27%的科技馆具有开发能力。一些省级科技馆也存在开发能力不足的情况。从地方科技馆的人才分布看，只有极少数科技馆具备完善的人才队伍，可以完成主题展览的一揽子工程，而大部分科技馆，对于主题展览开发所需要的人才队伍是不完善的，甚至某些层面存在人才缺失的情况，导致无法开发主题展览，而正在开发的主题展览也几乎都是依靠引进或者以合作形式的开发。单单依靠引进、合作等方式，无法扩大行业供给，无法满足地方对主题展览的需求。

利用社会资源开展科普服务工作能力不足。科研院所、企（事业）单位、大专院校等科技工作者参与科技馆主题展览开发的积极性不高，社会上展览资源在科技馆行业内引进巡展的较少，导致主题展览共建主体较为单一。出现这一情况的原因是多方面的，既有政策方面的原因，也有体制上的

原因。从政策上看，对于除了科技馆之外的单位，比如科研院所、大专院校等，在政策上缺乏一定的鼓励措施；从体制上看，科研院所和企事业单位并没有将主题展览纳入它们的运作体制，意识较为淡薄，主动参与科普服务的积极性有待加强。因此，需要从政策和体制上去引导科技馆之外的、有能力开发和运行主题展览的单位和机构，激励它们投身科技馆事业中，充分调动社会力量参与到主题展览巡展工作中。

（二）展览内容匮乏，策划主题能力有待加强

目前主题展览内容不够丰富，前瞻性不足。经过调研，地方科技馆对主题展览需求较强，但在内容设置上缺少规划，前瞻性不足；在展览主题上缺乏国家重大科技成果、应急科普和地方特色等方面内容，通过调研发现，对科技热点类主题，地方科技馆关注较多，但近两年开发较少，没有提前谋划、认真研究。临时性选题较多，有时受展览制作周期的限制，时效性不足，从而影响展出效果。

主题展览展出内容是常设展览展出内容的延伸和补充，不仅要满足公众日益增长的文化需求，还要反映当今社会的发展趋势，让观众可以常看常新。因此，前期策划极为重要。好的选题内容是需要精心挖掘的，从初步设想到形成策划案，从策划案到深化设计，从深化设计到制作实施，整个过程是需要策划人员与学科专家、制作公司不断交流磨合，经过思想碰撞才能完成的，而目前科技馆专业的策展人较少，大部分策划人员都是身兼数职，很难专一完成策展任务，鉴于工作量和制作时间的限制，所以在内容选择上很难做到丰富全面，无法满足大众需求。

（三）运行模式单一，地方政府参与程度有待提高

目前主题展览巡展主要由中国科技馆组织实施，运行模式较为单一。根据地方需求和就近分配原则安排巡展线路，一般一套展览在不同省区内巡展4站，然而各地科技馆场地条件不同，人员经费有限，且申请巡展时间较为集中，主要在7~10月，所以在分配展览时，很难使有需求的科技馆都能接

到主题展览。

此外，参与巡展的企业少，没有形成社会化、市场化巡展运行机制，企业主动参与主题展览巡展的意愿不强。

地方科技馆对巡展工作重视程度需要加强，大多数地方科技馆被动接展，在策划、投入等方面没有规划，没有成为巡展组织的主体，未形成"大联合、大协作"的工作格局。

（四）效果反馈单一，缺乏有效评估机制

主题展览巡展反馈渠道较为单一，主要是由接展方即地方科技馆进行数据反馈，通过查阅地方科技馆反馈的巡展服务人数、展品完好率情况、媒体宣传情况、教育活动开展情况以及图片视频等，主管部门了解该展览在当地展出的效果。由于各地科技馆巡展情况不一，受当地政府、所在地人口数量、与学校合作的密切度影响，所以各地在数据统计、观众组织、展出效果等方面不同，通过这种方式获取的信息不全面，实际巡展效果数据统计的科学性有待提高。

目前，主题展览巡展还未建立有效的运行评估机制，一是服务观众人次、媒体宣传数量、配套教育活动开展情况等方面没有量化指标。需要根据国家、省、市（县）不同行政级别设定相应的标准。二是观众需求调研方面，研究不够深入，没有及时向公众发放调查问卷，从而没有及时获取公众的需求。三是缺乏实地调研，展览开发人员在巡展过程中很少到当地参观展览，所以亲身体验较少，对展品内容的设置不是很了解，仅靠数据反映巡展情况，不客观，缺乏真实性，所以对主题展览巡展评估是非常重要的，应分为事前调研、事中反馈以及事后评估。应该加强对公众体验效果的了解，建立巡展效果评价体系，科学评估展览展出实际情况，满足公众需要，提升吸引力。

三　发展对策与建议

主题展览巡展是中国特色现代科技馆体系下加强全国实体馆建设的一种

模式。不仅可以丰富基层科普资源，同时也为地方科技馆和公众提供科普服务，盘活基础设施，且与流动科技馆、科普大篷车形成合力、协同发展，为科技馆体系建设创新升级奠定坚实的基础。

（一）加强内容建设，优化人才配置

1. 做好顶层规划，提高展览开发的前瞻性

可以围绕国家重大科技主题、应急科普和地方、行业特色，制定主题展览开发指南。一是关注国家科技政策，紧密关注社会科技热点和国家重大科技成果等。二是加强应急科普，对应急科普进行分类，做好应急科普展览储备，及时为公众传播。三是注重地方特色，针对不同地域和行业特点，开发不同风格的展览，以满足当地公众喜好，提高科普服务效果。四是创新主题展览传播形式，配套线上虚拟展览，加强教育活动的开发，与科学实验、科普剧、科普视频、科学表演等活动相结合，在普及科学知识的同时，加强科学思想、科学精神、科学方法的传播和引导，启发观众探究意识。

2. 培养专业人才，形成一支稳定的高素质人才队伍

一是培养行业内的主题展览开发人才，通过科技馆专委会、国际科技馆能力建设高级工作坊、中国科协研究生科普能力提升项目等多种途径和方式加强人才培训，加强行业与大专院校、科研院所和展览巡展公司的业务交流，增强实践能力，提高理论研究水平。二是通过购买服务的方式积极引导企事业单位、大专院校等社会力量加入主题展览开发团队中，加强合作，扩大和丰富开发主体。

（二）创新巡展模式，建立主题展览资源联动格局

1. 丰富巡展主体，充分调动社会力量

一是积极探索多元化巡展模式，在现有巡展模式的基础上，探索社会化、市场化的巡展机制。在保证公益性的前提下，适当收取参观费用，开展衍生品的研发与销售，让企业合理赢利，激发企业巡展动力。二是依托实体科技馆，联合企事业单位、科研院所、高等院校等社会力量，探索建立片区

化服务综合枢纽，负责统筹管理后期巡展、维护等事宜，充分调动各科技馆和社会各界力量的积极性。三是编制巡展服务标准，规范组织流程，提高巡展运行质量和水平，推动巡展工作向规范化、可持续方向发展。

2. 建立主题展览资源共建共享平台

加强科普资源共建共享，通过平台及时发布、查询和共享巡展资源，可以让科技馆行业随时关注主题展览巡展动态和资源配置情况，提高主题展览的利用率，扩大主题展览的吸引力和关注度。同时采用信息化方式搜集公众意见，建立线上线下联动机制，实现良性发展，探索建立体系内主题展览资源联动格局。

（三）建立巡展评估机制，提高观众满意度

1. 加强观众研究

观众研究是做好主题展览巡展的一项基础性工作。可以从三方面进行研究，一是观众参观动机。有的观众是为了获取知识、开阔视野；有的观众是为了文化消遣、娱乐，还有的观众是个人爱好，专注某一个主题或对某些展品感兴趣。二是观众参观兴趣。兴趣是引发思考的重要因素之一，对于一个展览每个人的兴趣点是不同的，只有激发观众的兴趣点，才能调动观众思考问题的积极性。观众对哪个问题感兴趣，就说明这个内容有吸引力，间接为策划人员提供灵感。三是观众参观的思维过程。主动了解观众在参观过程中的所思所想，可以通过咨询、观察或者利用个人意涵图评价法对观众参观效果进行研究。

有针对性地开发主题展览内容，能提高巡展效果。除了上述研究，还可以通过问卷调查、留言反馈等意见收集的方式获取信息。结合国家和社会的需要，以观众兴趣为根本开发主题展览，能提高主题展览服务效能，取得预期效果。此外，在主题展览举办过程中，要及时了解观众的满意度情况，做好意见梳理和数据分析，坚持"以人为本"的思想，做好展览开发和运作等各项工作。

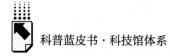

2. 做好科学评估

科学评估是项目实施环节中的一项重要工作，是提高项目整体运行质量的有效方法。目前主题展览巡展还未建立相应的评估机制，因此要在这方面予以加强。要根据主题展览的实际情况，分阶段进行评估，分别从资源开发、巡展组织、展品维修、配套活动、社会效果等方面入手，设置评价指标，要以观众调研为基础，搜集观众的意见需求，以及展览对社会产生的影响，同时细化巡展组织流程，包括场地选择、巡展频次、展出时长、宣传渠道、报道数量等指标要素，监督评价整个巡展过程，真实客观地反映巡展效果。

建立主题展览巡展在科技馆体系中的监测和评估机制，能够推动展览更好地为公众服务，使展览发挥最大效能。以评价结果为导向，充分调动地方科技馆、企业和社会力量的积极性，引导主题展览巡展工作的可持续发展。

四 结语

主题展览巡展对于科技馆体系的可持续发展有着重要意义，通过加强主题展览内容建设，优化人才配置；探索社会化、市场化巡展模式；建立主题展览巡展共建共享和评估机制，开展观众研究等方式，真正解决地方科技馆资源少、更新难等问题，进一步提高科普服务效能，为助力现代科技馆体系创新升级发挥积极推动作用。

参考文献

《全民科学素质行动计划纲要实施方案（2016—2020年）》（国办发〔2016〕10号）。

殷皓：《推动中国特色现代科技馆体系的创新升级，助力公共科普服务的公平普惠》，《中国博物馆》2018年第2期。

程东红主编《中国现代科技馆体系研究》，中国科学技术出版社，2014。

"科技馆创新展览设计思路及发展对策研究"课题组：《科技馆创新展览设计思路及发展对策研究报告》，《科技馆研究报告集（2006～2015)》，中国科学技术出版社，2017。

陈涛：《浅析目前科技馆临时主题展览发展存在的问题及解决对策》，《科技展望》2016年第13期。

王紫色、李赞、张瑶：《如何策划科技馆短期专题展览——以"遇见更好的你"心理学专题展为例》，《科普研究》2017年第5期。

蒋志萍：《浅谈科普场馆的资源共建共享》，《科协论坛》2017年第12期。

B.8

加强信息建设　提高共享能力

——科技馆信息化系统建设的现状与发展对策

钟　毅*

摘　要： 基于2018年全国科技馆信息化系统建设调研情况，详细分析了我国科技馆信息化系统建设的现状与存在的主要问题，提出促进我国科技馆信息化建设的对策和建议：以全国科技馆信息化建设工作委员会为依托，制定信息化系统建设标准和规范，对信息化建设程度低的场馆给予针对性扶持，对信息化建设程度较高的场馆提供发展指引，提高全员信息化素养，成立信息化工作组以弥补信息化技术人员不足，统一归口、统一建设，实现场馆信息化统筹发展。

关键词： 科技馆　信息化系统　标准化　统一建设

　　近年来，随着科技馆体系建设和信息技术的迅速发展，实体馆信息化建设程度是体系中高标准和高水平服务能力、管理能力和基础设施建设的体现，信息化系统数量、种类和规模逐年攀升，当前科技馆信息化建设取得了一定成效，但是不同场馆之间、地区之间仍然存在发展和建设不均衡的现象，因此，信息共享能力有待提高，需要寻找具有普适性、带动性和引领性的科技馆信息化建设的新方向和新思路。

---

* 钟毅，中国科学技术馆网络科普部工程师，研究方向为科技馆信息化。

从 20 世纪 60 年代，日本学者首次提出信息化的概念至今已超过半个世纪，随着时间的推移、技术的发展和实践的推进，人们对于信息化概念的理解和认识也逐步加深。在学术界关于信息化的几种不同理解中，我们认为实体科技馆的信息化建设更侧重于管理信息化的范畴，同时兼具政府信息化和企业信息化的特点，是由自身的业务发展驱动，在实体科技馆广泛应用现代信息技术、开发利用共享信息资源，从而促进科技馆发展的过程。信息化系统既是实现这个过程的载体，也是完成这个过程的结果，建设信息化系统又是一件集业务分析、流程提炼、数据治理等复杂问题于一体的过程，信息化系统对业务的支撑能力直接反映了场馆信息化建设的效率，甚至对场馆的运行产生直接影响。鉴于信息化系统的重要意义，本报告对我国科技馆信息化系统的建设情况进行了详细分析。

本调研[①]向全国 192 家达标科技馆发放了问卷，回收有效问卷 184 份，详细分析了科技馆信息化系统建设与场馆规模的关系、科技馆建设信息化系统的偏好、展览教育中使用信息化技术等现状，研究场馆规模、人力、物力、财力和信息技术使用情况等因素对信息化建设的影响，探讨我国科技馆信息化发展的对策与意见。关于科技馆信息化系统建设的研究和分析是基于对 184 份有效问卷的统计分析。

一　我国科技馆信息化系统建设现状分析

1. 我国科技馆信息化系统建设情况与场馆规模关系分析

按照《科学技术馆建设标准》中的规定，"科技馆建设规模按建筑面积分类，分成特大、大、中、小型四类，建筑面积 40000㎡ 以上的为特大型馆，建筑面积 20000㎡ 以上至 40000㎡ 的为大型馆，建筑面积 8000㎡ 以上至 20000㎡ 的为中型馆，建筑面积 8000㎡ 及以下的为小型馆"。

在 105 家建有信息化系统的达标科技馆中，特大型馆 16 家，大型馆 21

---

① 调研数据来自中国科技馆科研管理部 2018 年《全国科技馆调查统计表》。

家，中型馆 29 家，小型馆 39 家，建有信息化系统的场馆数量仅占达标科技馆总数的一半多（见表 1）。

表 1　场馆建设规模与建有信息化系统场馆的数量关系

单位：家

场馆数量＼场馆规模	特大型馆	大型馆	中型馆	小型馆	总数
达标科技馆数	16	28	46	94	184
建有信息化系统的场馆数量	16	21	29	39	105

根据图 1 建有信息化系统的场馆在该场馆规模的达标科技馆数量中的占比数据，可见，科技馆是否建设和使用信息化系统与场馆规模呈正相关。场馆规模越大，建有信息化系统的比例越高，16 家特大型馆全部建有信息化系统，大型馆建有信息化系统的比例为 75%，中型馆为 63%，小型馆建有信息化系统的比例则不足一半。

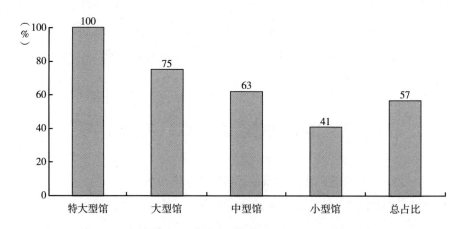

图 1　我国各规模级别建有信息化系统的科技馆占该规模达标科技馆的比例

2. 我国科技馆信息化系统建设数量和类别分析

对 105 家建设并使用了 6 种典型科技馆信息化系统的统计结果显示：86 家建有财务类系统，56 家建有办公自动化类系统，39 家建有展品信息管理类系统，34 家建有档案信息管理类系统，30 家建有人力资源类系统，14 家建有物业管理类系统，另有12家科技馆建设了包含票务系统、会员系统、预约系统、志愿者管理系统、展品中控系统和统一智能化后台管理系统等其他信息化系统（见图2）。

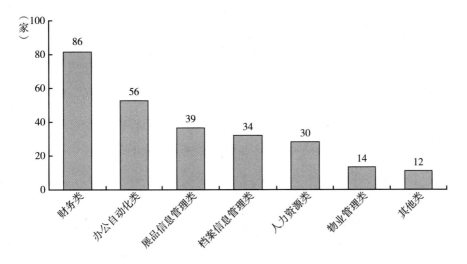

图2　我国科技馆各类信息化系统建设数量

在建设和使用了信息化系统的科技馆中，建有财务类系统的场馆数量最多，其次是办公自动化类系统。虽然同属于通用性较高的信息化系统，但档案信息管理类系统和人力资源类系统在建设数量上并没有超过排名第三的展品信息管理类系统，可见，场馆在信息化建设过程中，普遍认为展品信息管理的重要程度较高，或者对展品信息管理系统的需求度较高。

3. 我国科技馆信息化系统的建设方式分析

调研将信息化系统的建设方式划分为定制开发和购买成品软件两种，按照使用成品软件的系统占比数量排序，财务类、档案信息管理类、人力资源类、物业管理类和办公自动化类系统购买成品软件的比例均高于60%，展品信息管理类系统的成品软件占比不足50%，其他类系统的成品软件使用的比例最低，仅为8%。相对而言，其他类系统和展品信息管理类系统的定制开发比例更高（见表2）。

表2 我国科技馆信息化系统的建设方式比例

单位：%

占比 \ 系统类别	财务类	办公自动化类	展品信息管理类	档案信息管理类	人力资源类	物业管理类	其他类
成品软件	87	63	46	79	67	64	8
定制开发	9	30	49	18	27	29	92

注：调查统计表中有的场馆只填写了建设使用某种系统，但是未填写系统的建设方式，所以表格中系统的成品软件和定制开发的占比总和小于等于100%。

由表2可见，包含票务系统、会员系统、预约系统、志愿者管理系统、展品中控系统和统一智能化后台管理系统等在内的其他信息化系统大部分属于科技馆的专有业务系统，难以通过购买成品软件的方式获得和使用。

4.我国科技馆信息化系统的建设偏好分析

为了探寻我国科技馆在信息化系统建设过程中对系统选择或者需求的偏好，表3详细统计了我国科技馆在场馆同时建有1~6种系统时，各类信息化系统的占比情况。在建有1种信息化系统的情况下，17%的场馆建设了展品信息管理系统，高于选择办公自动化类系统的场馆数量；在场馆可以同时建有2种信息化系统时，办公自动化类系统、人力资源类系统和档案信息管理类系统增长明显，其中建设办公自动化类系统的场馆数量增加了8倍多，建设人力资源类系统和档案信息管理类系统的场馆数量实现了零的突破，选择建设展品信息管理类系统的场馆占比数几乎没变；在同时建有3种信息化系统的场馆中，选择档案信息管理类系统和展品信息管理类系统的场馆数量增长较快，达到或超过50%，人力资源类系统的占比数也有所增加；同时建有4种信息化系统时，办公自动化类系统和人力资源类系统的增长更加明显，物业管理系统数量突破零；同时建有5种信息化系统时，办公自动化类系统占比下降，人力资源类、档案信息管理类、展品信息管理类、物业管理类和其他系统数量占比提高。

表3 我国科技馆建设信息化系统的偏好

单位：%

场馆建有信息化系统的种类 \ 系统名称	财务类系统	办公自动化类系统	人力资源类系统	档案信息管理类系统	展品信息管理类系统	物业管理类系统	其他系统
1 种	66	7	0	0	17	0	10
2 种	84	65	16	16	16	0	3
3 种	87	63	25	50	56	0	9
4 种	100	91	63	55	55	18	18
5 种	100	75	75	88	75	62	25
6 种	100	100	100	100	100	88	12

由调研结果分析，财务类系统在科技馆中由于业务特殊性使用最多；场馆普遍认为展品信息管理类系统重要性高；办公自动化类系统使用程度高但是可以由其他系统替代；场馆对档案信息管理类系统、人力资源类系统和物业管理类系统的使用选择依次降低。

5. 我国科技馆建有信息化系统的数量与场馆规模关系分析

为了探讨场馆建有信息化系统的占比与场馆规模的关系，表4列出了各规模场馆在同时建有 1~6 种信息化系统数量中的占比，在同时建有 6 种以下信息化系统的各规模场馆中，小型馆占比最高，同时建有 6 种信息化系统的场馆中，中型馆占比最高为 50%，特大型馆在同时建有 4 种和 5 种信息化系统时占比与小型馆一致，分别为 27% 和 37.5%。

表4 场馆规模与信息化系统数量的关系

单位：%

场馆建有信息化系统的种类 \ 场馆规模	特大型馆	大型馆	中型馆	小型馆
1 种	7	17	27	48
2 种	13	19	29	39
3 种	18.75	25	18.75	37.5
4 种	27	19	27	27
5 种	37.5	25	0	37.5
6 种	12.5	25	50	12.5

结果显示，场馆规模与建设信息化系统占比不再呈现正相关性，小型馆、特大型馆和中型馆占比相对较高，受组织机构庞大和沟通协作困难的影响，特大型馆和大型馆在系统建设比例上不再具有绝对优势。

6.展览教育中使用信息化技术情况分析

除信息化系统建设情况，调研还包括各场馆展览教育中是否使用了信息化技术，巧合的是，与建设有信息化系统的场馆数量相同，共105家科技馆在展览教育中使用了VR或AR、二维码、App、电子地图、RFID、H5、iBeacon、电子学习单或者其他种类的信息化技术，占达标科技馆总数的57%。

其中使用VR或AR技术的场馆数量最多，有78家，占总使用信息化技术场馆的74.3%；使用二维码技术的场馆有76家，占总使用信息化技术场馆的72.4%；使用App、电子地图、RFID、H5、iBeacon和电子学习单的场馆数量，占总使用信息化技术场馆的比例均不足1/3；另有8家场馆采用了除以上8种之外的其他信息化技术和方法丰富它们的展览教育形式，5家场馆填写了"数字科技馆"或"科普网站"，1家场馆填写了"原创动漫或视频"，1家场馆填写了"非接触式参观卡"，1家场馆填写了"WiFi定位"，占总使用信息化技术场馆的7.6%（见表5）。

表5　展览教育中使用信息化技术的场馆数量和占比

单位：家，%

信息化技术	VR或AR	二维码	App	电子地图	RFID	H5	iBeacon	电子学习单	其他
数量	78	76	33	30	21	16	13	12	8
占比	74.3	72.4	31.4	28.6	20	15.2	12.4	11.4	7.6

在展览教育中使用信息化技术的105家场馆中，82家场馆建设了信息化系统；相对应的，在建有信息化系统的105家场馆中，82家场馆在展览教育中使用了信息化技术。这82家科技馆既建有信息化系统，又在展览教育中使用了信息化技术，占达标科技馆总数的44.6%，占建有信息化系

统或在展览教育中使用信息化技术的场馆数量的78.1%。由此可以认为，建有信息化系统的场馆更倾向于在展览教育中使用信息化技术，反之亦然。

二　我国科技馆信息化系统建设中存在的问题

1. 信息化系统建设受场馆规模制约大，中小型场馆面临的困难更多

信息化系统的建设需要多方面的支持才能够实现和完成，从场馆管理角度需要制度支持、经费支持和决策者的支持，中小型场馆多会遇到经费短缺的困难。从人才培养角度，一方面，依赖场馆信息化专业技术人员的能力和数量，通常中小型场馆信息化专业技术人员的数量不足以支持多个系统的开发、运行和维护工作；另一方面，取决于业务相关人员提出系统需求的准确性和可执行性，系统需求准确和可执行是保证系统顺利建设的前提，各规模场馆都需要面对需求的问题，相对而言，人员配备较少的中小型场馆会在需求调研阶段就受到阻碍。从沟通互联角度，信息化系统需求的提出者原则上应是信息化人员和具体业务执行人员或业务管理者，一旦出现沟通问题就会影响信息化系统的建设，所有规模的场馆都会遇到此类问题，但机构庞大、业务部门划分多的特大型和大型场馆的问题更加突出。

2. 场馆用于信息化系统建设的经费不足，信息化人才不足

信息化系统建设是耗费大量人力、物力、财力的工程，需要信息化技术人员从需求调研阶段到系统建成后的运行维护整个系统生命周期的全程参与；需要机房环境、硬件设备、网络设备、安全设备或租赁服务等技术支持，需要终端设备为系统使用者提供系统使用支持。机房搭建或网络服务租赁、各类设备的采买、人员的工时等问题都可以通过充足的经费来解决或转化。在场馆全部可用经费有限的情况下，可用经费会优先用于展品设计和展览教育。

3. 使用通用信息化系统多，场馆展品信息管理类系统建设不足

在建有信息化系统的场馆中，由于各级财务制度要求，财务类系统软件

使用数量最多。其次是通用性较高的办公自动化类系统，此类系统市场成熟度高，使用门槛低，能够有效提高工作效率，易于被管理者和使用者接受，价格低或者可以免费使用，类似的还有人力资源类系统和档案信息管理类系统。相对而言，场馆展品信息管理类系统专业性和针对性较高，对场馆中负责展品设计、维护和管理的业务人员和信息化专业技术人员的要求高，对多个部门的协作效率要求高，使其建设和使用数量在全部已建系统中占比不高。随着信息化技术的发展，各规模场馆已经广泛认识到展品信息管理工作的重要性，但是从统计数据中可见其建设数量还远远不足。

4. 场馆内的信息化系统互联互通少，信息数据利用率低

建设信息化系统是将日常业务工作制度化、规范化、流程化的过程，也是将业务数据存储、共享、有效利用的基础，信息化系统的建设程度低、数量少，直接导致系统之间无法互联互通，数据信息无法复用，更谈不上利用数据进行有效的分析和研究。此次调研虽未单独统计场馆建设综合类信息化系统的数量，但其他系统的数据信息项中可自行填写，只有呼伦贝尔科技馆建设了智能化平台，克拉玛依科技馆建设了信息化平台，在建设了信息化系统的达标场馆中占比不足2%，只占达标科技馆总数的1%。

5. 信息化技术在展览教育中应用较多，但形成服务于展览教育的系统较少

展览教育是实体科技馆面向观众的第一阵地，如今场馆在展览教育中使用信息化技术的方式和程度，既能丰富展览教育形式，又能使观众直观感受到场馆想要呈现的信息化水平。这也就不难解释为什么在展览教育中展示效果好、使用门槛不高的VR或AR技术和二维码的使用数量是App数量的两倍多。App的开发建设以及其他服务于展览教育的系统建设类工作，不仅要求相关工作人员具备全面的业务知识，还要求其具备信息化知识，或者需要多个业务部门的不同专业人员相互配合才能完成，而我国科技场馆中专业的信息化人员不足，专职展览教育员工的专业更加偏重于科普教育方面。

三　促进我国科技馆信息化发展的对策和建议

1. 成立全国科技馆信息化建设工作委员会，加强场馆间交流分享、互通有无、沟通协作、统建共享

成立全国科技馆信息化建设工作委员会，依托委员会开展全国科技馆信息化建设和发展工作，充分发挥委员会成员单位之间的紧密连接关系，成员单位间交流与分享信息化建设和发展经验、互通有无，加强成员场馆间的沟通与协作，实现业务系统的统建共享。

一方面，可由有能力和经费支撑的科技馆牵头，建设开发科技馆通用业务管理系统，在有需要并符合条件的成员单位中共享使用。另一方面，能够更准确地掌握我国科技馆信息化建设和发展状态，获取更加翔实的数据用于研究分析，形成阶段性报告，为科技馆信息化后续工作提供有针对性的指导。

2. 制定全国科技馆信息化系统建设标准和规范，建设行业通用软件

以信息化建设工作委员会为依托，制定全国科技馆信息化系统建设标准和规范，为各科技馆的信息化建设提供行之有效的执行标准，为衡量和评价全国科技馆信息化发展水平提供理论依据。

针对我国科技馆行业中大部分场馆展品研发、展品管理、票务预约、展览教育等工作的普适性特点，由有能力、有经费、有建设意愿的特大型场馆、大型场馆开发建设科技馆行业通用信息化软件，提供给中小型科技馆以后可延伸至整个行业统一使用，例如，展品研发管理系统、展品信息化管理系统和票务预约系统等。实施系统建设的场馆可以制定相关系统建设标准和规范，以此为准开发适用于各类规模科技馆的通用软件系统，根据标准分配和管理软件的使用权限，提供使用培训并收集需求修改意见。

3. 对信息化建设程度低的场馆给予针对性支持，提供评价和培训服务

在信息化工作委员会体系内，帮助和扶持信息化程度低的场馆迈出信息化建设的步伐，通过"请进来、走出去"的方式，一方面，将信息化意识

请进零信息化场馆，将信息化系统请进信息化建设程度低又提出信息化系统建设需求的场馆，对相关场馆信息化环境进行考察评估，提供评估报告，根据场馆人员配备情况及其信息化程度和信息化基础建设条件给予分步递进的服务支持，服务形式既可以是行业信息化知识或技术培训，也可以是通用软件的使用培训和引导服务。另一方面，以参观、考察或者讲座的形式组织相关场馆的技术人员学习，与信息化建设效果好的场馆在交流沟通中，开阔视野，启发思路，带领信息化建设程度低的场馆走出信息化建设的困境。

4. 建设场馆内信息化管理平台，联通信息孤岛

具有一定信息化系统建设能力和基础的场馆可以通过建设信息化管理平台、智能化平台或者统一管理平台，集中管理场馆信息、存储业务数据、共享图文资源。建设此类平台的最好时机是在场馆建设初期或者信息化系统整体迭代时，所有基础数据遵循相同的规范存储，非常有利于之后任何形式的使用。相对而言，在不断建设和叠加信息化系统的过程中，或者建设完成基础信息化系统之后，再建设综合信息化管理平台，无论从各系统数据的一致性，还是系统间通信接口的适配性，或者因开发者不同而导致的人为的不配合，这些技术和人员带来的不确定因素都会极大增加系统建设难度。

5. 提高场馆全员信息化素养，成立信息化工作组，弥补人员不足

信息化技术不断飞跃发展，无论何种规模的场馆都应重视全员信息化素养提高。提高决策者信息化素养，有利于加大信息化系统建设决策和经费倾向；提高技术人员信息化素养，有利于提高执行力，为决策者提供更优的决策建议；提高使用者信息化素养，有利于提出更加明确的需求，顺畅使用系统，进而提出有效的系统改进意见。信息技术的使用是建设信息化系统的基础，从被动的使用信息技术或成品系统软件，到主动提出建设需求，只有以人为本，不断提高全员信息化素养，理顺业务相关性，打通组织结构壁垒，形成业务融合和理念贯通，才能实现从量到质的转变。

提高信息化素养的方式可以是培训、讲座、调研和观摩等。信息化复合人才对于场馆信息化建设至关重要，场馆需针对不同人员提供不同等级的培训和讲座，为普通工作人员提供常识性知识讲座，业务部门人员的培训应偏

重信息化概念和一般性信息化知识，对专业技术人员应提供更深入和更高频次的专业培训以使其不断适应信息化发展，提高专业水平。如果培养或聘用复合人才的难度较大，场馆还可以通过成立信息化工作组的形式，将业务和技术人员会集起来，发挥各自所长完成信息化建设工作。

6. 场馆信息化建设统一归口、统一建设，实现场馆信息化统筹发展

以中国科技馆为例，从 2009 年新馆开馆至今，一直在探索信息化建设和发展之路，从成立项目组到划分部门，在信息化系统规划、建设、使用和维护各阶段，进行多种配合方式的尝试，以寻求在特大型和大型场馆这类机构庞大、部门划分众多、跨部门沟通协作效率低的困境下，完成各类信息化系统的建设和使用。当前统一归口、统一建设的方式为众多场馆普遍采纳，也是最有利于信息化管理和统筹发展的方式。

参考文献

国务院：《全民科学素质行动计划纲要实施方案（2016—2020 年）》，2016。

建设部、国家发展和改革委员会：《科学技术馆建设标准》（建标 101 - 2007），2007。

娄策群、桂学文、赵云合主编《信息化管理理论与实践》，清华大学出版社、北京交通大学出版社，2016。

B.9

增强核心能力　提升行业水平

——全国科技馆行业展览展品设计研发现状与对策研究

孙晓军　范亚楠　魏　蕾　孙婉莹　毛立强 *

摘　要： 通过对多家科技馆和展览展品研制企业的展览展品设计研发现状进行调研分析，指出，科技馆仍存在研发团队人数有待增加、能力有待提升；行业创新研发周期受限、回报率低，抑制研发热情；研发流程不规范及标准化程度低等问题。同时分别提出对策建议，从不同级别科技馆的研发能力、创新研发工作模式、开发多样化培训形式及组建行业联合项目组四个角度提出提升团队能力的建议；对于优化创新研发氛围方面提出增设创新课题以保障研发经费与周期、设置激励性奖励激发创新热情及建立全国展览展品信息共享平台以保障知识产权的对策；分享中国科技馆多年在流程、研发标准化方面的经验及研究成果，以期为我国科技馆展览展品设计研发提供参考，促进我国展览展品研发质量和水平稳步提升。

关键词： 科技馆　展览展品　研发流程

* 孙晓军，中国科学技术馆展览设计中心工程师，研究方向为科普展览展品策划、研发与机械设计；范亚楠，中国科学技术馆展览设计中心工程师，研究方向为科普展览展品策划、研发与机械设计；魏蕾，中国科学技术馆展览设计中心工程师，研究方向为科普展览展品策划、研发与形式设计；孙婉莹，中国科学技术馆展览设计中心工程师，研究方向为科普展览展品策划、研发与电控设计；毛立强，中国科学技术馆展览设计中心工程师，研究方向为科普展览展品策划、研发与软件开发。

科技馆作为我国科普教育重要的公益基础设施，是实施科教兴国战略和人才强国战略、提高全民科学素养的重要阵地，其以多主题、互动式、体验式、探究式的展览展品为重要传播载体，在科学知识的普及、科学方法的倡导和科学精神的弘扬上发挥着独特的作用，深受广大公众喜爱。展览展品作为科技馆开展科普教育最直观、最直接的核心载体，其设计制作的质量和水平直接关系到观众的体验感及科学教育与启发效果。展览展品的创新也是科技馆事业发展的关键。本报告通过对科技馆行业的重要组成部分——全国科技馆及研制企业的展览展品研发现状展开调研，提出相应的对策建议，以期促进我国展览展品研发质量和水平稳步提升，促进科技馆行业可持续发展。

一　科技馆行业展览展品设计研发现状

（一）科技馆展览展品研发情况

我国科技馆行业发展迅速，各省份均设置多家科普场馆。据初步了解，我国省级及以上科技馆基本设置了展览展品研发部门，地市级及县级科技馆基本未设置展览展品设计研发部门。根据地域划分，分别选取具有研发能力的 18 家科技馆开展深入调研[①]，包括中国科技馆、13 家省级科技馆、4 家市级科技馆，主要对近 5 年新展览展品研发情况、展览展品设计研发部门设置、展览展品开发流程、加工车间、展览展品设计研发标准化等方面进行调研。

1. 新展览展品研发情况

（1）新展览研发

在调研的科技馆中，近九成对常设展览进行了改造；近四成的更新改造

---

① 调研的科技馆：中国科学技术馆、天津科学技术馆、河北省科学技术馆、山西省科学技术馆、山东省科技馆、江苏省科学技术馆、上海科技馆、广东科学中心、重庆科技馆、四川科技馆、宁夏科技馆、青海省科学技术馆、辽宁省科学技术馆、黑龙江省科学技术馆、厦门科技馆、郑州科学技术馆、合肥科技馆、安徽省蚌埠市科学技术馆（调研数据截至 2018 年底）。

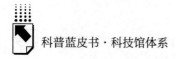

总面积在 1000 ~ 5000 平方米；少数科技馆进行了整馆改造或新馆建设。

近五成的科技馆开发了主题展览（短期或巡回），约四成科技馆研发的主题展览数量在 1 ~ 5 个。

（2）新展品研发

大部分科技馆均进行了展品的更新改造或新展品研发，且近八成新展品主要来源于参观调研其他科技馆、展品研制企业或其他相关单位推介或自主策划；近五成来源于展会。

国内科技馆自主研发的新展品，其创意来源主要包括借鉴国内外优秀展品与方案、新技术展会或视频启发、科技类书籍、生活热点、网络与媒体等。

2. 展览展品设计研发部门

（1）部门职责

我国省级及以上科技馆中近五成设有研发专职部门，专门从事展览展品的策划、研发等相关工作；其余科技馆相关部门除进行展览展品研发工作外，还主要负责展品维修工作；极个别科技馆相关部门还承担流动科技馆、网络科普等其他相关工作。

我国地市级及县级科技馆除极个别科技馆外，基本未设置展览展品设计研发部门。调研的 4 家具有一定研发能力的市级科技馆，其展览展品设计研发部门设置模式与省级科技馆基本雷同：专职的研发部门及研发、维修综合部门。

（2）研发人员

据调研统计，科技馆展览展品研发人员多数集中在 10 人以内，部分省级科技馆能达到 10 ~ 20 人，中国科技馆、上海科技馆、广东科学中心的研发人员数量超过 20。

研发人员的学历以本科为主，占比为 52%；硕士占比为 29.3%，主要集中在较发达省份科技馆；极少数科技馆的研发人员有博士学历，主要集中在中国科技馆、上海科技馆、广东科学中心等。

在调研的科技馆中，近九成设置了展览策划岗位，多数配备项目管理和平面设计相关人员，少数科技馆设置了专业技术型岗位，如三维设计、机械设计、电气设计、程序设计、动画设计与制作（见图1）。

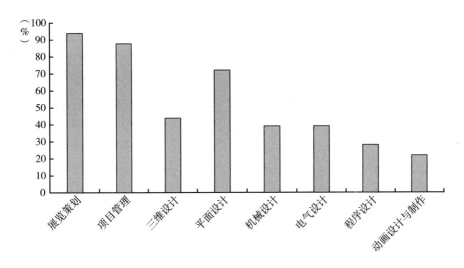

图1　展览展品研发部门岗位设置

3. 展览展品开发工作

（1）展览展品开发工作流程

调研的科技馆中近七成均设有固定的展览开发流程，包括概念设计、初步设计、深化设计及展览制作（见表1）。

表1　展览开发流程

流程	具体内容
概念设计	确定展览主题、展示思路、展示脉络、展览框架等
初步设计	确定展品内容、展示形式，绘制效果图等
深化设计	机电设计、多媒体设计、布展设计等
展览制作	展品制作、布展施工、安装调试等

仅四成的科技馆设有固定的展品开发流程，与其展览开发流程相似。多从展品创意开始，首先确定展品内容与要传达的理念，其次进入方案设计并绘制外观效果图、机械电气图纸，最后进行展品制作。

（2）展览展品自主研发能力

调研的科技馆中约39%的场馆没有自主策划研发展览展品的能力，需借助研制企业的力量；约28%的场馆可自主完成概念设计；约16%的场馆可自主完成概念设计及初步设计；仅有约17%的场馆能自主完成概念设计、初步设计及深化设计。目前，没有科技馆能自主完成展览展品制作。

4. 加工车间基本情况

在调研的科技馆中，9家有加工车间，主要进行展品维修工作（见图2）。大多地市级及县级科技馆不具备加工车间。

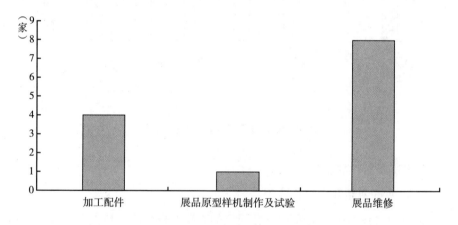

图2 加工车间功能情况

5. 展览展品设计研发标准化

（1）展览展品通用设计标准

在调研的省级及以上科技馆中，近五成具有展览展品设计研发技术要求，包括机械设计、电控设计、多媒体设计及制作、展品加工制作等主要内容；在地市级及县级科技馆中，仅1家具有展览展品设计研发技术要求，绝大多数地市级及县级科技馆未规定研发技术要求。

（2）展品零部件通用化

除两家科技馆具有展品零部件通用化、标准化要求，主要包括设备、通信接口、说明牌、按钮等通用化要求，绝大多数科技馆并不具备此要求。

虽然我国科技馆展览展品通用设计标准及展品零部件通用化工作十分不足，但科技馆已逐渐认识到其重要性，已有科技馆将其作为专项课题进行研究。

（二）展览展品研制企业研发现状

展览展品研制企业主要承担科技馆展览展品的策划、研制等工作，是科技馆行业的重要组成部分。因此，企业研制能力直接影响国内科技馆展览展品的设计水平及质量。本报告选取行业内较有代表性的8家企业进行调研，了解我国展览展品研制企业的研发现状。

1. 创新展品研发

近年来，科技馆研发企业已逐步意识到创新是企业发展的重要方向，对于创新研发人员及资金的投入也逐年增多，并制定了展品创新激励措施，但相比企业的年研制展品总数，创新展品占比小，整个企业行业展品创新率依旧较低。企业创新展品的项目来源及创意来源如下。

（1）创新展品的项目来源

项目主要来源于科技馆的特定需求及企业自主投资研发，其中以科技馆特定需求为主。

（2）创新展品的创意来源

创意主要来源为国内外研发成果及有趣的试验现象的启发、国外展馆及展会的考察学习、科学原理的解读、原有展品展示技术的提升等。

2. 展览展品研发部门（见表2）

（1）部门职责

根据在设计研发工作中承担的职责不同，企业一般将展览展品研发工作细分为多个部门承接。

常见的工作模式：①根据承接项目，从各部门抽调人员成立项目组，以项目经理为核心开展工作。②多部门有序合作，创意策划部侧重展览展品创意及方案设计，其余设计部根据展品设计方案，完成相关技术设计开发具体工作。

表2 展览展品研制企业研发主要部门

主要部门	职责
创意策划部	负责展览展品创意及内容策划
形式设计部	负责效果图设计等
软件设计部	负责展品软件系统设计
多媒体设计部	负责展品多媒体设计
技术设计部	负责机械结构及电气设计

（2）研发人员

近年来，研制企业的研发团队建设发展较快，研发人员专业种类越发全面，研发人员的学历水平也越来越高，本科基本达到70%以上，部分企业还引进博士人员专门进行展览展品的创意研究工作。

3. 展览开发工作流程

企业主要根据承接科技馆的项目需求进行展览开发工作。根据科技馆需求不同，企业与科技馆主要合作模式为：①整馆、整厅的策划设计；②整馆、整厅的策划设计及制作；③展览展品的技术设计及制作。

以"整馆、整厅的策划设计及制作"的合作模式为例，企业展览开发主要工作流程见表3。其中，需求研究分析是开发工作的第一步，对客户需求进行充分的分析调研，以便对设计项目进行精准定位。

表3 企业展览开发主要工作流程

名称	内容
需求研究分析	业主需求分析与背景调研、目标定位与特色分析
展览大纲设计	展示内容与展览主题规划、展区规划与分主题设计、展示脉络构建
展览方案设计	展品设计与环境设计，展品展示内容、互动方式、外观造型设计，展品布局与环境设计
技术设计	展品技术设计（机械、电气、软件、多媒体），展品原型试验，展品说明牌与图文版设计，布展施工图设计，教育活动设计（含教案、脚本），智能信息化系统设计
布展施工及展品制作	设备采购与零部件加工，电气控制板开发，软件开发，多媒体制作，展品装配联调，装饰工程施工
安装调试	展品现场安装调试，布展配合施工

4. 展品开发工作流程

在展品开发工作中，企业与科技馆主要合作模式为：①展品的策划设计及制作；②展品的技术设计及制作。需求分析也是开发工作的第一步，根据客户、自身需求，确定展示内容，并进行内容的调研、研究与分析，确保展示方向的可实施性。

5. 展品的加工制作

企业的制作部门根据设计图纸完成展品零部件的加工工艺的制定、制作及装配。目前，企业制作团队主要由工艺师、采购员、机加工工人、电气制作人员、装配人员、质检人员等组成。加工车间设备较为齐全，包括车、铣、磨、切割、雕刻、焊接等普通及数控加工设备，可自主完成大部分零部件加工。对于玻璃钢模型、注塑模型、零部件喷漆及烤漆等特殊工艺，一般会选择专门的外协单位加工。企业均设有专门的质量管理体系，确保采购件、加工件、外协件、装配件的质量，为展品的稳定性和后期的运行维护提供有力的保障。

6. 企业的设计研发标准

（1）展览展品通用设计标准

由于国内尚未建立科技馆研制标准，企业在研制过程中一般遵循《电气规范》《ISO9000 质量管理体系》等通用标准以及所服务科技馆提出的要求。极少数企业根据长期与科技馆的合作经验，结合行业产品特点，对国家或国际通用标准进一步细化，制定了企业自身的科技馆展览展品设计制作要求、标准及规范，如《科技馆常规展项机械设计规范》《科技馆常规展项深化设计规范》等。

（2）展品零部件通用化

科技馆展品一般为单件非标产品。展品通用化多体现在零部件或者局部工艺上。大部分企业对于常见的展品零部件如维修门、手轮等进行了标准化设计；有些企业曾参与国家相关课题，受课题启发，设置了通用化库，增加了部分机构的通用设计及电控设备标准化内容。

展品零部件通用化，可在设计工作中直接调用常见的零部件，缩短设计时间，以提高在展品运行中的稳定性。

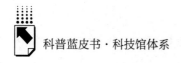

二 科技馆行业设计研发中存在的问题与原因分析

科技馆行业发展迅速，科技馆和研制企业的数量与规模逐渐增长，展览展品设计研发能力、质量水平普遍提高。但相对行业的高速发展，展览展品设计研发能力提升较为缓慢。制约研发能力提升的主要因素如下。

（一）科技馆研发团队建设不足

科技馆展览展品的创新研发，需要多学科人才共同参与，对研发人员的数量和能力有较高的要求。我国大部分科技馆虽已具有常展常新的规划意识，但研发团队能力薄弱，仅具备自主完成方案大纲的能力。制约团队能力的主要因素如下。

1. 研发人员不足，难以充分投入展览展品研发工作

目前，我国省级及以上科技馆与极个别市级科技馆基本已经具备展览展品研发团队，但大部分团队人数不足 10 人。且除研发任务外，研发团队还负责展品维修、流动科技馆等工作。相比美国探索馆、芬兰尤里卡科学中心超过 30 人的专职研发团队，我国科技馆的研发团队力量薄弱，难有较多精力投入研发工作。

2. 研发人员专业、职责分布不平衡，不利于研发工作的开展

完整的展览展品研发团队包括策划、形式设计、机电设计、程序设计、多媒体设计等。我国科技馆大部分研发团队多数为前期策划人员，缺乏后期技术类专业人才。因此，在与研制企业合作中，展览展品展示形式、效果图、布展图及机电设计等深化设计工作主要由企业完成。科技馆研发团队作为甲方，能力不足则难以判断创意落地的可实施性，难以考核深化设计的最终成果，难以保障研发展品的技术可行性及落地运行稳定性，从而造成展示效果与原创意有较大差距。

3. 研发人员自身能力弱，缺乏专业的研发能力提升途径

科技馆内展览展品研发人员大部分来源于各专业的应届毕业生，之前从未接触过此行业，故需要一个逐步了解、深入学习的过程。目前行业内缺乏

相关内容的培训活动，常见的学习活动一般为简单的参观学习，且日常研发项目多以企业设计为主，研发人员难以在实践中深入锻炼，研发能力急需有效的提升途径。

（二）展览展品创新研发受制约

展览展品的创新研发是科技馆行业长期以来一直关注但难以突破的难题。虽然科技馆与研制企业均已越来越重视创新研发，也加大了相关经费的投入，但仍存在一些不可忽视的问题。

1. 创新研发周期受限，创新展品的稳定性难以保障

我国科技馆基本不具备展品制作能力，展品创新研制工作主要由科技馆与研制企业通过招标的形式合作完成。

对于整馆整厅设计制作完全外包的项目，为保障中标，部分研制企业投标时会提出较多的创新理念及展品。由于创意展品的研发难度及研发周期不能准确测算，研制企业中标后难以在规定的时间完成相应创新展品的研发。因此，项目实施中会出现项目进度拖期、创新展品展示效果远远低于预期、展品运行稳定性差等问题。

2. 创新回报率低，抑制创新研发热情

对于大部分中小型科技馆，存在不敢创新、不愿创新的现象。创新就有可能失败，可能会承担失败的财政责任，因而选择采购研发成功的展品，这是部分科技馆不敢创新的主观原因。

企业在进行展览展品创新研发中，每件成功的创新展品都是内容设计、展示形式选择以及样机试制等不断尝试的结果，是无数心血及资金的叠加。然而科技馆行业的展品缺乏有效的知识产权保护机制，存在互相复制抄袭的普遍现象，创新展品的核心技术保护难以保障。企业创新不仅花费人力、资金，承担失败的风险，更要面对为他人作嫁衣的现象，这一定程度上抑制了企业创新研发的热情。

（三）展览展品设计研发流程不规范

调研发现，不同地区及规模的科技馆，具有展览开发规范的，展览整体

效果有较明显的提升。缺乏相关标准指导文件的，会出现展览中展品质量参差不齐、展品风格千差万别、展品可维护性差、展品技术文档缺失等一系列问题。

随着科普资源市场的不断扩大，越来越多的公司进入科技馆设计制作领域，但流程各不相同，设计方案也千差万别。科技馆对制作公司要求不一，难以对项目展品质量、技术资料、项目进度进行有效管理。

因此，缺乏科学、规范的展览展品开发流程，不明确流程各阶段工作目标，缺乏高质量的各阶段成果文件，对于科技馆在整体项目把握上、展品公司在具体设计制作上都会造成一种混乱的局面，制约展览展品研发能力的提升。

（四）展览展品设计研发标准化程度低

展品研发和生产标准化、规范化程度较低，在一定程度上制约了我国科技馆的展览展品研发可持续发展。调研结果显示，展品设计、生产不规范现象普遍存在，生产类似于手工作坊，质量很难得到保障。一些共性问题在各个项目中不断重复出现，影响了展示效果和展品研发水平的提升；设计过程中积累的经验没有得到总结推广，导致工作标准不统一、重复研制现象突出、展品研发成本较高。

此外，科技馆没有制定统一的标准，造成同一展厅内的展品不同的制作企业选择不同的结构与生产工艺，其结果就是组成展品的部件五花八门，展品造价较高、质量参差不齐，给科技馆展品的日常运营和维护工作带来了极大的压力。

三　提高科技馆行业展览展品设计研发能力的
对策和建议

（一）提升展览展品研发团队能力

1. 不同级别的科技馆应该具备相应的研发设计能力

根据级别不同，科技馆被划分为国家馆、省级馆、地市级及县级科技馆。不同级别的科技馆研发团队应具备相应的研发能力。

中国科技馆作为我国唯一的国家级科技馆，应具有较为全面的展览展品设计研发及创新能力，可以自主独立完成展览展品的策划、形式设计、技术设计、动画设计等，完成单件或小批量展品的创新研制及更新改造工作，具有指导帮助地方科技馆建设的责任和能力。

省级科技馆，即直辖市、省、省会城市科技馆，应具备基本的研发能力，有文案策划、形式设计等研发人才，可以自主独立完成展览展品的文案策划及外观形式设计工作，有能力对地市级及县级科技馆展览展品研发建设给予帮助。

地市级及县级科技馆，应以展览展品日常的维护、维修为主，在保障展馆日常运行的前提下，制定切实可行的展览展品更新规划，并通过单件展品的更新改造逐步提升研发能力。

各级别科技馆研发团队应结合自身研发能力现状，明确差距，通过补齐短板研发力量，逐步完善团队各方面人才结构，向应具备的研发设计能力靠近。

2. 创新研发工作模式，调动多方力量，扩大设计研发队伍

（1）创新自主研发工作模式

部分科技馆已经实现了展览展品方案设计即从创意到深化设计等完全自主研发。为确保展览展品的科学性，在开展项目研发工作时引入"首席专家指导"的设计理念。选取展示内容相关领域的、热爱科普教育的科学家作为项目首席专家，参与展览展品研发过程，可以有效地保障展示方向的准确、展示内容的科学严谨，解决研发技术难题，确保展览达到最好的展示效果。

（2）创新合作研发工作模式

科技馆行业的研发团队虽然已有较为全面的研发能力，但对于部分技术上的研发难点缺乏研究深度。为此，可以调动社会多方专业力量，进行联合研发或技术支持。如可与领域内科研院所联合研发展览展品，有利于科研成果的转化，也能保证展览展品严谨性与科学性；引入国外研发力量，与国外展览展品研发企业合作研发，开阔研发视野，激发思维，同时取长补短，有助于研发能力的提升。

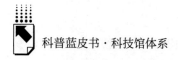

3. 开发多样化的专业学习形式，精准提升团队研发能力

（1）开展专业的培训

由中国科技馆牵头，开发并定期组织科技馆展览展品创意策划、形式设计、技术设计等专业培训活动。聘请国内外科技馆及企业中优秀的研发设计人员进行授课，结合实例分享设计经验，传递设计理念。

科技馆也可以与当地科研院校进行馆校结合课程的联合共建，在培养未来研发力量的同时，在职研发人员可借此机会重返校园，对形式设计、机械设计等相关专业课程进行有目的性的深入学习。

（2）搭建线上研发交流平台

充分运用信息化手段，搭建科技馆行业线上展览展品研发交流平台。平台不仅为科技馆、研制企业等提供在策展、形式设计、平面设计、机电设计等方面在线交流场地，更可作为学习平台，发布培训信息，进行网络直播授课等。

4. 组建联合项目组，于实践中锻炼团队能力

组建联合研发项目组，由优秀的研发团队或研发骨干牵头，在"传、帮、带"的实践过程中提升项目组成员的研发能力。如研发能力强的科技馆可以联合企业、组织其他科技馆共同进行展览展品研发相关的课题研究，研发能力稍弱的团队可以积极参与课题，在课题实施过程中学习创意方法、设计思路、研发流程等宝贵经验；通过优秀研发人员借调如援建等形式，安排具有丰富研发经验的研发骨干直接参与中小型科技馆展览展品研发项目，对其研发团队给予更具针对性的深入指导，助其研发项目的顺利开展，有利于其研发队伍的快速成长。

（二）优化展览展品创新研发氛围

1. 增设创新研发课题，给予研发周期与研发资金的保障

展品创新研发是一个持续性的过程，需要投入一定的研发时间及研发经费。建议由中国科协牵头，定期对展览展品创新研发设立专项研究课题，给予充足的研发周期及资金支持，组织各地科技馆及研制企业参与，积极推动

创新成果落地示范展示及行业推广的工作。同时建立课题实施规则，明确参与各方的权利与义务，规范课题实施流程及经费的使用，明确研制企业的利益所得。

创新研发课题的开展不仅降低了因研发周期、经费不足导致创新失败的风险，还通过保护参与企业的利益、创新成果推广等形式提高研制企业的参与兴趣。

2. 设置激励性研发奖励，营造全民参与的创新热度

（1）发挥展览展品创新研发在科普工作人员职称考评体系中的作用

制定展览展品创新研发的评估机制，真正实现对负责任、有能力的创新人员的肯定，同时明确并发挥展览展品创新研发工作在科普工作人员职称考评体系中的作用，从而调动科技馆工作人员的创新研发的积极性，发挥良性的促进作用。

（2）推动建立多样化创新奖励模式，鼓励全民参与

鼓励并推动设立形式多样的科普创新展览展品赛事，通过降低参与门槛、全民当评委等方式，结合互联网宣传，吸引全民参与；加大对优秀原创科普作品的奖励力度，鼓励社会各界参与科普作品创新。

首届全国科普展览展品大赛及国际科普作品大赛是一次成功的尝试，吸引了大批科技馆行业内外人员的参与，奖项及奖金的设置也有效激发了人们展览展品创新研发的热情；同时提供了创新交流及展示平台，进而促进了科技馆展览展品创新研发能力的提升。

3. 建立全国科技馆展览展品信息库，加强相关知识产权保护与信息共享平台

建议由中国科协组织，中国科技馆牵头，建立全国科技馆展览展品信息库线上平台。信息库主要包括展览展品的名称、展出场馆、实物照片、展品简介、制作厂家信息、知识产权申请情况、展出馆联系人信息以及展品落地后的展出效果的评价等多方面信息，以便于各馆在更新改造过程中检索、比对及选择。通过此共享平台，加强科普展品知识产权保护宣传工作，同时制定科普展品专门的知识产权保护细则，并在科技馆中开始实施监督，逐步影响企业，营造良好的知识产权氛围。

（三）规范展览展品研发流程

1. 建立科学的、规范的研发流程

建议由研发能力较强的科技馆根据自身积累的研发经验，建立科学的、规范的研发流程，明确流程各阶段工作任务，规范各阶段成果文件，并在业内普遍实行，方便馆与馆、馆与展品企业交流、研讨展览展品方案，规范研发成果。这是推进行业人员交流、提升展品研发质量和效率的有效途径。

2. 展览展品研发流程建议

中国科技馆设有展览展品研发专职部门——展览设计中心，团队成员多为硕士以上学历，有多名为高级研究员；近年连续设计开发了"太空探索""儿童科学乐园""遇见更好的你——心理学专题展览"等展览。依据多年研发经验，中国科技馆提出了展览开发流程，明确了各流程节点的工作目标，以供参考，如表4所示。

表4　展览开发流程

工作阶段及成果	工作内容
一、文献研究 文献研究报告	现有展厅调研分析(观众调查、展教及技术部咨询)
	国家政策及相关文件收集及解读
	国内外本行业(专业)的研究成果、发展现状调研
	国内外科普场馆相关展示情况调研
	完成文献研究报告
二、概念设计 概念设计方案	专家座谈务虚会
	提炼主题,创意展览思路和展示脉络
	明确展览目标、指导原则和设计原则
	搭建展览框架,分主题描述,分主题知识点
	完成概念设计方案初稿
	专家研讨会,修改完成概念设计方案
三、大纲设计 展览方案大纲	展品创意:完成展品描述
	完成展览方案大纲初稿
	修改完成展览方案大纲

工作阶段及成果	工作内容
四、方案设计 展览设计方案	完成展品效果图设计、展区平面布局设计
	完成所有展品设计方案
	完成展品教育活动和信息化应用等功能方案
	完成展区效果图设计
	完成展览设计方案初稿
	召开专家研讨会并修改完成展览设计方案
五、技术设计 展览展品技术图纸资料	初步完成展品技术设计
	完成展品技术设计审查
	修改完善技术设计,形成展览展品技术图纸资料
六、展览展品制作	完成技术设计交底,开始制作
	初步完成布展施工设计
	完成布展施工设计审查及修改
	完成展品制作中期检查(可多次)
	完成布展设施场外加工检查(如有)
七、环境布展及展品安装调试	完成布展施工手续
	展厅封闭
	布展设施和材料出厂检查(如有)
	完成现有展厅拆除
	完成展品制作出厂检查
	完成展厅基础布展施工及中期检查、隐蔽工程验收
	展品进场安装
	完成展览展品安装调试
八、展览展品验收、试运行及开放	完成展览展品电检消检
	完成展览展品项目组试运行、预验收并整改
	完成展览展品馆内相关部门预验收并整改
	完成展览展品竣工验收
	完成展览展品竣工验收整改及复验
	对展览教育及维修人员进行培训
	完成展览展品竣工资料验收
	展厅开放
	完成竣工资料修订并提交

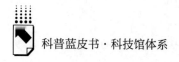

上述各阶段的成果文件均有对应的模板，可供展览展品设计研发人员交流使用。

（四）推进展览展品设计研发标准化建设

1. 建立展览展品研发标准体系

结合科技馆展览展品具有种类繁多、技术综合、质量水平要求高等特点，从展品开发流程和展品开发涉及的各专业两个角度，研究建立科技馆展品开发标准体系框架，为科技馆展品研发行业标准化做好顶层规划。

中国科技馆承担的国家科技支撑计划项目课题"展品开发标准研究与通用部件研发"，从实际需求出发、结合行业特点整体规划，通过调研国内外相关标准规范，总结、提炼出展品研发和生产的规律、经验，研究建立展品的标准规范体系，编写了"展品开发管理规范，展品开发通用技术标准，展品开发专项技术标准，展品安全、环保要求"四个系列 18 个标准，研发了具有批量大、常见等特征的科技馆展品通用部件。课题研发展品开发标准及通用功能部件应用于中国科技馆儿童科学乐园更新改造项目，效果良好。

2. 展览展品开发标准推广应用

类似中国科技馆研究的科技馆展品开发标准与展品通用部件，建议在中国自然科学博物馆学会科技馆专业委员会的推动下，在科技馆展品研发领域试行，并根据试行情况，进一步修订。

展览展品开发标准的广泛推广使用，可为科技馆展品的设计与制作提供基本指导，对提高展品研发和生产标准化、规范化程度，保障展品制作质量，降低开发、运营、维护成本，推动我国科技馆创新展品研发向更高水平发展等方面均具有积极的现实意义。同时该标准也可为"全国科普服务标准化技术委员会"建立国家标准体系、填补行业空白、完善中国标准化建设打下基础。

参考文献

唐罡：《科技馆展品开发标准研究与思考》，《中国标准化》2016 年第 2 期。

孙晓军：《浅析科技馆基础科学展品的创新研发及教育活动设计——以展品"随风而动"为例》，《学会》2018 年第 1 期。

B.10

拓展科普功能　融合科普产业

——科技馆特效影院运营现状与发展调研

马晓丹　王　丽　王迎杰　贾　硕*

摘　要：　近年来，在全民科学素质行动计划纲要的指导下，我国科技馆建设得到飞速发展，场馆配置特效影院的数量和规模迅速增长，影院科普功能不断提升，内容和形式不断丰富。同时，特效影院建设也存在缺乏相应的影院建设标准；放映设备老化，放映效果不佳；特效影片供给不足；影院教育功能发挥不足等问题。为解决存在的问题，更好地发挥特效影院在科普教育中的独特作用，本报告从建立特效影院标准体系、加快特效影院建设与升级、创新特效影院功能、创建营销体系、发挥影院专委会平台作用等五方面提出对策建议。

关键词：　科技馆　特效影院　科普产业

近年来，在全民科学素质行动计划纲要的宏观指导下，科技馆作为国家科普能力建设和科普基础设施工程的重要内容，受到高度重视，并得到了飞速发展。科普电影作为科普产业的重要组成部分，也成为科技馆拓展科普功

---

*　马晓丹，中国科学技术馆影院管理部助理研究员，研究方向为科技馆特效影院理论与实践、特效影院标准化；王丽，中国科学技术馆影院管理部副主任，工程师，研究方向为科技馆特效影院理论与实践、特效影院标准化；王迎杰，中国科学技术馆影院管理部主任，工程师，研究方向为科技馆特效影院技术、特效影院标准化；贾硕，中国科学技术馆影院管理部工程师，研究方向为科技馆特效影院技术、特效影院标准化。

能、参与社会化科普工作的重要抓手，由此科技馆中配置特效影院的数量和规模也不断提升。但是，由于特效影院标准不健全，建成后特效影院发展普遍存在功能单一、片租受限、运营管理理念落后、营销手段单一、运营管理人才缺乏等问题。科技馆特效影院如何通过抓管理、创品牌，提升运营管理水平，从而推动科技馆特效影院的可持续发展，成为摆在每一家科技馆特效影院面前的当务之急。

本报告通过对我国科技馆特效影院运营现状及发展对策的调研，分析我国科技馆特效影院存在的问题及影响因素，借鉴国内外科技馆特效影院运行管理的先进理念及经验，从而探索适合我国科技馆特效影院功能发挥最大化的发展模式，提出促进我国科技馆特效影院功能提升的对策措施，以期为特效影院运营管理者提供参考，实现科技馆特效影院的可持续发展。

一　我国科技馆特效影院运营现状

（一）我国科技馆特效影院建设概况

1. 特效影院总量与区域分布

特效影院的建成和使用对于推动科普教育事业的发展做出了越来越大的贡献，"十一五""十二五"期间，科技馆特效影院建设得到了飞速发展，数量和规模不断提升。统计数据显示[①]，截至 2018 年底，全国 244 家达标科技馆中拥有特效影院的科技馆有 143 家，共有 227 座特效影院。2010～2018 年，全国科技馆特效影院由 67 座增长到 227 座。此外，一批正在新建、改建或筹建的科技馆，也将特效影院项目列入计划中。

---

① 截至 2018 年底，课题组对设有影院的 143 家达标科技馆发放了调研问卷，共回收有效问卷 90 份，占 62%。此外，获得了 5 家达标科技馆之外的重要科普场馆的调研数据供参考，包括北京天文馆、中国航海博物馆、陕西自然博物馆、澳门科学馆、上海儿童博物馆，本文研究数据来源于 95 家场馆。

由于经济、文化发展水平的差异，东、中、西部地区科技馆特效影院建设呈现不均衡状态。特效影院数量为东部地区117座、中部地区49座、西部地区65座，东部发达地区所占比例超过1/2，中部和西部地区数量相对较少。按省级分布，平均每省（区、市）设有6.8座特效影院，较2010年每省（区、市）2.2座特效影院增加了209%。其中，山东省特效影院数量最多，共21座；西部地区各省区市中，新疆维吾尔自治区特效影院数量较多，共11座；海南省尚未建成省级科技馆或省会城市科技馆，特效影院数量为零。

2. 特效影院类型及数量统计

2018年，在143家场馆中，平均每家场馆设有1.62座特效影院，2010年平均每家场馆有1.56座特效影院，显示出影院的多厅化趋势，与商业影院的多厅化趋势相同。其中，球幕影院（含天象厅，下同）64座，占总数的28.2%；巨幕影院12座，占总数的5.3%；4D影院96座，占总数的42.3%；动感影院22座，占总数的9.7%；3D影院23座，占总数的10.1%；其他影院10座，占总数的4.4%（包含2D影院、环幕影院、弧幕影院等）（见表1）。

表1 2010年和2018年全国科技馆特效影院类型比例

单位：座，%

影院类别	2010年	2018年	数量增加幅度	2018年占比
球幕影院(含天象厅,下同)	26	64	146	28.2
巨幕影院	4	12	200	5.3
4D影院	32	96	200	42.3
动感影院	5	22	340	9.7
3D影院	—	23	—	10.1
其他影院	—	10	—	4.4

其中，球幕影院（含天象厅）和4D影院占据了科技馆特效影院近71%的份额，而巨幕影院和动感影院所占比例相对较小（见图1）。

3. 特效影院数量与场馆规模关系分析

根据《科学技术馆建设标准》，将143家设有影院的达标科技馆进行了

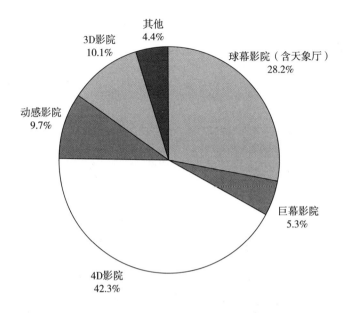

图1　2018年全国科技馆特效影院类型

分类，其中特大型馆16家，大型馆29家，中型馆42家，小型馆56家，按照科技馆类型对现有特效影院数量进行分类统计，设有4厅及以上影院场馆的有6家，全部集中在特大型馆及大型馆；3厅影院12家，2厅影院46家，单厅影院79家。

通过对现有的特效影院数量、类型进行分类统计后得出：特大型场馆设有球幕影院比例最高，其次是4D影院；其他规模场馆设有4D影院比例最高，其次是球幕影院、3D影院。根据统计结果可知，场馆规模与影院数量呈正相关，其中小型馆特效影院建设数量涨势最强，这与各地主管单位的重视和支持密切相关。

（二）我国科技馆特效影院基础运营概况

1. 影院运营模式

（1）常规运营

根据反馈的95家科普场馆特效影院数据，共有60家场馆特效影院对公众售票，售票影院占63%。根据各地区经济发展水平差异及影院类型，成人票价为10~50元（见表2）。

表2　影院票价范围及平均票价
单位：元

影院类型	票价范围	平均票价
球幕影院	10.0~50.0	26.6
巨幕影院	30.0~40.0	30.3
4D影院	10.0~40.0	19.2
动感影院	10.0~30.0	17.5
3D影院	10.0~35.0	26.0
其他影院	10.0~30.0	20.8

其中，巨幕影院平均票价最高，动感影院平均票价最低，原因与影片片长、片租等因素相关，巨幕影片时长一般在40分钟左右，排场较少，进口片比例也较高；动感影片片长一般在5分钟左右，排场较多，国产影片占比较大。

特效影院售票方式多为现场售票、官网售票及与各大团购网站、旅行社合作等售票，售票渠道多样，为观众提供了更多便利。

（2）免费开放

自2012年以来，全国科普场馆免费对公众开放数量迅速增长。截至2018年，隶属科协系统不同类型的175座科普场馆实现了免费开放。科技馆特效影院实行免费开放的占比为41.7%，共73家场馆特效影院免费开放，均隶属科协系统。其中，中小场馆实行免费开放数量最多，占比为72%。实行免费开放后的中小场馆观众量较免费开放前持续增长，小型场馆年平均观众量为1.4万人次，较免费开放前的年平均观众量3500人次提高了300%。实行免费开放的特效影院多采取免费不免票形式，以网上预约及现场领票两种方式为主，凭票入场。

（3）院线运营

在调研对象中，有 5 家科技馆的 7 座影院实行商业运营，在保持公益性大方向不变的前提下，加入院线使科技馆影院发挥更好的社会效益和经济效益。还有部分场馆计划进行商业院线运营，摸索影院科普和商业多元化的模式。

已经开始商业电影经营的 5 家场馆，中国科技馆、重庆科技馆为白天放映科普影片，闭馆后放映商业影片；广东科学中心为商业电影与科普影片交叉放映；南京科技馆每天播放 1 场商业影片，其余时间正常放映科普电影；东莞市科学技术博物馆利用 3D 影厅播放商业影片。科技馆特效影院加入院线带来收益的同时，与商业影院相比出现了配套服务单一、影厅少、场次少等问题（见表 3）。

表 3　实行商业运营的科技馆特效影院

场馆名称	影院类型	放映时段
中国科技馆	巨幕影院 4D 影院	17:30 ~ 24:00 每日 5 场
广东科学中心	巨幕影院 4D 影院	与科普影片交叉放映 每日 5~6 场
重庆科技馆	巨幕影院	17:00 ~ 21:00 每日 3~4 场
东莞市科学技术博物馆	3D 影厅	14:00 ~ 20:00 每日 3~4 场
南京科技馆	3D 影厅	13:00 每日仅放映 1 场

2. 影院放映场次、观众量及票房

球幕影院观众数量及票房收入最多，其次为 4D 影院与巨幕影院，原因与球幕影院及 4D 影院在各规模场馆中占比最高，球幕影院越来越受到观众欢迎等因素有关（见表 4）。

表 4　影院场次、票房收入与观众量

影院类型	年场次（场）	年票房（万元）	年服务观众人次（万人次）
球幕影院	21817	2429.9	133.6
巨幕影院	5926	1470.0	55.6
4D 影院	38102	1392.0	107.6
动感影院	13805	153.4	18.2
3D 影院	3003	20.8	25.7
其他影院	6673	110.8	33.7
总　　计	89326	5576.9	374.4

3. 影片资源配置

（1）影片更新速度及片租

与商业影院相比，各类特效影院更新影片的速度较慢，这与影片引进渠道、片租和球幕及巨幕影片多依赖进口等因素有关（见表5）。

表 5　影片更新采购情况

单位：部，%

影院类型	平均年度影片更新数量	采购进口影片比例
球幕影院	1.9	69.8
巨幕影院	2.4	81.8
4D 影院	2.6	8.1
动感影院	2.9	5.1
3D 影院	4.6	34.3
其他影院	1.7	26.5

影片租金与影院类别、规模、所处地区、场馆客流量、影片发行年代、购买播放权时间长短、拷贝介质等多种因素相关。其中，球幕影片和巨幕影片进口影片比例较大，售价也较高。这与影院设备国产化比例较低有关，以中国科技馆近年来采购数字影片的费用做参考，如表6所示。

（2）影片自主创作

国内已有部分科普场馆尝试制作科普影片，自主创作影片类别主要集中在4D影片，价格通常低于同类进口影片。制作手段主要采用CG制作影片，

表6　影片租金情况

类型	国产影片 ［万元/（年·部）］	进口影片 ［万美元/（年·部）］	影片安装费用 （万元/部）
球幕影片	6.0 ~ 15.0	2.0 ~ 4.0	按通道数和分辨率收费
巨幕影片	8.0 ~ 10.0	4.0 ~ 6.0	—
4D影片	4.0 ~ 8.0	1.5 ~ 4.5	0.8 ~ 2.0
动感影片	—	3.5	—

实拍影片题材较少，题材主要关注生物学、生态环境，普遍知识性强、娱乐性较弱（见表7）。

表7　我国科技馆自主创作影片情况

单位：万元/（年·部）

类型	自主创作影片场馆	销售自创影片场馆	影片定价范围
球幕影片	上海科技馆 临沂市科技馆	上海科技馆	8.00
4D影片	中国科技馆 上海科技馆 江苏省科技馆 青海省科学技术馆 临沂市科技馆	中国科技馆 上海科技馆 江苏省科学技术馆	4.00 ~ 10.00
2D影片	索尼探梦科技馆	索尼探梦科技馆	1.00

4. 影院运行支出费用

影院运行支出主要包括人员、片租、设备维护、耗材及水电费等费用。由于耗材与水电费无法准确测算，以下数据仅包含片租与设备维护两项基本费用。以每座影院每年放映两部影片计算影院年运行支出，如表8所示。

表8　特效影院年度支出费用

单位：万元

支出项	球幕影院	巨幕影院	4D影院	动感影院
年度片租 以两部影片计算	63.2	68.6	25.0（进口） 6.0（国产）	29.5（进口） 10.0（国产）
年度设备维护费用	23.4	29.5	6.97	18.8
合　计	86.6	98.1	12.97 ~ 31.97	28.8 ~ 48.3

根据调查结果可知，巨幕影院的年度支出费用最高，其次为球幕影院；4D影院支出费用最低。原因与球幕影片及巨幕影片多为进口影片，4D影片多为设备厂商提供的国产影片以及设备维护成本等因素有关。由此可知，特效影院运营成本高昂，多数特效影院支出成本远高于票房收入。

5. 人员配置与技术保障

目前，特效影院工作人员由管理人员、机务人员、场务人员、活动开发人员构成。少数科技馆设置了专职影院部门从事影院的运营管理，多数场馆由展教部、物业部、观众服务部负责影院的运营。

影院人员配置主要与影院规模、场次安排、开展活动等因素相关，保证专职岗位和足额人员配置有利于影院的良好运行和活动开发。以影院类型作为统计依据，不同类型的影院人员配置根据影院大小及座位数量的不同而有所区别。其中，球幕影院平均工作人员为3~4人，巨幕影院平均工作人员为4~5人，4D影院平均工作人员为2~3人，动感影院平均工作人员为2人。

除日常放映和场务工作外，还要对放映设备进行定期维护保养。高端影院设备为保证观影质量和安全，应由厂家技术人员提供专业的定期维护保养，场馆影院技术人员承担日常维护工作。影片安装能力指本馆工作人员不依赖设备厂商或片商技术人员或设备帮助，独立完成所购球幕影片画面序列帧切割能力、4D影片特效编辑添加的能力、动感影片动感平台运动编程能力。大多数球幕影院设备厂商未开放切割影片的功能，同时对用户没有进行相应培训等原因，致使球幕影片安装能力最低（见表9）。

表9　特效影院厂家维保及影片安装能力的比例

单位：%

类型	厂家定期维保比例	具备影片安装能力的比例
球幕影院	63.6	20.0
巨幕影院	80.0	75.0
4D影院	54.0	51.9
动感影院	58.3	41.7

6. 特效影院科普功能开发利用

调研发现，目前，一些场馆根据自身特点，探索了影院放映科普电影之外多元化发展的模式，以开展教育活动、举办电影展映为主。

（1）开展教育活动

反馈问卷的 95 家科技馆特效影院中有 49 家，约占 38% 的影院开展了相应的教育活动。

其活动类型主要是：结合影片内容开展相关活动；结合展览开展影院教育活动；利用球幕影院开展天文科普教育活动；电影进校园活动。品牌活动案例有：中国科技馆策划创办"科学影迷亲子沙龙"和"科技馆精品天文课"两项系列活动；南京科技馆、广东科学中心围绕特效电影策划开展"我们生活在南京"野生动物摄影科普展、电影主题亲子烘焙教育活动；合肥科技馆、河北省科学技术馆依托球幕影院开展天文观测活动和天文讲座；北京天文馆开展"天文科普月"系列活动；黑龙江省科学技术馆承接高校科学营及科技周主题活动。其中，结合球幕影院开展天文教育活动及结合展厅常设展览开展教育活动的形式越发受到重视。

多数场馆使用了包括微博、微信、网站在内媒体宣传影院活动和影片，宣传方式较以往有所创新。

（2）举办特效电影展映活动

利用特效电影开展电影节或展映活动的场馆数量逐年增加。案例有中国科技馆特效电影展映，内蒙古科技馆特效电影展映，中国杭州低碳科技馆举办的中国杭州科普特种电影节，通过邀请片商举办展映和交流活动，促进了科普影视行业间的交流。

二　我国科技馆特效影院运营管理中存在的问题

（一）缺少特效影院相关建设标准指导

由于特效影院建设标准的缺失，对特效影院的技术要求特殊性认识不

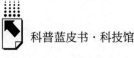

足，在影院建设过程中又缺乏相应的指导标准，特效影院在各地科技馆整体建设中成为短板，并在建成后产生一系列问题，例如，建设规模脱离实际，导致上座率过低，造成资源浪费；布局和设计不合理，在运行、使用中造成诸多不便；影院配置中设备选型不合理，放映效果不能达到预期目标；对影院建成后的运行成本缺乏预估，出现经营困难，导致影片更新不及时、放映质量降低等问题。

（二）特效影院硬件设施老化，放映效果不佳

科技馆特效影院曾经拥有社会上最先进的特效影视设备，尤其球幕影院，凭借先进的设备吸引观众前来观影。近年来影视技术快速发展，科技馆特效影院感受到来自商业影院、主题乐园影院和其他场馆影院的竞争，一些新技术，或超越或替代或补充了特效影院带给人们的感官体验。

目前，调研的227座特效影院中有158座为2010年以前建成的，其中的20%为2002年建成的，放映设备使用达十余年。由于影视技术快速更迭，现有的放映设备已经远远滞后于特效影视高新技术的发展。甚至有个别场馆由于设备无法维修或放映效果太差，只能暂停对外开放，等待设备升级改造。放映设备老化，直接影响影片的放映效果，无法满足观众当前的观影需求，极大地影响了特效影院的运营效果。

（三）特效影片供给不足，更新速度缓慢

国内科技馆特效影院普遍存在特效影片供给不足的现状。主要表现在如下几方面。第一，特效影片片源依赖进口。目前情节精彩、画面制作优良的国产特效影片较少，因此球幕影院、巨幕影院等大银幕影院还是以播放进口影片为主。进口影片片租昂贵，部分中小场馆影片采购经费不足，很难承担高昂的片租费用，致使特效影片更新速度缓慢。第二，获取行业动态渠道有限，对影片生产和发行信息了解不足。统计显示，仅国际市场上在售的球幕影片有约300部，与每年国际市场特效影片产量相比，国内科技馆特效影院上映的特效影片数量过少，品质参差不齐，特效影院管理者获取影片资源的

途径少。第三，影片采购流程繁杂。采购中涉及招标、专家论证、技术检查等环节，在现有税收优惠政策下，进口影片减免税申报手续复杂，申请周期长，进口影片审查周期长，审查费用高，缺少政策支持。第四，影院技术人员在特效影片方面的安装能力不足，造成影片采购附加成本增加，依赖影片代理商安装影片，可选影片资源范围受限，影片采购过程被动。

（四）特效影院科普教育功能发挥不充分

目前，我国科技馆特效影院现有的教育模式以观影为主，多数影院也遵循这种简单传统的教育模式，缺乏优秀创意和整体策划，特效影院科普教育功能尚未充分发挥，与特效影片、放映设备和科普展教活动缺乏配合、呼应，缺少对全局资源的思考和利用，创新力不足。调研发现，利用特效影院开展活动的场馆占总量的 1/10，这部分场馆已经利用影院开展教育活动并且收到明显效果，受到观众欢迎；一部分场馆未找准影院教育活动的定位，或者开展得深度不够，未摸索出符合自身实际和特色的教育活动形式，影院教育活动开展力度和持续度不够，不能满足公众多样化的需求。特效影院未能充分发挥其科普教育功能，间接造成了影院资源的浪费与影院管理者的被动，主要表现为：一是观众来源受限，主要依赖到科技馆参观展厅的观众；二是缺乏引导，依靠观众自身对影片加以理解，影片带来的教育效果不能充分展现；三是没有利用特效影院这种既有的高科技成果的优势，缺乏对特效设备的展示和介绍，不能满足观众好奇心。

（五）缺少创意营销，吸引力不足

我国科技馆特效影院对营销的重视程度不够。主要表现在如下几方面。一是营销缺少创意。宣传形式不够灵活，仍处于馆内展架这类较为原始的营销阶段，内容单一，新媒体资源开发不够。同时，偏重于对展厅活动的宣传，对于特效影院的宣传很少，使观众对影院的认知度低，缺乏吸引力。二是针对影院消费群体没有提供相应的会员服务和票价优惠政策。三是营销人才缺乏、影片衍生品开发不足也成为影响影院运营效果的因素。

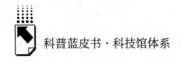

三 制约我国科技馆特效影院运行发展的主要因素分析

（一）政策制度不健全

从目前我国特效影院建设和运行现状来看，国家有关特效电影和影院的政策、法规还不完善。缺少可依据的制度和相应的政策扶持，由此导致影院建设项目盲目上马、影片进口审批流程复杂混乱等很多问题，很大程度上增加了影院的开支，影响了特效影院的发展。

（二）特效影院行业标准体系不完善

当前我国科技馆特效影院建设进展较快，发展态势良好，给社会公众提供了越来越丰富的文化产品和服务。但相对特效电影的发展势头来看，所对应的特效影院行业规范和标准的建立仍不完善，亟待加强。从目前的特效影院建设与运营情况来看，还没有一部正式公布的法规、行业标准或管理条例，致使很多影院建设项目根据建设者和使用者对特效影院有限的资讯和理解盲目上马。缺乏必要的规范和统一，国家层面指导不够，这也是设备厂商技术垄断、设备规格制式不统一、特效影院很难实现资源共享的根本症结所在。

（三）对特效影院重视不足

特效影院作为科技馆不可或缺的组成部分，很多科技馆及其主管部门对于特效影院的关注度和投入力度不足，致使特效影院在科技馆中得不到应有的重视。科技馆将经费、人力更多地投入展览展项中，使特效影院经费缩减、人员不足，直接导致特效影院设备陈旧、影片更新缓慢、影院活动开展受限等问题的出现，且特效影院创新发展动力不足。

（四）管理体制不畅

由于各个场馆机构设置不同，科技馆特效影院的管理呈现较为混乱的现象，有的场馆影院归展教部门管理，有的归综合部门管理，还有的作为独立部门管理，影院与一些部门在职能和业务范围上交叉不清、相互制约，沟通效率低下。部分场馆特效影院的放映、场务、售检票、宣传分属四个部门，这不仅大大降低了影院的运营管理效益，且增加了管理成本。

（五）专业人才队伍匮乏

在传统观念中，影院的运行管理有一支技术过硬的放映队伍就能达到要求。但随着进口设备的不断增多以及人们观影水平的不断提高，特效影院的业务范围有了很大扩展，相应地，对影院运行管理人才结构也提出了新的要求，因此，特效影院方面逐渐显现出复合型人才缺乏的情况。同时，特效影院专业人才培养环境和激励机制亟待完善的问题也不断凸显。

四　提升我国科技馆特效影院运营能力的对策建议

（一）建立特效影院标准体系

特效影院标准化建设是我国科技馆特效影院事业提升的重要内容，也是解决特效影院运营发展主要症结的突破口。为了在筹建过程中更加合理地确定特效影院类型和规模，要科学地进行功能配置和设备选型，整体提高科技馆特效影院的建设水平，制定科普场馆特效影院标准以及相关技术规范，为我国科技馆特效影院建设决策者和建设者提供指导与参考，帮助决策者在筹建之初进行科学论证，合理确定影院建设类型和规模，提高科技馆建设项目的投资决策水平；同时，为影院建设者提供参考，在设计中统筹规划、合理选型，有效控制建设投资，提高特效影院的建设水平，对我国科技馆特效影院建设起到重要的规范与指导作用，推动我国科技馆特效影院整体水平提升。

（二）加快特效影院建设与升级

加大对科技馆特效影院发展的支持力度，为科技馆特效影院新建和改建提供经费支持。把特效影院的运行、维护、更新改造的经费纳入当地政府财政预算，并逐步提高投入水平。同时，要明确特效影院的发展目标，科学合理地规划布局和规模，重点投入特效影院的更新改造，注重实效。特别是在特效影院免费开放的形势下，主管部门应充分调研特效影院运行需求，制定明确的影院免费开放经费管理办法，确保影院影片采购费用、影院运行经费、教育活动经费充足，使用规范。

（三）坚持创新，充分发挥特效影院功能

特效影院作为科技馆的有机组成部分，是公益性的科普事业；而如今电影产业是文化产业的一个重要组成部分，特效影院作为影视文化阵地，又有产业的属性，科技馆特效影院的运行必须提倡创新。加强现有特效影院的内容及功能建设，兼顾公益性科普事业与经营性科普产业并举的原则，使特效影院在建设功能、服务方面的投入效益和科普效益最大化。

1. 拓展特效影院科普教育功能，打造特效影院品牌科普教育活动

充分利用特效电影和科幻电影资源，不断创新科普教育活动的形式和内容，广泛调动学校、科研院所等社会资源，协同展教、临展资源，以观众需求为导向，创立品牌教育活动，探索科普电影与教育活动的有机结合。将特效影院作为学校教学的课外场地，把和电影内容、电影设备相关的物理、天文等学科的知识与教学内容结合起来，放在特效影院中进行教学，并与科学课教师共同设计相关课程，开发相关课件，以推动科技馆特效影院与学校之间的科学教育互动，吸引更多观众关注并走进特效影院。

2. 开拓商业运营之路

除了放映科普影片之外，可以探索影院的部分商业化运作模式，如白天

放映科普影片，晚间放映院线影片；利用球幕影院举办影片首映式、音乐会等活动。在不影响科普功能的前提下更好地发挥设备和影院的作用，满足观众需求，同时扩大科技馆特效影院的观众群体规模。

3. 开发电影相关衍生科普产品

以商业电影为例，商业电影会衍生出很多相关商品，例如，影片人物的毛绒玩具、电影原声带或者电影配乐原声带等。科技馆上映的影片中不乏音乐动听、角色可爱的优秀之作，观众有此方面的需求，因此可通过评奖、设计创作大赛、合作开发、委托开发、招标开发等方式，吸引和鼓励社会各界参与，将科技馆特效影院的教育资源转化为科普书刊、影视、动漫、网游、玩具、纪念品等科普衍生产品。

（四）创建影院营销体系

加强营销管理，创建一套适合科技馆特效影院的宣传营销体系。科技馆影院应结合自身特点，寻求最易于自身发展的宣传渠道。

1. 建立影院会员制度，拓展影院消费群体

通过建立完善的特效影院会员制度和服务体系，培养固定目标的观众群体。可以借鉴商业影院会员制度的成功经验，推出针对不同人群和家庭的会员卡，让会员观众在购票时享受到切实的会员利益；还可以设置一定的积分奖励机制，当会员在影院消费积分达到一定数量时，可以享受到各种不同程度的优惠活动等。

2. 完善票制优惠模式，吸引观众多次观影

目前，我国科技馆特效电影票种类只有普通票和学生票两种。可以尝试采取联票或套票形式，对想观看多部影片的观众实行阶梯票价，优惠票价对观众具有很强的吸引力，将吸引更多观众走进影院，提高影院上座率。此外，除常规影院窗口售票外，还可利用网络销售，建立广泛的电影票销售渠道，在更大范围内扩大特效影院消费群体规模。

3. 利用外部条件加大宣传力度

通过大众媒体积极向社会公众推介特效电影、科普教育活动、特效电影

展映，通过"影片＋活动＋展映＋互联网"等内容，创立适合科技馆特效影院的宣传体系。充分利用手机新媒体传播平台，结合影片内容，借助社会热点加大影院宣传力度，激发观众兴趣。

（五）充分发挥专委会平台作用

进一步发挥科普场馆特效影院专委会在行业发展中的引领示范与服务平台作用，汇聚创新智慧，着力搭建特效影院行业学术交流与培训平台、特效影片资源共享平台、特效影院教育活动开发平台。

一是在互利共赢的基础上，建立资源交流共享机制，加强特效影院科普教育资源的开发与创新，提高特效影院资源的利用率和社会效益。二是丰富特效影院片源，充分发挥特效影视文化传播优势和科技馆阵地的作用，借助影院专委会资源优势面向全国科普场馆组织开展科学家精神电影巡映活动，巡展影片涵盖国内经典科学家电影，进一步推动科学家精神的传播以及科普资源的普惠共享；依托影院专委会平台力量，积极与相关部门沟通，呼吁相关部门对科普影片给予政策支持，简化影片引进手续，并积极探索"科普院线"可行性，摸索更为现代化、更为高效良性的科普影院行业运营机制和发展体系；同时，在产业方面，为国产科普影片提供展示平台，加强宣传推广，并呼吁相关部门加大对国产科普影片的政策扶持力度，进一步推动国产科普影片产业的发展。三是探索建立长效、系统的人才培训机制，研究制订特效影院技术人才培训、培养方案，加强人才培训交流，努力提高特效影院技术人员高级专业职称比例；充分发挥特效影院专项工作组的作用，面向全国特效影院提供技术支持及专业指导。四是建立奖励机制体系，鼓舞干劲，为特效影院从业人员职称晋升及特效影院事业发展提供有力支撑。

参考文献

吕云祥：《影视技术导论》，清华大学出版社，2011。

李念芦主编《影视技术概论》（修订版），中国电影出版社，2006。

许浅林：《中国电影技术发展史》，中国电影出版社，2005。

赵斌：《浅谈特效影院与现代科学技术》，《黑龙江科技信息》2008 年第 5 期。

曾平英：《探索科普影院在科普教育中的作用》，《科协论坛》2010 年第 5 期。

郑念：《全国科技馆现状与发展对策研究》，《科普研究》2010 年第 6 期。

初学基：《我国科技馆特效影院运营管理存在的问题及对策建议》，中国自然科学博物馆协会科技馆专业委员会学术年会，2011。

B.11
弘扬传统文化　坚持文化自信

——科技馆中国古代科技展示教育的现状与对策

张文娟　袁　辉　李广进　赵　洋*

摘　要： 本报告调研了国内科技馆关于中国古代科技题材展示教育的现状，指出存在的问题包括展览展示教育资源不足，展示手段与内涵挖掘不充分，应用范围不够广泛；分析其原因包括重视程度不够、合作交流不充分、专业人员缺乏。结合问题分析与问卷反馈，提出如下对策建议：提高重视程度，大力开发专题展览；创新体制机制，加强与文博系统合作；聚力培养人才，丰富古代科技展示教育资源。

关键词： 科技馆　科技史　展示教育　中国古代科技

习近平总书记指出：文化自信是一个国家、一个民族发展中更基本、更深沉、更持久的力量。在 5000 多年文明发展中孕育的中华优秀传统文化，在党和人民伟大斗争中孕育的革命文化和社会主义先进文化，积淀着中华民族最深层的精神追求，代表着中华民族独特的精神标识。① 要想筑牢民族文化根基，就要坚定文化自信，而其中一个来源就是对古代科技成就的展示教

---

* 张文娟，中国科学技术馆助理研究员，研究方向为科学与教育、科技馆教育资源研究与活动开发；袁辉，中国科学技术馆讲师，研究方向为科学与教育、科技馆教育资源研究与活动开发；李广进，中国科学技术馆讲师，研究方向为古代科技、科普史、教育活动开发；赵洋，中国科学技术馆研究员，研究方向为展教活动开发、展览设计。

① 习近平：《在庆祝中国共产党成立 95 周年大会上的讲话》，2016 年 7 月 1 日。

育，因为中国古代科技成就是穿越历史的宝贵财富。李约瑟认为，中国"在公元 3 世纪到 13 世纪之间保持一个西方所望尘莫及的科学知识水平"。科技馆重视中国古代科技展示教育，尊重和满足公众对古代科技内容的多样化需求，对不断增强核心价值观建设的文化深度和厚度、坚定文化自信、凝聚实现民族复兴的磅礴力量，具有重要意义。

因此，为充分实现古代科技科普资源的共建共享，让"沉睡的资源"在新时代焕发新活力，"中国古代科技展示教育资源调研"课题组充分调研中国古代科技展示教育现状，以及博物馆与科技馆间合作的必要性与可能性，从弘扬传统文化、坚持文化自信的角度提出对策建议，以期为公共文化服务体系、中国特色现代科技馆体系的政策完善提供参考，让中国古代科技最大化地服务公众。

一　科技馆中国古代科技展示教育现状

（一）展览展示现状

根据中国科技馆调查数据，2018 年全国基本符合《科学技术馆建设标准》的科技馆为 244 座，其中开设古代科技主题展览的科技馆为数不多。在截至 2019 年底中国已有的 5535 座[①]博物馆中，只有少数几座博物馆正在或者曾经开设古代科技展览。其中，科技馆充分发挥了展品互动体验优势，尽可能使用多样化展示方式多角度展示古代科技内容。

2017 年改造升级后的"华夏之光"展厅突出互动性和可视性，力求将文物中蕴含、文献中记载的科技信息转变为互动展品和可视模型，充分发挥科技馆动手操作的参观优势，鼓励观众通过亲身体验了解中国古代科技的组成及原理，理解古代科技内涵。

广东科学中心"岭南科技纵横"展览以"上下六千年"的时间跨度，

---

① 数据来自国家文物局关于公布 2019 年度全国博物馆名录的通知。

"岭之南，海之滨"的空间定位，向公众展示一个具有区域文化特色的广东科技发展历程。展览包括古代岭南水运——灵渠、广济桥、最早的舵、古代岭南冶铸——红模铸造法、黄道婆与岭南棉纺技术、人工地冷通风系统等展项，以多样化的展示手法，向观众展示了广东地区的古代科技成就。

吉林省科技馆"中国古代科技"展区，以参观和互动体验的方式展现古代科技典型成就；郑州科学技术馆"登封观星台"展项，结合"二分二至日"互动操作，演示不同时段的光影在石圭上的位置变化；许昌科技馆"针灸铜人"展项，采用多媒体与模型互动的方式展示古人对经络和穴位的认知，三层气象展区空墙上以相风铜鸟、测雨台等古代气象工具为装饰，以环境营造的方式让观众感受古代科技文化魅力。

宝丰科技馆新馆"瓷都万象"展区是结合当地盛产汝瓷的背景而专门设计的陶瓷展区，以图文、视频及全息技术等方式，系统地介绍了汝瓷器型、釉色及烧制工艺；"仪狄造酒"展区以微缩模型、造酒器具等展示了宝丰地区古法造酒技艺及古代酿酒科技。

短期展览方面，2008 年，中国科技馆展出"奇迹天工——中国古代发明创造文物展"。展览分为锦绣华服、奇雄宝器、典藏文明和泱泱瓷国 4 个部分，展示中国古代丝绸织造、青铜铸造、造纸印刷、瓷器制作等领域科技成就。2012 年，中国科技馆主办"中国古代机械展"，通过文物复制品、互动模型等实物向公众展示中国古代机械发明成就。展览包括农业机械、纺织机械、交通运输机械、军事机械、天文仪器、生活用具、地震仪器和井盐开采机械 8 个展区，共有展品 130 余件。2018 年中国科技馆"榫卯的魅力"主题展览，以榫卯为中心，以 38 件展项、5 个主题展区，通过互动模型、微缩模型、虚拟现实等多种形式，展示榫卯工艺在古代建筑、家具、造船等不同领域以及现代生产生活中的应用，继承文化遗产，传承工匠精神。2020 年中国科技馆"做一天马可·波罗：发现丝绸之路的智慧"主题展览，以第一人称视角代入的方式，通过互动展品、实物模型、科技文物、文物仿制品、线上导览、游戏、手工坊等形式，展现古今丝绸之路在传播科技、联通人文等方面的重要作用。

近年来，科技馆与博物馆合作办展越来越多，巧借科技文物支撑展览，充分发挥文博系统的历史文化积淀优势，为观众带来更直观生动的展览展示。

2017 年，上海科技馆与上海博物馆等单位合作举办"一带一路"科技文化展之"青出于蓝——青花瓷的起源、发展与交流"特展。展览遴选 50 余件唐代至民国时期的文物，并结合非遗展示、教育活动，全方位诠释青花瓷发展脉络、艺术文化、制瓷工艺、科学鉴定方法等。增强现实展项"青花瓷之路"，宽 6 米的"青花大观"墙供观众互动体验。

2018 年 12 月，中国科技馆助力香港科学馆"匠心独运：钟表珍宝展"。水运仪象台、铜壶滴漏、满城漏壶和赤道式日晷 4 件复原动态展品，与故宫博物院的 120 件中西方钟表文物竞秀联芳、相得益彰，共同展示了中国古代精巧的计时仪器，从科技、历史与文化的角度为展览增色。

（二）教育活动现状

相较于展览展品的展示，教育活动的开展更具灵活性和时效性。各级各类科技馆结合自身展览展示资源、地域特色或者时下热门话题，开展各具特色的教育活动。

科技馆特色教育活动以探究科学原理、动手参与体验为主。在中国科技馆"华夏科技学堂"系列活动中，观众动手制作走马灯、纸扇、杆秤、日晷，体验织布、简仪观测、木版水印等。其中"乐杆秤之趣　悟杠杆之理"活动，带领大家了解杠杆装置的发展过程及其应用种类，学习杠杆的平衡条件，并带领观众制作传统杆秤；"追溯丝绸朋克　寻找程序之源"活动为观众解密中国古代织造技术最高成就——大花楼提花机，观众通过动手体验织布来探究如何将织物的繁复纹饰通过花本技术转化为二进制运算；"探火龙出水奥秘　看火箭前世今生"活动为观众揭开古代科技成就"火龙出水"的神秘面纱，带领观众实验探究反冲力作用原理，并在游戏与角色扮演的过程中进一步感悟火箭接力合作的科技智慧。广东科学中心"岭南科技纵横"

展览展示广东地区的古代科技成就，展厅开设纺线表演活动。陕西科学技术馆开办陶艺工作室、印染工作室，让观众通过动手体验，感受传统民间工艺的魅力。

科技馆教育活动注重体验与探索，但缺乏科技藏品的实物支持，在历史文化艺术内涵的教育普及上有所欠缺。目前，越来越多的古代科技主题教育活动，既结合博物馆的文物资源，又充分体现互动、探究特色。发扬博物馆文物优势与历史文化属性，结合科技馆探索互动特点而开展的教育活动，逐渐得到发展。比如，中国科技馆"科幻从头看"活动，充分利用"华夏之光"展厅古代科技展览资源，让观众在活动前参观展厅，继而参与到科幻主题内容的探索中，以此锻炼参与者的想象力、提升创造力。中国科技馆联合大钟寺古钟博物馆，合作开展"解密编钟"系列主题教育活动，带领观众在中国科技馆探索编钟的乐理发声、青铜冶铸、纹饰内涵等科学知识，到博物馆参观了解钟铃的前世今生，感受文物的震撼与编钟音乐的美妙，这种"科技 + 历史文化"的探索，取得了"1 + 1 > 2"的教育效果，为科普场馆教育活动的多样化提供了借鉴。

（三）其他形式的科普资源现状

中国科技馆开发"华夏之光"系列巡展资源，包括"中国古代科技展""榫卯的魅力"等在国内巡回展览，形成可流动服务公众的中国古代科技展示资源。2020 年"做一天马可·波罗：发现丝绸之路的智慧"主题展览继实体展览和线上 VR 全景展览面向公众开放后，相关内容被进一步加工整理，制作成"从丝绸之路走出来的美食"等音频节目，在中国数字科技馆网站"科学开开门"栏目推出；编辑出版《丝绸之路儿童历史百科绘本》以飨青少年读者；此外，展览图文集也在进一步计划中，从不同角度广泛利用现有科普资源。新冠肺炎疫情暴发以来，许多科普场馆采取临时闭馆措施，通过网络开展在线应急科普，中国科技馆落实中国科协应急科普工作指示，每日网上推出"华夏科技学堂科普视频课"，转变途径服务公众。

二　存在的主要问题和原因分析

（一）存在的主要问题

作为科技馆核心产品的科技展览，无论是常设展览，还是短期展览，都已出现了数量增长与品质提升的趋势，与展览配套的拓展性教育活动也尤为活跃。现代科技主题展览的发展日益成熟，技术手段更加先进，展出的内容不断被扩展挖掘，形式也更丰富灵活，已能很好地诠释现代科技的科学内涵。反观古代科技题材的展览，在科技馆的展出仍属凤毛麟角，且早期的展览以静态展示为主，教育活动以讲解传授为主。随着展览展示技术、教育活动手段的不断升级，更多新颖形式被引入古代科技成就的展示和传播中。趋势是向好的。然而，总体来看，目前科技馆运用中国古代科技教育资源的展览展示和教育活动仍然比较缺乏，数量少，展示内容雷同，质量参差不齐，展品研发以仿制为主，内容挖掘还不充分，展示手段不够丰富，应用范围不够广泛，亟待进一步开发补充。

1. 展览展示教育资源不足

科技馆突出互动体验，尽可能融合多样化展示方式，但动态展示古代科技，往往受限于古代科技藏品展览资源的缺乏。古代科技文物多收藏于文博系统，科技馆在展览开发过程中，多制作科技藏品的复制品、仿制品，或者直接对某件古代科技成就的局部进行原理展示，虽然达到了直观、形象的科普目的，但缺乏文物原件的震撼效果与原真性，在历史文化艺术积淀等方面存在明显弱势。

此外，不同区域的科技馆古代科技展示教育发展存在不协调、不充分的问题，整体上呈现大中型城市及历史名城资源多、小城市及乡村资源少，省级以上场馆资源多、地市级以下资源少的情况。古代科技展览主要分布于北京、上海、广州、西安、郑州等城市，配套了比较丰富的古代科技主题教育活动。目前来看，我国古代科技展示教育资源明显缺乏，供给不足，呈现人

们日益增长的对于优秀传统科技文化的需求与不平衡不充分的古代科技教育
资源开发之间的矛盾。

2. 展示手段与内涵挖掘不充分

科技馆中不乏优秀的展览展品和精彩的教育活动，这些科普产品既有从
国外科技馆学习转化而来的舶来品，也有国内科普从业人员的创新产品。随
着科技馆事业蒸蒸日上，展览展示、教育活动手段推陈出新、不断进步，古
代科技展示教育亟待与之结合，提高展览展示技术水平，深挖教育内涵。与
现代科技展览展示相比，古代科技主题展览展示手段显得较为单一，展品研
发创新不足。

中国古代科技成就博大精深，内涵丰富，还需要通过教育活动传递给观
众。基于中国古代科技主题开展的教育活动主要包括展览辅导、技艺体验、
动手探究等形式。展览辅导为展厅中讲解员或志愿者直接向观众描述介绍古
代科技展项和其中的科学原理；技艺体验涉及古代科技与传统技艺，如体验
传统纺织工具、印染织绣、造纸术等，基于场馆展品而设计开发；动手探究
主要以古代科技原理为切入点，针对科学知识和技能开展探究实验，引导观
众主动建构知识，从而理解古代科技。部分科技馆的特色活动是以上活动形
式的有机组合，或辅之以比赛、进校园等形式开展。较之目前丰富的现代科
技主题教育活动，基于中国古代科技主题开展的教育活动手段单一的问题持
续存在，展览辅导偏于静态，不够生动，单向灌输；技艺体验偏重地方技艺
特色，创新性与丰富程度不足；动手探究容易偏离古代科技主题，对古代科
技历史文化内涵的挖掘还不够充分。科技馆内的中国古代科技主题教育活动
未能充分体现场馆教育的优势，不能适应公众多层次、多样化需求。

3. 应用范围不够广泛

除实体场馆展览及相关教育活动外，科技馆对中国古代科技展示教育的
应用范围还有待进一步拓展。有限的古代展示教育资源不能突破空间、时间
和观众认知程度不同的限制，充分服务各地区、各年龄层的观众。主题巡
展、网上展览、在线音视频、科普读物等形式可有效拓展古代科技展示教育
的广度，但从整体来看，资源的利用范围还不够广泛，未能形成全方位、立

体化服务公众的大格局。原来分散孤立的古代科技展览展示资源还未能充分集成于一个以资源共享、技术服务、信息沟通为纽带的体系中。包括古代科技展示教育资源在内的科普资源有待实现充分的共建共享，形成巨大合力，化政策势能为发展动能，产生倍增放大效应，使更多公众享受新形式科普服务，实现社会效益最大化。

（二）原因分析

1. 重视程度不够

分析古代科技展示教育资源存在问题的原因，首先是部分科技馆未能对古代科技给予足够重视，并未把相当一部分展览、教育活动开发精力向古代科技领域倾斜。部分科技馆规划筹建时，就未对古代科技成就的展示教育给予重视，面对众多主题，并未给古代科技留出展示空间。在场馆开放运行过程中，也并未设计开发古代科技主题的相关内容，导致这些场馆在古代科技主题方面，至今仍属空白。部分拥有古代科技展示教育的科技馆，也未能对其给予足够重视，存在资金投入少、更新频率低、人员配备少、交流研讨不足、创新驱动力弱等情况。重视程度不够，根本原因在于部分科技馆人员没有认识到古代科技展示教育的重要作用，尤其是对于传承优良传统、提高全民科学文化素养、增强文化自信的重要作用。

2. 合作交流不充分

科技馆与博物馆间合作交流不充分。本研究开展的问卷调查显示，多数科技馆未与博物馆建立合作。由于博物馆、科技馆分属于两个不同的行政管理系统，馆际缺少交流与合作机制，联系较少，各自发展，缺乏通力合作，不能充分挖掘和发挥两者的最大优势，在更好地发挥公共文化服务功能、服务公众方面遇到了瓶颈。

国内科技馆未能充分调动、挖掘和整合社会教育资源，不够重视和其他科普场馆、科研院所、政府机构、企业、高校等开展交流与合作。对比来看，国外科技馆的有益尝试为我国古代科技展示教育资源的共享开发提供了参考。如葡萄牙多个政府部门合作开展"我的理想城市"活动，其他国家的科技馆，如耶路撒冷布罗姆菲尔德科学博物馆也参与其中。

此外，国内各科技馆间针对古代科技展示教育的合作交流也不够充分，很少能够共同挖掘文物资源、科研成果、地方特色，针对资源共享以及加强古代科技展示教育资源进一步融入体系的交流研讨不足。近年来，众多企业陆续进入科普行业，但针对古代科技内容的原创设计较少，与科技馆供需交流不够充分，并没有在展示手段、内涵挖掘上为古代科技展示教育提供充分的助力。

3. 专业人员缺乏

我国展览设计与展览教育人才队伍和相关学术理论的建设滞后，严重影响了古代科技展览设计与教育水平的提高。科技馆在中国虽然已经具备相当的规模，但专业学术支撑仍是普遍的短板。在国内新一轮科技馆的建设高潮中，仍然只有为数不多的科技馆从筹建之初即开始重视专业队伍培养，开展博物馆学、教育学、传播学理论与方法的学术研究，为科技馆展览策划、展览设计、教育活动开发提供学术指导。据调查，拥有专职展览设计部门或团队的科技馆只有约30座，其中多数只负责短期展览设计，能够设计大型常设展览的科技馆不到10座。其他科技馆是由展品维修部门或人员兼做展览设计工作。许多科技馆在筹建的过程中，展览几乎全部委托企业设计，科技馆人员只负责招标、管理、检查、验收。在具备一定展览设计能力的科技馆中，除中国科技馆、上海科技馆等个别科技馆之外，其他科技馆展览设计团队人员均不足10人[1]。专业人员缺乏，限制了中国古代科技展示教育的整体发展速度。

三 促进中国古代科技展示教育发展的对策与建议

（一）提高重视程度，大力开发专题展览

中国古代科技成就是中华优秀传统文化的载体，承载了科技发展过程中

---

① 数据来自《科技馆创新展览设计思路及发展对策研究报告》。

的科学思想和先进文化；基于中国古代科技进行展示教育，深入挖掘其科技文化内涵，举办以古代科技为主题的专题展览、特色展览，有利于弘扬以爱国主义为核心的民族精神和以改革创新为核心的时代精神，坚定文化自信，坚持文化自强，提高公众科学文化素质，从科技文化中汲取力量。公众学习古代科技智慧不仅能了解科学原理，更重要的是体会华夏文明贯穿古今的科学思想、方法和精神，古为今用，助力今日创新工作。

专题展览、特色展览相比于综合性展览更加灵活，可以充分聚焦古代科技主题，涵盖某一个或者多个领域，串联古代科技原理，融合古代科技智慧，启发观众纵览古代科技发展历程、思考科技与文化的内在联系，是传播和普及古代科技成就的重要载体，值得不断发展和推广。比如，中国科技馆"榫卯的魅力"主题展览，从榫卯技术出发，多角度发散，带给观众关于建筑、家具、手工技艺的科普大餐，颇具特色。

（二）创新体制机制，加强与文博系统合作

文博系统博物馆拥有丰富的文物资源，但展示手段静态；科技馆侧重互动体验，但缺乏文物支撑和历史文化内涵的传达；科技馆与博物馆合作，可以互相发挥优势，取长补短。

科技馆与博物馆可以在多领域开展资源共建与共享。首先，联合开发科技史主题展览，可以充分地发挥各自优势，将古代科技展项的文物吸引力、互动体验感最大限度地挖掘出来。在此基础上，博物馆与科技馆还可以联合开发基于科技史展览的教育活动，以期全面地融合科技内涵与历史文化意蕴。其次，共享藏品展品目录，将博物馆丰富的文物藏品、考古发掘成果和历史研究资料，科技馆丰富的互动式古代科技主题展品进行整合，进一步丰富展览展示资源，为公众参观学习提供极大便利。最后，互相开放教育资源库，既可以通过搭建行业共享平台共享教育活动资源，也可以直接面向公众开发数字化科普资源，有助于互相启发，激发创新。例如，中国科技馆配合中国科协科普部推进"构建中国科普资源库"项目，作为子库研究并分阶段建立科技馆科普资源库，梳理优化整合科技馆行业的科普资源，服务科普事业。

各方需要打破体制机制壁垒，建立合作机制。首先，主管部门加强顶层设计。目前我国的科技馆或科学中心多属于科协等系统，而博物馆多属于文化系统，虽然上级主管部门不同，但同为公共文化服务机构。因此，争取科协在政策上的引导并与相关部委联合发文，找到合适的政策切入点，充分发挥政府在资源配置中的作用就显得尤为重要。其次，各职能业务部门积极搭建合作平台，为馆间合作打通资源流动渠道。依托中国科协、国家文物局、中国博物馆协会、中国自然科学博物馆学会等机构设立古代科技展示教育交流互访项目，为各馆进行交流互访创造条件，学习借鉴成功经验，建立交流合作机制；依托国际博协科技博物馆专业委员会（ICOM - CIMUSET）、亚太地区科技中心协会（ASPAC）、北美科技中心协会（ASTC）等机构加强与国外科技馆或博物馆的交流合作，通过交换、引进、合作等方式推广古代科技教育资源成果。而作为第一行为主体，各科技馆应明确自身需求，主动与相关博物馆、科研院所、企业等建立联系，探索合作方式，研究合作方案，共同推进古代科技展示教育向前发展。

科技馆和博物馆的合作是科学与文化、艺术的结合，能够提升公众对古代科技展览内容的认知，比如，通过科技手段让展品呈现更多内容，激发公众的创造力，促进公众了解和应用科学思维和科学方法；通过文化和艺术让公众对科技有更全面和立体的认识，让科技更好地融入公众的生活；还可以将二者结合，展示一个时代科技与文化的对应关系和共同演变过程。

（三）聚力培养人才，丰富古代科技展示教育资源

要从根本上提高我国古代科技展示教育水平，最终还是要依靠一支素质优良的人才队伍。一是要加强人才培养，除科普展览策划、理论研究、科学教育活动设计实施等相关业务能力外，还应加强对科技史、文化艺术修养、科学素养的重视；以定期开展技能提升培训等形式，建立跨领域的人才培养平台，有针对性地补短板，重点提升从业者的科学素养，增加历史文化知识积累。二是要加强行业交流，开展经常性学术交流活动，针对中国古代科技

展示教育主题深化沟通交流，共享理论研究成果与经验；由主管部门牵头，鼓励科技馆、博物馆、科研院所、高校、企业和相关机构等合作承担有关课题，为理念提升与内容、方法创新提供实践支撑；建立网上学术交流平台，不断深化拓展馆际交流的广度和深度，为合作共进奠定基础。

国内科技馆对于开发中国古代科技展示教育的探索和认识尚处于起步阶段，还有很大的创新创造空间，这需要行业共同努力，在古代科技展览展品、教育活动等方面合力研发，实现科技与人文、历史与现实的深度融合，为提升全民科学文化素质提供更有力的支撑。

参考文献

〔英〕李约瑟：《中国科学技术史》（第一卷·总论），《中国科学技术史》翻译小组译，科学出版社，1975。

赵洋：《面向想象力与创造力培养的科幻主题科学教育活动设计》，《自然科学博物馆研究》2017 年第 S2 期。

张文娟、袁辉：《科技藏品的多维信息与多维传播——以"解密编钟"系列教育活动为例》，《自然科学博物馆研究》2019 年第 3 期。

黄凯、李文君：《从局限性分析到针对性实践——关于突破科技博物馆主题展览设计困局的思考》，《自然科学博物馆研究》2018 年第 2 期。

"创新我国科技馆科普教育活动对策研究"课题组：《创新我国科技馆科普教育活动对策研究报告》，《科技馆研究报告集（2006～2015）》（下册），中国科学技术出版社，2017。

"科技馆创新展览设计思路及发展对策研究"课题组：《科技馆创新展览设计思路及发展对策研究报告》，《科技馆研究报告集（2006～2015）》（下册），中国科学技术出版社，2017。

B.12

讲好科学家故事　弘扬科学家精神

——科学家题材特效电影发展困境与思路

江　芸*

摘　要： 科学家题材特效电影是在青少年心目中播撒科学种子、插上科学梦想的重要媒介，社会各界需要充分重视科学家题材特效电影的策划、开发与推广。本报告在梳理国内科学家题材商业电影长片发展脉络、分析科学家题材特效电影发展现状的基础上，提出科学家题材特效电影在策划、开发与推广中的难点，提炼出电影创作者所要面对的共性核心问题；为更好地以创新影视手段弘扬科学家精神，本报告结合新时代弘扬科学家精神的内涵以及科普场馆特效影院的实际需求总结出科学家题材特效电影在创作、制片、推广、政策支持等方面的发展对策。

关键词： 科学家　特效电影　电影创作

在全社会大力弘扬科学家精神，既是一项长期的任务，也是一项紧迫的工作。2019年，中共中央办公厅、国务院办公厅印发了《关于进一步弘扬科学家精神加强作风和学风建设的意见》（以下简称《意见》），要求加快培育促进科技事业健康发展的强大精神动力，在全社会营造尊重科学、尊重人

* 江芸，中国科学技术馆科普影视中心副主任，工程师，研究方向为科普特效电影策划、开发与推广。

才的良好氛围。电影是公众喜闻乐见的艺术形式，是塑形铸魂科学家精神的重要利器，是阐释人类伟大智慧成就的重要媒介。科学家题材电影，作为国家主流电影的重要组成部分，是新时期电影发展中不可或缺的一部分。

作为科普场馆中重要科普形式的特效影院，具有独特的科学传播效果和艺术感染力，越来越受到公众尤其是青少年观众的喜爱，也面临诸多发展难题，比如，大部分片源依赖进口，影片租赁费高企，观众对影片的期望与优秀国产影片不足之间的矛盾凸显，特别是适合在特效影院播放的弘扬科学家精神的特效电影非常稀缺。科普场馆需要充分重视科学家题材特效影片的开发推广，将深受观众喜爱的特效电影技术与科学家故事有机结合，广泛发动社会力量，打造科学家题材特效电影精品，推动影片在科技馆体系的长效落地，使特效电影成为科普场馆弘扬科学家精神、培育科学文化的创新手段。

一　科学家题材特效电影发展概况

（一）国产科学家题材商业电影长片发展脉络

我国的科学家题材电影长片创始于 1956 年上海电影制片厂创作的《李时珍》。改革开放后，科学家传记片的创作步入繁盛，中国上映了一批以中国古代和现当代科学家为主人公的传记影片，例如《李四光》《毕昇》《柯棣华大夫》《李冰》《张衡》《蛤蟆博士》《神医扁鹊》《蒋筑英》等，这批影片获得了观众口碑和业界评价的双丰收。世纪之交，北京电影制片厂出品的两部影片《横空出世》《超导》引领国产科学家题材电影长片走向高峰，《横空出世》不仅获得了当年的业界最高奖"华表奖"，而且经典传承历久弥新，豆瓣评分至今高居国内外科学家题材影片榜首，在 B 站掀起年轻"后浪"的弹幕狂潮。

进入 21 世纪，中国电影市场产业化步伐加快，银幕数量、观影人次大幅提升，然而，在商业电影发展高歌猛进的同时，曲高和寡的国产科学家题材长片发展却进入慢车道，在曲折探索中艰难前行。2001 年上海电影制片厂拍摄了《詹天佑》，2006年CCTV电影频道出品表现著名妇产科专家林巧稚的《大爱如天》，2008年由中共常州市委宣传部、常州广播电视台等单位联合推出了《邓稼先》，2009年、2011年潇湘电影集团联合其他单位出品了《袁隆平》《吴大观》，这些影片虽在电影奖项上屡有斩获，但在商业影片的裹挟下，其市场影响力再难重现往昔波澜。2012年投资6000万元的电影《钱学森》（由西部电影集团有限公司、中国人民解放军原总装备部电视艺术中心出品）把国产科学家题材影片的产业化制作推向高峰，却在市场反馈上遭遇失利，仅获得700万元票房，这重创了科学家影片创作之势，此后中国电影市场出现了长达五年的题材沉寂。直到2017年，上影集团出品以"中国肝胆外科之父"吴孟超为原型的传记电影《我是医生》，陕西民营企业西安凯博文化发展有限公司试水《爱的帕斯卡》（科学家原型为侯伯宇），2018年长春电影制片厂出品的电影版《黄大年》公映，这些影片在继承传统与寻求突破之间求索，力图突破传统传记片的创作窠臼，但整体市场反应冷淡，作品口碑参差不齐。

2018年公映的清华大学百年诞辰纪念影片《无问西东》和2019年新中国成立60周年献礼影片《我和我的祖国》中的前两个故事《前夜》《相遇》并非瞄准科学家题材，却无心插柳为科学家题材电影创作打开了局面。这两部影片取材于真实的科学家、文人学者，但不拘泥于人物传记片的套路，从战争、爱情、悬疑等类型片入手，采用虚实结合的故事类型片创作手法，赢得了市场和业界的双重肯定，为科学家题材影片创作带来新的思路。

（二）科学家题材特效影片

目前，在科普场馆放映的特效影片中，科学家题材屈指可数。以中国自然科学博物馆学会科普场馆特效影院专业委员会官网公布的影片资源为例，截至2020年5月，在网站公布的196部特效影片中，仅有国外创作的巨幕3D电影《蝴蝶大迁徙》和球幕影片《亚马逊探险》、国产巨幕3D影片《黄土高原》聚焦国外科学家故事，称得上严格意义的科学家题材影片；为实现中国科学家故事在特效影院零的突破，中国科技馆于2019年改编《钱学森》《袁隆平》《我是医生》三部商业故事长片，计划于 2020 年下半年投放至全国科普场馆放映。

1. 剧情纪录片

目前，国内放映过的三部科学家题材特效影片《蝴蝶大迁徙》《黄土高原》《亚马逊探险》均属于剧情纪录片类型，即由演员扮演科学家、演出历史事件，以纪录片的手法表现科学家及其研究对象、科研成果和历程，时长 30~40 分钟，不以讲故事为首要目标，突出特效技术、演示效果以及纪录片的"真实感"。上述三部影片皆是将科学家的科研历程与其科研对象——自然或人文奇观相结合，突出展示研究内容的视觉奇观，而不像传记长片那样关注人物命运的刻画，不对科学家的个人经历进行细致深入的铺陈。

其中，由美国国家科学基金会赞助支持的球幕影片《亚马逊探险》较为典型。影片根据 19 世纪 50 年代探险家亨利·贝茨的真实故事改编，40 分钟的影片采用双线索——人物故事与热带雨林的知识性介绍及奇观展示两相交织。影片主打"真实"牌，主创坚持不采用影棚或电脑动画制作，取景地为亨利·贝茨当年走过的真实探险地，影片拍摄的蝴蝶标本为科学家使用过的实物原件。纪录片式的创作原则，提高了影片的纪实感，但客观上增加了制作难度，限制了故事创作的空间。该片获得了全球大银幕协会等多个专业奖项的肯定，内容通俗易懂，特效优势显著，但就整体观影效果而言，其叙事方法过分拘泥于传统纪录片，信息量有限，情节单薄，节奏略显拖沓。

概括而言，剧情纪录片重科普、轻剧情，重特效、轻故事，在创作上有一定的限制和约束条件，其选材范围集中在动植物、地质等便于影像呈现的学科领域，科学家原型需要有较为丰富的科研和人生经历，其科研成果必须直观可视、通俗易懂、具有视听震撼力，这些要素是影片成功的先决条件；剧情纪录片在科普场馆已经形成了较为稳定的观众观影预期，为今后的科学家题材特效电影创作提供了可供模仿、延续和进一步突破的范例。

2. 人物故事片

为探索国产科学家题材特效电影的创新发展之路，实现中国科学家片源零的突破，2019年，作为北京国际电影节"科技单元"的亮点之一，中国科技馆联合国内多家制片商、地方科普场馆举办"光影科学梦——首届科学家电影全国科普场馆巡映"活动。活动首次面向公众集中公益展映《横空出世》《我是医生》《袁隆平》《钱学森》《大爱如天》《爱的帕斯卡》等6部科学家题材电影长片，并首次开启全国科普场馆的科学家电影巡映活动。活动联合广东科学中心、内蒙古科技馆、山东省科技馆等7家科普场馆以我国优秀科学家题材电影展映为基础，结合沙龙、看片会、夏令营等公益科普活动，促进公众与科学家、电影主创面对面交流，全方位、立体化地开展中国科学家精神的宣传解读，巡映期间免费向公众放映科学家题材电影共计26场，结合影片内容开展相关公益性科普活动20场，服务公众近5000人次。各场馆在探索特效影院与科普活动紧密结合、提升影院传播效果方面做了很多尝试，取得了很好的效果。比如，结合国家航天日主题推广宣传《钱学森》影片，与科技馆常备的太空科技展区或小型展览教育活动相结合，开展航天主题科普教育，比如结合《我是医生》开发面向青少年的医生职业体验活动等。

为繁荣科学家电影创作，提升科学家电影传播力、影响力，2019年，中国科技馆举办"科学家电影创作推广研讨会"，邀请来自科技、电影、科普等不同领域的20余位嘉宾参加了座谈，共商科学家题材特效电影的发展创新路径。作为此次活动及研讨会的重要成果，中国科技馆与上影、西影、潇湘电影制片厂合作完成了《钱学森》《我是医生》《袁隆平》三部时长在30~40分钟适配于特效影院的精编版短片，并将于2020年下半年免费推广至中国自然科学博物馆学会科普场馆特效影院专业委员会成员单位、流动科技馆、实体科普大篷车，同时计划配发宣传片、海报、小型展陈、学习单等教育活动资源包，启动"光影科学梦——第二届科学家电影全国科普场馆巡映活动"，在更大范围内发挥特效电影优势，弘扬科学家精神，使更多观众受益。与此同时，中国科技馆启动了《火星使命》等专门为特效影院定制开发的科学家题材巨幕影片、剧本、微电影等原创项目，计划于2020年底陆续投放。

二　国产科学家题材特效电影发展存在的问题

（一）影片创作层面

国产科学家题材特效电影的创作既与同题材商业长片面临共性问题，也因其特殊的播出环境和目标受众，有着独特的创作限制和功能需求。

1. 题材创作难度大

如何处理好科学与大众、科学与艺术的嫁接问题是科学家题材电影创作面临的核心难点。科学家题材影片的内容特点是高科技、窄专业、强智能。要想表现科学家的独特性，就必须对其科学创想和科学气质有所刻画，要想表现科学发现在其学科领域的突破性、颠覆性意义，必要的科学史和专业性交代必不可少。正如科普界流行的一句名言，"一本书中多一个公式就会减少一半的读者"，电影亦然。从通俗化的角度来看，由于科学家与普通观众的生活距离较远，研究内容艰深难懂，这些内容令仅具有一般知识背景的观众望而生畏；从艺术化的角度来看，科学工作的高峰体验存乎脑力和精神之间，是抽象的、内化的，与影视艺术所需的浪漫、外放、直观、形象是一对矛盾体，科学思维难以外化，科学研究在银幕上难以呈现，而真实的科学经历往往缺少电影创作中较易吸引观众的元素，比如激动人心的大场面、曲折离奇的故事情节、大段的爱情描写等。

因此，要实现科学家题材影片好看、通俗、有趣味、有底蕴、雅俗共赏，对电影创作者来说是极大的挑战。既不能为了平易近人而歪曲误导，使观众对科学内容产生误解，也不能因为科学内容的生涩难懂而让观众产生观看的阻力，同时还要将科学家深邃迷人的内心世界和攻克科技难关的精神境界升华为可感可触、震撼人心的电影艺术，这需要创作者丰富的人生阅历、大量的智力投入和非凡的创作功力。

2. 创作思维有待突破

纵观国产科学家题材电影长片的发展脉络，影片类型较为单一，创作思维过于局限，艺术手法有待创新。现有的科学家题材影片长片基本属于人物传记片类型，如同英模传记片，大多在策划阶段就被定位于献礼片，沿袭了传统主旋律影片的宏大叙事。由于背负着为传主树碑立传和献礼宣传的双重任务，创作者们对历史真实和想象虚构的分寸拿捏趋于谨慎。部分科学家题材电影在某种意义上已走入误区，单纯抱着求真求全的目标，进入刻板僵化的创作模式。过分追求人物经历的面面俱到，对典型事件的挖掘不深不透，在人物塑造方面落入概念化、程式化的窠臼。由于长期轻视电影的艺术和娱乐属性，观众易将科学家题材影片视为教条式政治宣传的代名词，难有观影热情。有些影片浓重的说教意味、悲苦沉重的叙事基调难以得到新时代青少年观众的心理认同和情感共鸣。

3. 特效影院需求特异化

科普场馆的目标受众、参观方式、展教资源区别于一般商业影院，特效影院放映的科学家电影有其特殊的功能目标和创作需求。

科普场馆的主要参观主体是青少年，科学家题材特效影片的主要目标受众应为 12~18 岁的初高中学生，因为这部分人群已经具备抽象思维能力，且具有较系统的科学知识，可以理解科学家电影的相关科学背景及内容，并且他们正处于人生观、世界观、价值观形成的关键期和培养处事能力（比如辩证思维、独立思考、解决问题等能力）的敏感期，与科学家题材特效电影作为课外科普教育、心智教育、思维教育的功能目标相对应，即以讲故事的方式呈现科学家看待世界、看待人生的独特视角和思维，提供给青少年面对世界和审视自我的新思想。如果说商业电影要以讲一个动人心弦的故事为目标，那么，科学家题材特效电影就需要在讲好科学故事的基础上，有机融入科学传播的目标，将科学精神、科学思维、科学方法、科学知识潜移默化、深入浅出地传播好。

此外，特效电影的时长不同于一般商业电影，单集时长须控制在半小时左右，这客观上限制了影片的内容含量。原因在于，观众到科普场馆参观，不会花很长时间单纯去观看一部电影长片。科普场馆推行的馆校结合活动，往往会安排学生体验 1~2 种不同形式的特效影院活动，并开展展览、教育活动等多种实践，使观众在多种形式下体验科普场馆的教育功能。因此，科学家题材特效影片需要在有限的时间内浓缩体现科学家故事的精髓。

（二）行业制作层面

1. 创作主体类型单一

创作难度高，受众数量有限，加之不被看好的市场环境给电影制片方以多重打击，造成参与科学家题材影片创作的市场主体数量少、类型单一且活跃度低。目前已上映的科学家商业长片多为国家政策资金扶持项目，基本上由中影、上影、西影、潇湘等国有电影集团投资制作，这些影片在融资方面还未开辟出可行的市场化路径，商业院线首映票房不佳，复映机会渺茫。唯一由民营公司主导出品的《爱的帕斯卡》一片，在融资、创作、营销各个环节举步维艰，难以为继。未来，需要通过长久稳定的放映渠道、切实可行的回报机制，吸引包括国有电影集团、民营企业在内的各类市场主体，激发它们的创作积极性。

2. 外部影响因素较多

科学家题材影片，特别是人物传记片，由于涉及真人真事，涉及版权、改编权等方面的问题，面临一些独有而实际的操作困难。该题材一般需要事先取得原型人物的授权，在涉及真实事件加工和故事情节虚构时，需要考虑的非艺术因素较为复杂。如果表现的主人公身份较为特殊，涉及国家科技机密或一些重要史料不能公开，在创作中就如同戴着镣铐舞蹈，自由度受到一定的限制。出于对原型人物的保护心态和对观众反馈的警惕心理，科学家、家属、科学家所在的行业主管部门、电影主管部门，都有可能在真实与虚构、故事细节、深度等方面的尺度把握上存在某些出位和掣肘。

三　科学家题材特效电影发展对策与建议

科学家题材特效电影是以创新影视手段弘扬科学家精神的重要形式，直接面向公众进行科学普及、面向青少年大力弘扬科学家精神的长期稳定的推广阵地。综合上述科学家题材特效电影发展存在的问题和难点，本报告从创作、制片、推广、政策机制等角度提出建议，希望推动科学家题材特效电影创作推广打开局面、日趋繁荣。

（一）深入理解和传达中国科学家精神和时代精神

科学家题材特效电影的艺术感染力主要来源于科学家独特的人格魅力和高尚的道德情操，来自他们的感人事迹所构成的生动故事。伟大的中国科学家是民族的精英、中国的脊梁，是中华民族精神的象征，是鼓舞人民前进的动力。创作者必须怀有与科学家同样的赤诚之心和家国情怀，抱有真正的人道主义、人文关怀和充分的文化自信，做到既不矮化也不拔高，在平凡之中见其伟大。

科学家故事讲得好不好，核心在于科学家人物形象的塑造。既要符合科学家精神，又要讲得有人情味。优秀的科学家题材影片，一方面要把科学家写得像科学家，要将科学家对科学精神的崇敬，对高标准科学技术的追求，对智慧和理性价值的高扬，对自身在时代价值中的确认，对高尚健康的人性的追求融为一体；科学家的思维特点、行为方式、精神气质，不仅体现在他的科研工作中，也体现在他日常生活中待人接物、心理状态、婚恋情感等方方面面，科学家身上要打上科学的烙印，呈现科学思维与智慧生活的诗意。另一方面还要把科学家写得有人情味，把被过度神话的科学家还原成普通人来看待，展现他们与社会、他人、自我的矛盾冲突，用艺术的手法展现他们性格的成长与转变，从而使人物更加丰满灵动，令观众有更深的代入感。

科学精神与人文精神的嫁接，是科学家影片的动人之处。相比于对伟大事件的抒写和描摹，主人公的心灵震颤、精神洗礼对观众更具冲击力，更能使观众产生情感共鸣，更能满足观众高层次的审美体验。从《横空出世》《超导》等为数不多的国产科学家精品影片来看，不论是家国叙事还是小人物视角，作者都聚焦于"人"，从人本主义的角度对准大时代下每一个人物的内心情感变化，用可感可触的"情感真实"的一个个人物的生活图景，映照出宏大的家国情怀，在感动中蕴藏最传奇的科学竞赛和人类精神高峰，从而激发普通观众的价值认同和情感共鸣。即使观众不了解原子弹、超导的科学原理，但也会被科学家们至臻至善、追求真理的精神所感动。本质上也是因为这种"人文精神"让"科学家"变得更加立体，更能与观众进行情感和内心的联结。

（二）题材入手，人物先行，灵活采用不同影片类型

在科学家题材特效影片的初创阶段，建议从题材入手，首先选定科学家原型，再根据素材的丰富度、原型人物的学科特点和人生经历，不拘一格地选用"纪录剧情片"或"故事片"的影片类型。对比国内外优秀的科学家题材影片可以发现，真实不一定代表乏味，虚构不一定折损魅力。如果科学家本身经历丰富曲折，研究领域适合大场景直观化展示，那么就可以发挥纪录剧情片的"写实"优势；如果科学家本人的经历相对平淡，或学科内容、科研历程晦涩艰深，不适宜观众直观理解，那么创作者就不应囿于对真实性的执着而牺牲对故事性的探索，要增强影片的艺术魅力。关键在于影片类型与人物塑造、主题表达的契合度。

此外，科学家题材特效电影创作可融合商业类型片的创作手法。由于30~40分钟的时长限制，其篇幅不足以支撑人物传记片的故事建构，但其短小精悍的体量，适合在电影叙事、影视美学、风格气质等方面借鉴类型片的制作范式。研究发现，科学家们经常将科研工作做通俗化的比喻，比如"黄土之父"刘东生院士就把地质勘探工作比作案件侦破，他认为科学家在寻找科学线索和得到科学发现的过程中，行动上所经历的曲折、阻挠，思想上所经受的紧张、刺激和兴奋的情感，与侦探在侦破案件所经历的过程无异。艾芙·居里在《居里夫人传》中，也常以案件侦破的口吻生动细致地描摹居里夫妇在沥青铀矿中提纯镭的过程。这启示创作者用更多元的视角来观察和呈现科学家故事。国内外科学家电影已有类型化运作的成功范例。比如，《美丽心灵》《模仿游戏》融合了战争、悬疑、爱情的多种元素，《万物理论》借鉴了爱情片的写法，《无问西东》的不同段落融合了社会伦理片、战争片、青春爱情片等多种电影类型片的创作手法。总之，对类型片的融合

借鉴可以在叙事和艺术层面突破人物传记片的陈旧模式，推陈出新，延展科学家题材特效电影的边界，增加影片的新鲜感和艺术活力。

（三）拓展科普形式，丰富科普内涵

集合科普场馆丰富的展教资源，有针对性地围绕科学家特效电影，开发主题展览、品牌教育活动和文创衍生品，是科普场馆开发、推广科学家特效电影的独特优势。显而易见，30 分钟的特效影片仅能抓取科学家生平的某个侧面或某个人生闪光点，很难涵盖科学家研究经历的全部内容，要以小见大、见微知著。如果能够将科普场馆丰富的展览教育形式与影视的专业营销思维有机融合，为观众提供形式丰富的科普大餐，从科普知识、科学思想、科学方法和科学态度等多个维度、不同层面对科学家故事进行全方位、立体化的解读，就可以更多地吸引青少年观众的注意力，促使他们对科学精神、科学家精神深入感知、吸收内化。

应该看到，大部分地方科普场馆在展览和活动策划方面还存在人员、资金、经验方面的短板，这也要求特效影片的开发人员在影片策划创作之初，就根据科普场馆的实际需求，把配合影片推广的展览展陈方案、教育活动方案、影片学习单、科普资源包、主题网站、宣传视频、海报等配套资源前置开发，为影片大范围的推广发行奠定基础，为观众深入感受科学家风采、理解科学家精神提供多样化选择。

（四）搭建平台，架起科学界与影视界沟通的桥梁

成功经验告诉我们，优质的科学电影离不开科学界和影视界的跨界合作。目前，我国科学界与文化艺术领域的合作交流还没有形成普遍共识，沟通渠道较少，这导致科学家与艺术家、普通大众之间不能充分沟通，没有建立充分的信任机制。从根本上讲，科学家题材电影发展遇到的诸多难题，都涉及科学文化问题。

中国科协是中国科技工作者之家，承担着宣传科学家、服务科技工作者的职责，科普场馆与科学家、科学家的家属和单位有着广泛的联系及接触。

科协和科技馆系统，可以为科学家、科学家家属、科学家单位和电影制片方搭建沟通的桥梁，打造促进科学和影视融合发展的平台，通过顶层设计、前期沟通交流、头脑风暴、会话沙龙等形式，加强科学与人文、艺术及社会科学之间的对话，鼓励科研机构、科学家与影视界良性互动、跨界合作，推动科学技术与社会文化的协调发展，为科学家题材特效电影创作提供扎实的信任根基、丰沃的文化土壤。

（五）开辟科普院线，提供政策催化

打通放映渠道，是促进科学家题材特效影片可持续发展的关键环节。在现代科技馆体系下，200 余家科普场馆、140 余家特效影院、240 余块特效屏幕，以及流动科技馆、科普大篷车、数字科技馆等线下线上平台，可以充分发挥体系优势和聚集效应，为科学家题材特效影片的发展提供面向广大公众的对位传播平台。比如，借鉴人民院线、艺术院线的经验，通过争取国家政策倾斜和主管部门的支持，利用全国科普场馆特效影院的日间放映时间，探索建立全国科技馆科普院线，形成稳定良性的运行机制，为科学家题材特效电影开辟长期稳定的放映渠道，从而解决影片在商业院线遇冷的难题。这条院线的搭建和运作，对于从事这方面艺术创作的制片方来说具有很大的吸引力，在项目的运作和策划方面，能够有的放矢、实现精准营销投放，使制片方看到此题材影片存在潜在的市场回报，提高其创作积极性，繁荣影片创作与推广。

此外，提供政策性支持，是破解当下科学家题材特效电影发展难题的催化剂。作为惠及大众的公益科普事业，目前的科学家题材特效电影创作，需要在影院排期、票房分账以及资金扶持等方面给予有针对性的政策扶持，以鼓励各类社会主体参与和贡献力量。比如，在影片创作前期，由电影主管部门或科协系统提供科学家题材电影拍摄的专项资金，吸引有情怀的企业、企业家投入创作，为其提供资金、人脉等前端支持；在推广发行后期，通过政府买单降低票价、票房后补贴、公益性放映等形式，鼓励影院投入更多资源推广宣传科学家题材特效影片，鼓励家长和孩子定期观看，培养受众的观影

习惯，不断改善市场环境。

希望通过主管单位、科普场馆、电影制片方和社会各界的共同努力，以高水平的跨界融合形成创作合力，秉持内容为王的创作理念，以坚定的文化自信，弘扬科学家精神，不断创作出为世人可赏、留历史为鉴的科学家题材特效电影精品力作；希望在国家政策和市场需求的双重刺激下，越来越多的科学家题材特效电影能够赢得足够的观众认可和市场回报，逐渐步入可持续发展的正轨，为激发青少年崇尚科学、探索未知、敢于创新的热情，为建设创新国家和世界科技强国贡献力量。

参考文献

岳晓英：《从〈李时珍〉到〈钱学森〉——我国科学家传记片创作特色及其缺失》，《电影新作》2013 年第 1 期。

王冀邢：《邓稼先》，《当代电影》2009 年第 5 期。

《〈我是医生〉平易中见崇高 开创主旋律传记片新模式》，《文汇报》2017 年 6 月 5 日。

实践篇

B.13
区域协同创新发展

——科普场馆区域联盟的实践与探索

谌璐琳*

摘　要： 随着国家治理能力现代化和科普事业的不断发展，区域联盟成为提升科普场馆服务能力、优化科普资源配置的一种有效途径。长三角科普场馆联盟、粤港澳大湾区科技馆联盟、京津冀科学教育馆联盟作为典型代表，在联盟愿景、目标、组织模式、合作范围等方面表现出一定的特征。可以窥见，我国科普场馆区域联盟在资源共建共享等方面取得了一些成功经验，但也面临整体起步较晚、组织结构松散、缺乏有效统筹等困境。为了推进构建科普服务体系，我国科普场馆区域联盟可以通过优化管理机制、提升网络影响力、构建联盟服

---

* 谌璐琳，中国科学技术馆科研管理部助理研究员，研究方向为科学传播、科技馆体系。

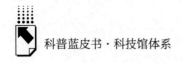

务评价体系等途径实现健康有序发展。

关键词： 科普场馆　区域联盟　科普资源

为贯彻落实创新驱动发展战略，深入实施全民科学素质行动，满足人民群众日益增长的科普和科学文化需求，近年来我国成立了一批科普场馆区域联盟。此类自愿结合的公益性科普合作组织，以区域协同创新为契机，不断创新服务方式，打破科普资源的馆际壁垒，以更灵活的方式统筹推进区域科普资源共建共享，为提升科普场馆服务能力、构建科普服务体系、实现公共科普服务的公平普惠提供了可供借鉴的思路。

一　科普场馆区域联盟产生的背景

（一）科普场馆区域联盟的概念

联盟的概念兴起于现代企业领域，现已成为一种全新的现代组织形式，并被誉为"20世纪80年代以来最重要的组织创新"。联盟是个体之间为了实现特定战略目标而结成的合作关系，是一种可行的组织形式和战略实施的有效手段。联盟本质上是自由联合体，按照各主体民主协商的议事原则，和开放、共享、自愿、协商、互利与共赢的原则发展，具有边界不明确、关系较松散、灵活自主等特点。学界认为建立联盟的动机主要有资源驱动、成本驱动、竞争驱动、学习驱动、社会网络驱动等。

科普场馆联盟作为较松散的行业组织共同体，有别于自上而下发展而来的行业协会，是馆际以平等方式组成的非营利性组织。这些联盟既有着眼于展览、教育、衍生品等专门领域的联盟；也有本市、本省甚至更大范围的区域性联盟；还有跨行业、跨层级、跨区域、跨国境的联盟。本报告所称的科普场馆区域联盟，是在一定区域范围内，由若干科普场馆秉承互利互惠的基本原则，正式签署共同协议而形成的组织。联盟成员以科普场馆为主，并有效联合科普相关的馆、院、企等，最大限度地实现区域内科普资源共享、优势互补，以更好地满足公众的科普和科学文化需求。

（二）科普场馆区域联盟产生的必要性

1. 国家治理能力现代化的需求

党的十九大清晰擘画了全面建成社会主义现代化强国的时间表、路线图，十九届四中全会提出坚持和完善中国特色社会主义制度、推进国家治理体系和治理能力现代化，在国家行政管理、经济发展、科技、公共文化服务、教育、对外开放等方面提出一系列任务要求，也对我国科普事业改革提出了新要求、明确了新方向。

治理能力现代化本质上是指治理手段的时代化、科学化和治理结果的有效性。科普场馆助力推进科学教育向纵深发展，培养青少年科学学习兴趣并影响其职业选择，打通科学家参与科学传播的渠道，是实施科教兴国战略、提高全民科学素质的重要科普基础设施。推进国家治理体系和治理能力现代化，就需要着力构建纵横结合、分类施策的科普服务体系，不断提升科普场馆自身水平，发展与国家治理体系和治理能力现代化要求相适应的科普服务能力。而科普场馆区域联盟，有利于推进科普资源的高效利用，是提升科技馆体系协同化水平、加快构建现代科普服务体系、推进国家治理体系和治理能力现代化的一种有效途径。

2. 我国科普事业发展的需求

科普场馆包括科技馆、科学技术类博物馆和青少年科技馆（站）三类。科技馆作为其中的重要阵地，近年来发展迅速。2018 年，全国共有科普场馆 2020 座，比上一年增加 32 座。[①] 科普场馆的科普功能显著增强，社会效益日益凸显，已逐渐成为实施科教兴国战略、人才强国战略和创新驱动发展

---

① 中华人民共和国科学技术部：《中国科普统计》（2019 年版），科学技术文献出版社，2019，第 35 页。

战略，提高全民科学素质的重要科普基础设施和公共文化服务机构，但是仍难以完全满足全民科学素质提高与创新型国家建设的需要。区域发展不平衡不充分，缺乏统筹协调机制与资源共建共享机制，场馆建设同质化，尤其是部分中小科技馆等科普场馆建设发展步伐落后、数量偏少且质量偏低、服务能力较弱、展教资源创新和供给不足，影响区域整体科普服务能力提升及体系发展。围绕国家发展战略和人民群众高质量科普及科学文化需求，有效利用、合理配置资源，已是进一步发展科普事业的重中之重。

二 国内科普场馆区域联盟案例分析

近年来，国内陆续进行了科普场馆联盟的探索，先后成立了广州科普基地联盟、长三角科普场馆联盟、粤港澳大湾区科技馆联盟、京津冀科学教育馆联盟、陕西省科技馆教育联盟等。2020 年 5 月 18 日"国际博物馆日"，京津冀科学教育联盟、长三角科普场馆联盟、粤港澳大湾区科技馆联盟三大科技馆联盟举办线上高峰对话，围绕疫情防控与科技场馆开放等话题展开交流，分享科普服务经验。至此，国内科普场馆区域联盟在共享科普资源、丰富科普内容、探索协同发展模式等方面得出一定经验，联盟建设取得初步成效。

（一）长三角科普场馆联盟

为推动长三角地区的社会经济发展，积极响应国家创新驱动发展战略，2018 年 5 月，长三角科普场馆联盟正式成立，由上海科技馆、上海中国航海博物馆、江苏省科学技术馆、南京科技馆、浙江省科技馆、浙江自然博物院、安徽省科学技术馆、合肥市科技馆联合发起，盟员包括 78 家科普场馆及 71 家高校、企事业单位。会员由各省馆推荐产生，范围包括综合性的省市地区馆、各类专业场馆、高校、科研机构、企业、社会团体和民间机构等。

长三角科普场馆联盟在教育、研究、馆藏、展示等各方面开展广泛合作，成功举办了馆长论坛、科普临展、人员交流、项目合作等有影响力的活动。成立之初，8 家发起场馆共同签署《长三角科普场馆合作框架协议》，联盟成员签署了 52 份共享课程合作协议、12 份临展合作协议、17 份文创产品合作协议。根据协议，上海科技馆借助联盟平台将"如何复活一只恐龙""星空之境"等原创临展、《熊猫滚滚》等科普影视作品、一系列 STEM 科学课程和文创产品输送到苏浙皖，同时将 20 多个科普资源包无偿提供给苏浙皖的各个科普场馆使用，践行了高质量、一体化、共享共赢的理念。2019年 5 月，长三角科普场馆联盟亮相第九届中国（芜湖）科普产品博览交易会，以"跨界·区域·创新"为主题，举办了一个联合展览、一次科普剧会演、一场青年论坛，并与来自京津冀、粤港澳大湾区的科普场馆联盟及部分场馆代表签署一系列战略合作协议。同年，联盟首次策划国际巡展《玉成其美——中国民族文化与矿物珍宝特展》，赴乌兹别克斯坦展览。以上行动，是联盟响应"长三角一体化发展"战略、国家"一带一路"建设的具体行动，旨在服务区域和全国改革发展大局。①

（二）粤港澳大湾区科技馆联盟

在粤港澳大湾区建设的国家战略下，粤港澳大湾区科技馆联盟于 2018年 9 月正式成立，由粤港澳大湾区香港、澳门两个特别行政区和广东省的广州、深圳、珠海、佛山、中山、东莞、肇庆、江门、惠州等 9 个城市的科普机构组成。联盟最高权力机构为成员大会，每年召开一次，闭会期间，由成员大会选举产生的理事会作为领导机构，下设秘书处作为日常办公机构。

联盟的主要工作包括科普资源的共建共享、科普理论的学术研讨、科技成果的展示交流。联盟成立至今，重点在以下方面开展了工作：开展科学表演巡演，打造科普品牌活动。联盟积极结合广东省全国科普日、广州科技活动周、香港科学节、香港博物馆节、澳门科技活动周等大型科技文化活动，组织联盟成员开发巡演节目，牵头举办"粤港澳科学表演秀巡演"，为不同区域的公众提供丰富多元的科普公共服务，营造良好的科普氛围；构建大湾

---

① 上海科技馆官方网站。

区"馆馆结合"青少年研学体系。联盟利用科普资源的优势，组织各成员单位开展大湾区青少年跨地域、跨城市、跨机构的研学活动，如牵头举办"科学之光"港澳夏令营活动、澳门学生研学专题活动，促进粤港澳青少年开阔视野，培育科学精神；建立学术交流平台，提升联盟科普能力。2019年，联盟与广州美术学院合作开办"科技馆观众研究"培训交流活动，与广州科普联盟联合主办科普创新研修活动，以学术交流为契机，加强联盟能力建设；构建科普资源数据库，搭建一网一号宣传平台。联盟依托南方新闻网搭建"粤港澳大湾区科技馆直通车"平台，公布联盟新闻、成员动态、科普活动等信息，采集成员单位科普展览、活动等资源，并开放报名观展、研学、竞赛等通道，同时基于云平台搭建粤港澳大湾区科技馆科普资源数据库，构建科普资源信息化支撑体系，努力实现大湾区内科普资源的有效联动。

（三）京津冀科学教育馆联盟

为推动社会创新发展，积极响应京津冀协同发展国家战略，2019 年 9 月 17 日，北京科学教育馆协会、天津市自然科学博物馆学会和河北省自然科学博物馆协会成立"京津冀科学教育馆联盟"，旨在整合凝聚京津冀区域内的国家、省市级科技馆、专业场馆和科研院所、高等院校、企事业单位、社会团体、民间机构等所属的科学教育馆。联盟实行联席会制度，每年召开一次领导机构联席会和工作会，会议由轮值地科协主持。

京津冀科学教育馆联盟旨在以下方面重点开展合作：推动科普场馆资源创新发展。联盟将联合举办京津冀科普资源推介会、科学达人秀等活动，评选资助优秀科普作品，合作研制展品，开发科普主题研学线路，推动科普场馆资源多渠道、多方位互动交流；搭建科普场馆交流合作平台。联盟将搭建多层次、宽领域的科普资源交流合作平台，促进公益性科普事业与经营性科普产业有序协调发展，规避科普资源分散，硬件设施重复建设、利用率低等问题，组织科普企业进行业务培训，共同推动平台建设；促进科普场馆共建共享。联盟将组织特色科学教育资源轮展、年度主题巡展和展品互换等活动,形成目标同向、优势互补、互利共赢的协同发展新格局;完善科普人才培养体系。联盟将推进京津冀科普人才一体化发展,建立开放、流动、协作的运行机制,设立科学传播专业技术职称并互认职称资格,定期开展研讨交流、教育培训、学术论坛等活动,组织开展继续教育、职称评定和培训等方面的工作,营造科学教育场馆学术研究的良好氛围。①

(四)联盟建设特点

科普场馆区域联盟在成立之际基本都确定了章程或签署框架协议,内容涵盖联盟愿景、联盟目标、合作范围、成员构成、组织制度等,联盟建设呈现一些共性。管窥可见,我国现阶段科普场馆联盟建设有几个特点:一是大多数确定章程、签署联盟框架协议,成员的责任权利义务受到一定的制度约束;二是合作范围较广泛,符合联盟协同发展的整体性特点。

表1 国内主要科普场馆区域联盟的合作框架

联盟愿景	科普场馆区域联盟在成立之初基本都确立了愿景或宗旨,旨在对区域内科普资源进行有效整合与利用,提升科普场馆的公共服务能力,形成资源共享、优势互补、互惠互利的科普工作新格局,切实提高公众的科学素质,推动区域创新协同发展
联盟目标	(1)稳步扩大联盟规模,构建合作体系,形成集群化发展 (2)完善联盟工作制度,创新协同发展机制 (3)提供多元优质科普服务,扩大科技文化受惠面 (4)探索国际交流合作,提升联盟影响力
合作范围	(1)涵盖以展览巡展、科学课程、教育活动、文创产品开发等形式开展的科普资源共建共享 (2)以组织学术研讨、开办各类科普人才培训班、推动场馆间职工挂职锻炼为主的人才共建 (3)借助企业生产优势加速科技创新成果的转化,进行国家重大科技成果的科普展示 (4)服务区域协同发展以及响应国家创新驱动战略等的其他工作
成员构成	以区域内科技馆、自然科学类博物馆、各类专业场馆为主,兼有科研院所和具有科普条件的企业
组织制度	(1)建立定期交流、研讨机制,定期召开联席会议 (2)选举理事会为领导机构,设立理事长单位和理事单位,共同协商确定联盟工作,下设秘书处作为日常办公机构

---

① 《京津冀科学教育馆联盟共识》。

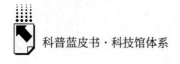

三　成效及存在的问题

（一）成效

1. 提升科普资源使用效率，发挥更大合力

首先，联盟通过整合资源，为展览、教育课程、科学表演、专项教育活动等资源的价值与作用的发挥创造便利条件，将科普场馆从原有地区分割出来，从行政管理级别、行业壁垒中解脱出来，打破科普资源的馆际壁垒，打破公众获取优质科普服务的障碍；其次，联盟有助于各馆通过资源共享提升规模效益，实现"1+1＞2"的效益倍增，即促进科普资源的共建共享，避免资源分散、重复建设，提高资源利用率，降低单位运行成本，实现区域内科普场馆发展质量与效益共赢；最后，联盟有助于通过资源整合提升创新能力。面对科普场馆同质化发展的问题，联盟在对现有科普资源进行统筹协调的基础上，通过深化合作，提升资源的开拓创新能力。

2. 促进馆际交流，活跃行业氛围，扩大科普"朋友圈"

联盟能够促进联盟内各场馆之间的交流，既有展览、展品、教育课程等科普资源共享，又有理论研究、学术论坛等方面的学术交流；既有教育培训、职称评定、人员互访等方面的人力资源交流，又有合作开发展览、销售衍生品等业务交流。同时，联盟积极吸引社会力量，联合高校、科研机构、社会团体、民间机构、企业等，如长三角科普场馆联盟提出"馆、学、研、企"联动的目标，探索合作发展新模式，加强科技成果转化模式创新，盘活社会科普资源，提高科普资源的社会效益和经济效益。联盟还积极探索外部合作，与其他领域的学会、协会、联盟开展合作交流。

3. 联盟运行方式灵活，为中小科普场馆发展带来机遇

联盟有助于各类科普场馆，尤其是中小型场馆通过资源互补降低发展成本、突破困境。据统计，在科技类博物馆筹集的科普经费中，财政拨款约占67.9%，其余32.1%来自自筹资金、捐赠及其他收入；而在科技馆筹集的

科普经费中，财政拨款占比高达85%。^① 经费难以满足更新展教资源、提供优质科普服务等需求，社会资金介入较少，利用程度普遍不高。联盟有助于实现"强弱联合"，通过结对支持等形式，大馆向规模较小、资源不太丰富的科普场馆提供展览教育资源，此举有效缓解了一些中小型馆资源不足、开发能力较弱的困境。同时，大馆在借展、输送课程、资源包等过程中，也进行了市场拓展，为展览设计制作、课程和文创产品开发等领域带来了更大的发展空间，有助于自身能力提升。

4. 促进区域协同创新发展，推动"城市圈"建设

2020年度国务院政府工作报告提出，要加快落实区域发展战略，深入推进京津冀协同发展、粤港澳大湾区建设、长三角一体化发展，并推进长江经济带、成渝地区双城经济圈建设^②。区域协同发展是国家长远战略计划。长三角科普场馆联盟、粤港澳大湾区科技馆联盟、京津冀科学教育馆联盟等科普场馆区域联盟作为响应国家区域协同发展战略的产物，将成为加快区域一体化、促进区域城市共同发展的重要契机之一。联盟的建设发展有助于推动全行业研究出台相关扶持政策和配套措施，为区域内科普服务的一体化发展提供良好的政策环境保障；通过统一规划和资源共享，提升区域科普服务能力，打造整体品牌；有利于避免区域内科普场馆各自发展、城市间恶性竞争、科普产业结构趋同、场馆设施重复建设等问题；有利于推动区域内部合作从浅到深，不断拓宽合作的空间和领域，形成新的区域增长点和竞争优势，促进区域经济结构调整和产业结构升级，最终实现区域协同创新发展。

（二）问题

1. 区域发展不平衡，整体起步较晚

相较于博物馆集群化发展和图书馆联盟数十年建设，已拥有较为成熟的运行经验和研究成果，科普场馆联盟的实践与研究在我国起步较晚，北京、

---

① 中华人民共和国科学技术部：《中国科普统计》（2019年版），科学技术文献出版社，2019，第38、41页。
② 《李克强作的政府工作报告（摘登）》，《人民日报》2020年5月23日。

上海、广州三大超级城市也是近几年才开始建设此类联盟。此外，我国经济发展状况呈现阶梯状的态势，东部沿海地区较发达，区域发展、城乡发展不平衡依然严重。东部地区联盟建设先于中西部地区，联盟合作也更加深入。如前文所分析三个联盟都属于东部地区，而西部地区在科普场馆建设及联盟建设上都存在一定的滞后性。

2. 主体参与不充分，合作有待进一步深入

科普场馆区域联盟是区域科普服务协同发展框架内建立的关系更紧密、内容更深入、影响更为广泛的一种合作模式，更加强调目标同向、行动同步、整体统筹、互利共赢。但是我国科普场馆联盟目前多停留在起步阶段，区域合作以召开研讨会、协商交流为主，展教资源开发创新、平台建设、项目合作等中观与微观实践层面尚未深入，联盟内社会力量作用发挥不明显，联盟成员之间出于科普教育理念、认知、行动上的差异，科普资源整合程度较低，共建共享程度有待提升。联盟成长需要一定的时日，但如何在发展过程中避免陷入"为了合作而合作"的窘境，有待联盟各方的努力和探索。

3. 联盟制度不够完善，运行管理机制欠缺

科普场馆区域联盟专门设立管理机构的情况罕见，大多数做法是联盟定期召开成员大会商讨相关事宜，平时则采用"理事会"式的管理模式，下设秘书处或办公室，根据相关规章制度、会议文件、工作计划等开展日常工作。但此类管理机构常设在联盟的某个成员单位，或每年由不同成员单位轮值，由该成员单位的工作人员兼职负责联盟的日常工作，并不存在专门的、固定的管理团队或工作人员，由此产生一些问题。首先，工作人员往往时间和精力受限，很难及时解决联盟发展中出现的问题，也难以全力推进联盟的发展战略；其次，负责管理和协调联盟事务的成员单位难免从本单位利益出发而忽视联盟的整体发展，难以在整个联盟框架下推进各成员单位发展；最后，联盟制度不够完善，对联盟成员的管理约束力较弱，当联盟遇突发问题时，召集人员议事较为困难，影响联盟运转效率，资源共建共享的目标难以真正实现。

四　发展对策与建议

虽然目前我国的科普场馆联盟发展仍不平衡，但随着其不断建设和完善，实现科普资源公平普惠已经不只是美好的愿景。综合我国科普场馆区域联盟建设存在的问题，本报告从摆正观念、完善管理机制、打造品牌、增强自身功能、构建评价体系等方面对联盟建设提出建议。

（一）推进科普场馆联盟建设

一是明确科普场馆区域联盟协同发展战略，清晰界定联盟协同主体、发展目标和保障措施，并注重与区域发展战略等国家战略衔接，突出科普场馆区域联盟建设在我国高质量发展中的重要作用。二是鼓励各地结合地方特色资源，建立各具特色的联盟模式，并选择基础条件好和示范效应强的率先开展多层次、多领域的科普场馆区域联盟的创新试验，打造一批具有国际影响力和示范作用的联盟。三是政府应积极推进中西部地区发展，投入足够的资金，促进中西部地区的科普场馆联盟逐步建立并得到长足发展，同时以联盟帮扶等方式，将东部地区的联盟的科普资源共享给中西部地区的科普场馆，努力推进国内科普资源利用的相对平衡发展，稳步提升中西部地区科普服务水平，增强科普服务的公平普惠性。

（二）优化联盟运行管理机制，设立专职管理和运营人员

建立一套科学有效的运行机制和管理机构，完善保障机制。在平衡各成员单位利益的前提下建立联盟领导机构，负责对联盟工作进行指导、监管和审议，落实联盟发展要求；设立完整的管理机构和固定的工作人员，完成日常协调、监督和管理工作，合理规划联盟合作的资源利用和人员调配；完善健全联盟管理制度，首先需要建立定期的成员会议制度，就联盟的长期规划提出近期目标；在联盟系统中逐步细分建立子联盟组织或部门，使联盟工作不断落到实处；建立会员体系，建立完善会员动态管理制度，逐步扩大联盟

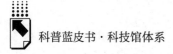
规模和影响力；建立健全统一的管理机制和全面协调机制，确保联盟的持久、常态化发展。

（三）增强自身造血功能，实现经费来源、联盟功能的多元化

大多数科普场馆受管理体制的限制，在社会资金筹措和经营创收方面难有作为，许多中小型场馆更是面临运行经费不足、经费使用效率低下的问题，而联盟对于缓解以上压力有着独特的作用。为了科普场馆的良性发展，联盟一方面要鼓励联盟成员单位通过各自渠道，争取社会资源，通过项目共建、捐款捐赠等方式支持联盟建设；另一方面要探索建立联盟发展基金，广泛吸纳社会资本。另外，联盟可以结合区域特色开发科普资源、凝练科学文化，寻求政府或各类组织支持；拓展行业"智库"功能，更好地为区域科学决策提供支持，助力区域内公民科学素质的提升。

（四）规范联盟网站建设与运营，打造联盟品牌

前文所述三个联盟中仅有粤港澳大湾区科普场馆联盟设立了网站，但也存在信息量较小、更新不及时、网络影响力较低、与用户互动不足等问题，我国科普场馆联盟的网站建设亟待加强。搭建联盟网站，一是充分实现资源的揭示、检索等基础性功能，提高联盟资源统筹协调效率；二是对联盟各类报告公开透明，让联盟成员了解联盟现状、各项工作进度和发展方向，促进成员之间互相交流学习；三是便于公众了解联盟的发展动态，甚至让公众及时参与到联盟的服务评估评价中，从而促进联盟服务的不断完善，提高联盟的社会影响力和信任度；四是通过网站建设打造联盟品牌，拓展联盟外延性，进一步打造行业、城市乃至国家名片。

（五）构建联盟服务评价体系

加快构建现代化的联盟服务评价体系，有利于评估联盟整体运行成本与效率、服务效能与质量，监督联盟内各成员工作，对于推动联盟规范化、标准化建设以及长远全面发展，最大限度地发掘和发挥联盟及成

员资源的使用效率意义重大。建议引入科学的评价方法,积极推动制定构建适用于联盟的多维度的绩效、服务、能力建设评价体系。通过专业评价及时揭示科普场馆在运营管理中的不足,不断优化服务模式,关注联盟资源共享的效益,有利于推进联盟管理精准化和决策科学化,便于公众进行监督,更好地发挥科普场馆功能和社会效益,也为政府和管理机构提供政策建议和决策依据。同时,联盟还需要建立与评价体系配套的激励制度,可以根据成员贡献量、服务效果等,对于表现较好的成员进行适度补偿,以调动成员的参与积极性,促进整体服务质量的提升,保障联盟的持久生命力。

五 结语

作为区域科普资源统筹的重要抓手以及推动区域协同创新发展的动力,科普场馆区域联盟具有重要的战略价值。随着我国进入高质量发展新阶段,科普场馆以联盟形式发挥独特作用,在突破原有行政管理体系、开展广泛合作方面初见成效。以愿景和目标为根基,以科学的管理体制和运行机制为保障,以深化延展服务内容为动力,科普场馆区域联盟在日臻成熟的同时也会充满生机和活力,不断发展了区域内联盟、跨区域联盟、同系统联盟、跨系统联盟等多种形式交织构成的联盟生态系统,形成普遍性的联盟意识和独具特色的科普场馆联盟文化,推进构建科普服务体系。

参考文献

郑景丽:《联盟能力与联盟治理的关系研究——基于不同联盟动机的分析》,天津大学出版社,2018。

巫景飞:《企业战略联盟动因、治理与绩效》,复旦大学硕士学位论文,2007。

孙波、刘万国、倪煜佳、姜凯予:《美国典型区域图书馆联盟研究》,《现代情报》2018年第3期。

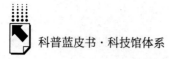

赵峥、王炳文：《从"增长联盟"到"治理联盟"——世界大都市圈空间治理的经验与启示》，《国研网系列研究报告》2019 年第 180 号。

王小明：《共建、共享与创新：关于长三角科普资源一体化的思考》，《科学教育与博物馆》2018 年第 3 期。

B.14

科技馆预警限流管理

——中国科技馆的实践与探索

摘　要： 通过归纳梳理实施限流的法律依据、行业标准，科学测算最大承载量、瞬时承载量等指标依据，实地考察和分析故宫博物院、中国国家博物馆等单位实施限流典型案例和成功经验，结合中国科技馆限流措施，提出博物馆可以通过改善优化场馆布局、新增基础设施、调整观众流向、改善服务设施等"硬措施"，以及实施限流管控、加强客流疏导、推行全网售票、倡导错峰参观、加强区域管控等"软措施"，推进限流管理，保障安全运行，努力提升服务公众的水平。

关键词： 博物馆　科技馆　预警限流　安全管理

---

* 课题组成员：王雨，中国科学技术馆安全保卫部副主任，注册安全工程师，研究方向为场馆安全运行管理；刘静，中国科学技术馆观众服务部原副主任，助理研究员，研究方向为场馆运行服务管理；韩景红，中国科学技术馆网络科普部高级工程师，研究方向为信息化和网络科普；汪滢，中国科学技术馆观众服务部工程师，研究方向为票务运行管理；魏丹波，中国科学技术馆安全保卫部主任，研究方向为安全运行和票务管理；单根春，中国科学技术馆后勤保障部副主任，研究方向为场馆设施设备维护运行和保障；任贺春，中国科学技术馆网络科普部副主任，研究员级高级工程师，研究方向为网络科普和信息化；李鸿森，中国科学技术馆发展基金会办公室副主任，高级工程师，研究方向为建筑设备设施运行维护；贾智超，中国科学技术馆安全保卫部助理工程师，研究方向为场馆安全运行管理；张娜，中国科学技术馆观众服务部助理工程师，研究方向为团体运行管理；苏青，中国科学技术馆党委书记、副馆长，研究员，研究方向为科技出版与科学传播；欧建成，中国科学技术馆副馆长，中国自然科学博物馆学会副理事长兼秘书长，副译审，研究方向为科技博物馆管理、对外交流与国际合作。

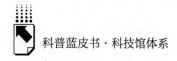

博物馆作为文化传承和社会教育的公益性文化服务机构，其使命是为社会及其发展服务，不断满足广大民众日益增长的精神文化需要，促进人的全面发展。博物馆的核心功能是教育，而安全运行则是底线。博物馆应聚焦主责主业，强化安全风险意识，保障公众参观安全是最低要求。每逢寒暑假和黄金周，各大博物馆都迎来大客流的持续冲击，各种安全隐患也随之剧增，矛盾凸显，对场馆的运行管理构成了严峻的挑战和巨大的压力，成为名副其实的风险高发区。为此，本报告选取故宫博物院、中国国家博物馆（以下简称"国家博物馆"）、中国科学技术馆（以下简称"中国科技馆"）三家国家一级博物馆为代表，分析其预警限流工作的措施、经验，以供需要实施预警限流博物馆借鉴、参考。

一 大型博物馆潜在安全风险

（一）观众客流高位运行

每逢节假日、暑期等观众接待高峰期间，聚集拥挤和"人满为患"就成为博物馆的真实写照，各种安全隐患也随之剧增。据国家文物局统计，2010～2019年全国博物馆接待观众人次从4.09亿逐年攀升至12.27亿，十年间整整提高了两倍（见图1）。2019年全国登记备案博物馆达5535家，免费开放博物馆达4929家，接待观众总数12.27亿人次（免费接待10.22亿人次）。其中，2019年故宫博物院接待观众1933万人次，创历史新高；重庆红岩革命历史博物馆接待观众1150万人次；秦始皇帝陵博物院接待观众902.91万人次；国家博物馆接待观众739万人次（见图2）。各大型博物馆高峰期间始终处于观众总量高位运行状态，高度聚集的观众群体往往集中在售票区域、出入通道、观展设施、文物古建等区域，导致现场秩序难控难疏，在局部特定空间容易加剧风险隐患，安全秩序管理难度较大。

（二）所处区域位置敏感

博物馆往往坐落于城市中心区域，既是城市重要公共资源，也是展示地

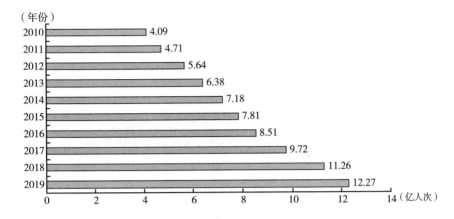

图1 2010～2019年全国博物馆接待观众人次变化情况

资料来源：《2020～2026年中国博物馆产业前景规划及投资战略分析报告》。

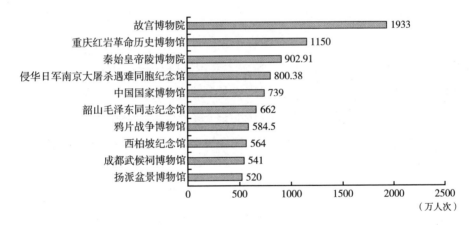

图2 2019年全国博物馆参观量统计

资料来源：《2020～2026年中国博物馆产业前景规划及投资战略分析报告》。

域文化的重要窗口，同时众多大型博物馆历史悠久的建筑群落还是所属城市乃至国家的重要标志建筑，承载着地域文化、城市精神的多重内涵。如：故宫博物院和国家博物馆坐落于首都北京天安门地区，是国家层面政治核心区域，常年举办众多国家级重大活动，地理位置极为敏感，更为国际观瞻所系。中国科技馆地处北京市奥林匹克公园中心区，是首都北京高度关注的"焦点区域"，奥林匹克园区内国家级单位及标志性建筑众多，中国历史研究院、国家会议中心、国家体育场、国家游泳中心、国家体育馆、亚洲基础设施投资银行，以及正在兴建的中国共产党党史馆、国家科学传播中心、中国美术馆等国家级单位，形成党建、体育、科技、文化、历史、经济等具有引领性的集团群，社会影响力堪与天安门地区比肩。因此，受地缘环境影响，地处城市核心区域的博物馆，其安全维稳、秩序疏导、观众服务、预警措施等安全保障工作，也必然面临巨大的社会压力和工作挑战。

二　实施限流管理的法规依据及测算核定

（一）法律依据

2013 年 4 月 25 日国家颁布的《中华人民共和国旅游法》是国家发展旅游事业、完善旅游公共服务、依法保护旅游者在旅游活动中的权利的根本法律。《旅游法》第十五条规定："旅游者对国家应对重大突发事件暂时限制旅游活动的措施以及有关部门、机构或者旅游经营者采取的安全防范和应急处置措施，应当予以配合。旅游者违反安全警示规定，或者对国家应对重大突发事件暂时限制旅游活动的措施、安全防范和应急处置措施不予配合的，依法承担相应责任。"

《旅游法》第四十五条规定："景区接待旅游者不得超过景区主管部门核定的最大承载量。景区应当公布景区主管部门核定的最大承载量，制定和实施旅游者流量控制方案，并可以采取门票预约等方式，对景区接待旅游者的数量进行控制。旅游者数量可能达到最大承载量时，景区应当提前公告并同时向当地人民政府报告，景区和当地人民政府应当及时采取疏导、分流等措施。"

《旅游法》第一百零五条规定："景区不符合规定开放条件而接待旅游者的，由景区主管部门责令停业整顿直至符合开放条件，并处二万元以上二十万元以下罚款。景区在旅游者数量可能达到最大承载量时，未依照本法规定公告或者未向当地人民政府报告，未及时采取疏导、分流等措施，或者超过最大承载量接待旅游者的，由景区主管部门责令改正，情节严重的，责令停业整顿一个月至六个月。"

（二）行业标准

2015 年 4 月 1 日，国家旅游局颁布实施《景区最大承载量核定导则》（LB/T034—2014）（以下简称《导则》），指导和规范景区最大承载量核定工作，要求各大景区核算出游客最大承载量，并制订游客流量控制预案。景区最大承载量，是指在一定时间条件下，在保障景区内每个景点旅游者人身安全和旅游资源环境安全的前提下，景区能够容纳的最大旅游者数量。根据该《导则》，按属性来分，最大承载量包括空间承载量、设施承载量、生态承载量、心理承载量、社会承载量等五种类型；按时间节点来分，包括瞬时承载量、日承载量等两种类型。

2017 年 11 月 21 日，国家旅游局发布的《景区游客高峰时段应对规范》（LB/T068—2017）规定了景区游客高峰时段的基本要求、应对等级、具体要求等标准，并将游客高峰时段应对等级分为一级、二级和三级，一级为最高级别。其中，一级为景区内游客数量达到景区主管部门核定的日最大承载量的 95% 及以上，用红色标示；二级为达到 90% 及以上，用橙色标示；三级为达到 80% 及以上，用黄色标示。

（三）测算依据

根据《景区最大承载量核定导则》，"瞬时承载量"是指在某一时间点，在保障景区内每个景点旅游者人身安全和旅游资源环境安全的前提下，景区能够容纳的最大旅游者数量；"日承载量"是指在景区的日开放时间内，在保障景区内每个景点旅游者人身安全和旅游资源环境安全的前提下，景区能够容纳的最大旅游者数量。计算公式如下。

1. 瞬时承载量 ＝有效可游览面积/人均游览面积

景区瞬时承载量一般是指瞬时空间承载量，瞬时空间承载量 C_1 由以下公式确定。

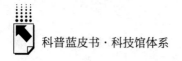

$$C_1 = \sum X_i/Y_i$$

式中：

X_i——第 i 景点的有效可游览面积；

Y_i——第 i 景点的旅游者单位游览面积，即基本空间承载标准。

2. 日承载量＝瞬时承载量 ×日平均周转率（开放时间/平均游览时间）

景区日承载量一般是指日空间承载量，日空间承载量 C_2 由以下公式确定。

$$C_2 = \sum X_i/Y_i \times \mathrm{lnt}(T/t) = C_1 \times Z$$

式中：

T——景区每天的有效开放时间；

t——每位旅游者在景区的平均游览时间；

Z——整个景区的日平均周转率，即 lnt（T/t）为 T/t 的整数部分值。

（四）测算案例

《景区最大承载量核定导则》给出了承载量的基本计算方法，博物馆还需根据自身展品展项、服务设施的特点和条件，结合运行服务实际经验，核算自身的承载量指标。下面是根据上述测算依据对故宫博物院、国家博物馆、中国科技馆进行测算的情况，其中详细介绍了中国科技馆的测算过程。

故宫博物院占地面积 72 万平方米，开放面积约 76%，即 54.7 万平方米。自 2015 年 6 月起故宫博物院实施限流措施，每日最高可售票量 8 万张，同时向社会公布其最佳、最大和极限接待量分别为 3 万、6 万和 8 万人次，以极限接待量的 80%，即 6.4 万人次，作为瞬时承载量预警临界点，故宫博物院开放面积与瞬时极限承载量之比为 6.8∶1。

国家博物馆是世界上建筑面积最大的博物馆，总建筑面积近 20 万平方米，建筑高度 42.5 米，地上 5 层，地下 2 层，共 48 个展厅。自 2019 年 4 月起国家博物馆实施限流措施，每天分三个时段接受预约，各时段预约量均为 1 万人次，即日承载量为 3 万人次。在不清场的情况下，瞬时承载量极值为 3 万人，建筑面积与瞬时极限承载量之比为 6.7:1。

中国科技馆占地面积 4.8 万平方米，建筑面积 10.2 万平方米，建筑高度 44.55 米，地上 4 层（局部 6 层），地下 1 层，共 11 个展厅，以及球幕影院、巨幕影院、动感影院、4D 影院等观影区域。核算瞬时极限承载量为15000 人，预警临界点为 12000 人，建筑面积与瞬时极限承载量之比为6.8:1。

中国科技馆根据《景区最大承载量核定导则》核算承载量数据（见表1），主展厅有效可游览面积（展厅面积扣除展品占地面积后的面积，下同）约 1.5 万平方米，根据公式计算，主展厅瞬时承载量约 10000 人；平均游览时间 3.5～4 小时，根据公式计算，主展厅日承载量约 20000 人次。短期展厅可游览面积约 1500 平方米。根据公式计算，短期展厅瞬时承载量约 1000人；平均游览时间 1.5～2 小时，根据公式计算，短期展厅日承载量约 4000人次。特效影院分场次、按座位数售票，其承载量取决于排片量及频率，日承载量约 8780 人次；儿童科学乐园展厅于 2019 年 6 月 1 日重新布展并对外开放，采取分场次限量参观模式，上、下午各限 2000 人次，日承载量为4000 人次。

表 1　中国科技馆参观区域瞬时承载量和日承载量

场馆名称	有效可游览面积	人均游览面积	瞬时承载量(人)	日承载量(人次)
主展厅	15124㎡	1.5㎡	10000	20000
儿童科学乐园	2800㎡	1.5㎡	2000	4000
特效影院	1328 个座位	无	1328	8780
短期展厅	1500㎡	1.5㎡	1000	4000
合　计			14328	36780

注：如无特别说明，文中数据均为展览面积（不含公共空间），数据来源于中国科技馆安全保卫部。

上述三家人员密集博物馆建筑面积与瞬时极限承载量之比基本一致。博物馆在依据《景区最大承载量核定导则》的基础上，依据场馆建筑布局、观众流向、设施承载量等综合因素，计算核定最大承载量、瞬时承载量等具体指标，不能一味追求参观人数、经济效益，仅仅核算最低安全限度指标，

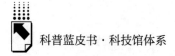
科普蓝皮书·科技馆体系

同时还应兼顾观众参观身心两个方面的舒适程度，要以观众满意度作为衡量接待管理水平的重要标准。

根据《景区最大承载量核定导则》和实际运行情况，中国科技馆确定最大瞬时承载量并划分一、二、三级预警响应，分别对应红、橙、黄三种颜色。

一级响应，红色、最高级，瞬时承载量达到 15000 人，启动一级响应。

二级响应，橙色、预警级，瞬时承载量达到 12000 人，启动二级响应。

三级响应，黄色、关注级，瞬时承载量达到 8000 人，启动三级响应。

三　博物馆实施预警限流的现状与经验

故宫博物院、国家博物馆实施限流措施是应文化和旅游部明确要求，为政府主导启动的限流措施，并由上级主管部门牵头、第三方评估、政府主管部门监督实施，科学评估确定最大瞬时承载量，统一权威合理合法向社会公示限流措施，是"政府主导、自上而下"的刚性推行限流措施。

（一）故宫博物院

2002～2011 年，故宫博物院观众客流从 713 万人次几乎翻了一番，达到 1411 万人次（见图 3），2019 年更是突破 1993 万人次，达到历史新高。这一增长速度和接待规模在国内外博物馆领域绝无仅有，单日观众人数最高突破 18.2 万人次，更让近 600 年"高龄"的紫禁城和馆藏历代珍宝承受着巨大的安全压力。故宫博物院在多年酝酿、社会沟通充分、配套设施完善的基础上，终于在 2015 年开始实施限流管控措施，并取得了显著效果和良好的社会效应。

1. 分三阶段实施限流

故宫博物院分三阶段实施限流。一是自 2011 年 7 月 2 日起，实行自南向北单向参观路线，午门（南门）作为参观入口，神武门（北门）作为参观出口，常态化实行单一流向参观模式。二是自 2015 年 6 月 13 日起实行限流措施，单日接待游客不超过 8 万人次，全面推行实名制售票，每人每天限

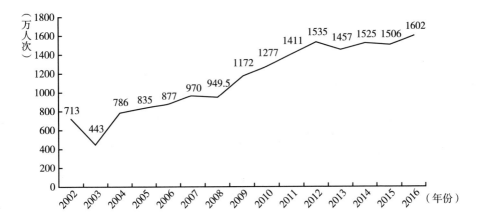

图3 2002~2016年故宫博物院观众接待量

资料来源：故宫博物院官网公开数据。

购一张门票，并对团体实行网上预约购票。三是从 2017 年 10 月 10 日起，正式实行全网售票制度，关闭现场售票窗口。故宫博物院同时公布最佳、最大和极限接待量分别是 3 万、6 万和 8 万人次，并以 8 万人极限接待量的 80%，即 6.4 万人次为预警临界点（见表 2），一旦观众流量达到临界点即启动预警，实施限流措施，做好客流疏导工作。

表2 故宫博物院日接待量

单位：万人次

类型	单日限流	日最高接待量	最佳接待量	最大接待量	极限接待量	预警临界点
数量	8	18.2	3	6	8	6.4

资料来源：故宫博物院官网公开数据。

2. 刚性推行全网售票

2011 年 9 月 25 日，故宫博物院开始尝试网络预售门票，2011 年全年网络售票率仅为 1.68%，2011~2014 年全年网络售票率都在 2% 左右。2015 年 6 月 13 日，故宫博物院试行限流 8 万人次和实名制售票，当天参观人数近 5 万人次。2015 年全年网络售票率为 17.33%，2016 年全年网络售票率增长至41.14%。2017年7月1日，故宫博物院全面推进网络售票，开放网售当日票和现场手机扫码购票，2017年8月实现网售率77%。2017年10月2日，故宫博物院首次实现全部网上售票，正式迈入"博物馆全网售票"时代。故宫博物院全面实行全网售票制度，具有里程碑意义，大大缓解了现场观众排队购票压力，缓解了观众聚集拥堵秩序管控压力，为全国博物馆行业推行全网售票制度开了先河，具有引领、示范作用。

3. 扩大观众参观区域

故宫博物院不断扩大观众开放区域，2015年开放面积达到65%，比2014年增加13个百分点，开放此前5个从未开放的区域，2016年迁出部分办公科研部门，进一步使开放区域增加到76%左右。增加展示空间，有效引导疏散客流，缓解观众聚集压力，提供更加多元文化展示区域，是典型的扩大观众活动空间、降低瞬时密度的安全管理方式。

4. 调整安检部署配置

故宫博物院自2013年7月起在午门（南门）外广场新建6间安检篷房，全面外移安检区域，重新部署8组安检单元（每组单元一机两门），并在安检区域前置24组检票窗口，对观众参观实行检票、安检一体化服务。高峰时期现场检票安检服务人员达160人之多，全面提高了观众入场速度，极大地缓解了空间聚集压力，缓解了节假日和暑期观众大客流带来的安检检票压力。

通过实施以上措施，故宫博物院参观削峰填谷作用明显。故宫博物院自2015年起，实施8万人次限流措施，每年观众数量"不降反升"，达到极限承载量天数"逐年增加"。2015年限流32天，2016年限流48天，2017年限流52天，2018年限流76天（见表3）。虽然旺季和节假日因限流观众减少了，但是观众人数仍然逐年递增，2016年更是首次突破1600万人次，2018年突破1700万人次，2019年达到1993万人次，切实达到"旺季不挤、淡季不淡"的目标。与此同时，通过限流措施，故宫博物院观众参观秩序有了明显改善，观众参观体验环境得到显著改善。

表3 2009～2018 年故宫博物院接待观众数量和预警限流天数

单位：万人次，天

年　份	2009	2012	2015	2016	2017	2018
参观人数	1000	1500	1506	突破 1600	1669	突破 1700
8 万人次客流预警数	0	0	32	48	52	76

资料来源：故宫博物院官网公开数据。

（二）国家博物馆

根据国家博物馆官网数据统计，2017 年接待观众总数 806 万人次。2 月观众接待量最大，达到 86 万人次，1 月观众接待量最小，为 52 万人次。6～10 月的 5 个月中观众接待量月均保持在 70 万～80 万人次。2017 年最大接待日出现在 10 月 1 日，达到 47431 人次，最小接待日出现在 1 月 10 日，达到 16261 人次。2018 年接待观众 861 万人次（见图4），同比增长 6.8%。2019 年接待观众 739 万人次，自 2019 年 4 月 10 日起，国家博物馆实行全部观众分时段预约参观，主动调控参观人数，每天预约人数限定为 3 万。

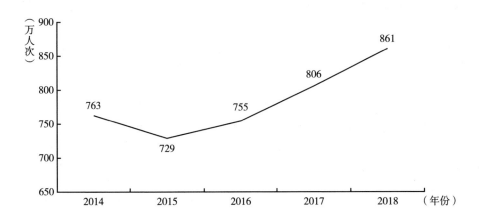

图4 2014～2018 年国家博物馆观众接待数据

资料来源：中国国家博物馆官网。

1. "三步走"实施限流

国家博物馆限流措施，可以概括为"三步走"策略。自2018年起，国家博物馆陆续采取配套限流措施，第一步取消纸质门票，观众凭二代身份证即可快捷刷证入馆，减少取票环节，简化入馆流程；第二步开启北门作为参观入口，避免观众在天安门地区二次安检，减少观众等候时间；第三步在2019年4月1日实行实名制（分时段）预约参观，个人观众需提前1～5天在官方网站或微信预约，每天分为三个预约时段：9：00～11：30，12：30～14：00，14：00～16：00，各时段预约量为1万人次（包括个人8000人次与团体2000人次），寒暑期、节假日等参观量较大的日期，每日上调门票总量至3.6万人次。

2. 采取实名预约参观

国家博物馆严格执行网络实名预约、实名参观并可以现场预约的免费参观制度。观众需提交真实姓名、联系方式、二代身份证号码等个人信息，每个身份证每天只能预约1次，预约编码当天有效，过期作废。未提前预约的观众，在国家博物馆未达到当日额定预约上限时，可以通过现场扫描二维码的方式进行现场预约。

3. 快速安检提升服务

自2018年起，国家博物馆实行进入天安门广场观众只需通过北门安检入口，接受一次安检即可入馆参观。节假日期间，在保证安检标准"不缩水"的前提下，通过增设安检单元、增配人员、对儿童采取"速检"等方式，加快安检通行速度。推行"绿色通道"服务措施，方便孕妇、老人、儿童、行动障碍者快速进馆参观，努力提高服务观众质量，提升观众参观体验。

国家博物馆实施限流后，馆内秩序得到良好改善，馆外观众聚集排队压力也得到大力缓解。同时，为满足公共参观需求，国家博物馆在每周日开启"博物馆奇妙夜"，首次延长开放时间至21时，开放夜场既可以满足公众夜间文化需求，又可以有效引导观众错峰参观，是典型用时间换空间的展厅运行管理方式，取得了显著的社会效果，更是得到广大观众的欢迎和肯定。

（三）中国科技馆

中国科技馆新馆自 2009 年 9 月建成开放以来，年接待观众由 2012 年的 267 万人次逐年攀升至 2019 年的 440 万人次，年接待观众总量呈现逐年攀升势头（见图 5）。2018 年 8 月 12 日接待观众 57382 人次，更是创造了单日接待观众的最大值。中国科技馆因为运行压力逐年攀升、地处位置敏感，属于北京市重要安全防范区域，为保障公众参观安全，树立良好的社会形象，在上级主管单位中国科协的大力支持下，议而有决、决而必行，毅然决然于 2019 年暑期正式开始实施限流措施。

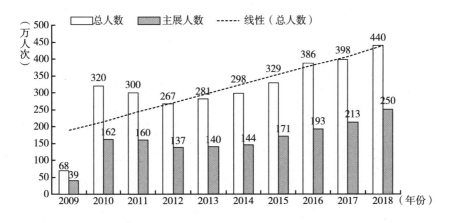

图 5　2009～2018 年中国科技馆观众接待数据

1. 分三阶段实施限流

中国科技馆实施预警限流分为三个阶段：第一阶段 2018 年 9 月 27 日，调整观众入馆流向，实施"西进东出"流向调整；第二阶段 2019 年 7 月 1 日，试行高峰预警限流措施，每天限流 36000 人次，瞬时最大接待 15000 人；第三阶段 2019 年 8 月 1 日刚性推行全网售票，完善网上售票 App 功能，宣传引导网上购票，现场仅保留外籍人士、老年人等特殊人群综合售票窗口，从而完善预警限流保障措施，切实提升观众参观质量。

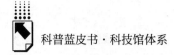

2. "西进东出"流向调整

自 2018 年 9 月 27 日起中国科技馆试行"西进东出"观众流向调整工作，刚性执行观众单一流向管理，避免客流聚集拥挤。"西进东出"流向调整是实施预警限流工作的前提和基础，可以有效优化室内空间、打通安检排队"堵点"，为实施预警限流奠定基础和工作保障。

3. 释放建筑内部空间

为彻底解决观众安检"堵点"，提高观众参观舒适感受，中国科技馆在西侧广场新建 300 平方米临时安检篷房，将原有西大厅售票功能及安检区域全部外移至室外广场，彻底腾空释放东、西大厅近 2000 平方米室内空间（相当于一个临时展厅面积），切实扩大馆内观众集散空间，有效提升公众参观环境舒适度。

4. 实时公示客流数据

为配合预警限流提供技术保障，中国科技馆全面推进安防系统改造建设，增设全景摄像机、客流密度摄像机、人脸识别摄像机等高清监控 1270 个点位，保障馆区外围、建筑内部、人员密集区域监控设施全覆盖，并在观众进出区域增设客流统计系统，有效覆盖观众进出通道，实时监控客流增减趋势，并向现场观众及官方网站推送实时客流数据信息及参观拥挤程度，有效预判客流增减趋势，成为启动限流措施的数据基础和技术保障。

5. 调整团队分时入场

团队参观严格执行分时段预售和入场措施。团队售票分上午或下午参观票。持上午票的团队须在 12：30 之前入场；持下午票的团队须在 13：30 之后入场。不按约定参观时间入场的团队，违规 1 次，3 周之内不可购票；违规 2 次，3 个月之内不可购票；违规 3 次，1 年之内不可购票。散客观众执行上、下午参观制，引导观众分时段入馆参观。

6. 建设全新票务系统

配套新建全网票务系统，分阶段部署人脸识别闸机，逐步实现"人证合一、刷脸检票"的功能需求。配套部署两条 20M 专用互联网光纤，将票务系统单链路网络结构改造为双链路结构，并改为集群化部署方式，提升票务系统整体的可靠性，为票务系统建立基础的安全防护体系，以保障票务系统服务数据的安全性和可靠性。

7. 核算安检通行速度

中国科技馆根据北京市公安局颁布的《大型社会活动安全风险等级和安检设备要求》（DSSCE—ZX2011）安检标准，普检最小作业单元安检能力应满足：冬季宜达到 500 人/小时，夏季达到 800 人/小时；对特殊人群适当放慢检查速度，以确保检查质量；针对大型专场活动服务工作人员安全检查，宜达到 500 人/小时。中国科技馆核算了"十一"国庆节高峰期间安检数据，在满足安检标准的基础上，核算出观众瞬时安检效率（见表 4）。

表 4　中国科技馆 2018 年"十一"国庆节期间观众安检数据分析

项　目	10 月 1 日	10 月 2 日	10 月 3 日	10 月 4 日	10 月 5 日	10 月 6 日	10 月 7 日	合计
观众人次（人次）	16889	42440	45340	44473	40555	27351	11120	228168
实有观众（人）	10533	31812	32925	35254	25098	17083	7665	160370
安检峰值（人／小时）	1825	6295	6101	5932	4724	3051	1060	28988
安检均值（人／小时）	1317	3977	4116	4407	3137	2135	958	2864

注：安检峰值（人／小时）指一天中安检一小时客流最大值，安检均值（人／小时）指一天中每小时安检客流平均值，其中 10 月 4 日 13：00 至 15：00 每小时安检观众均为 6000 人次以上。

经高峰期间客流系统统计，中国科技馆最小安检单元（一机两门）每小时可安检 1500 人，六组安检单元每小时可同时安检 9000 人，高峰期间入馆每小时最大客流量 6295 人，现有安检配置完全满足高峰客流瞬时的安检需求，有效解决了高峰期间观众排队等候安检问题，疏解了观众聚集安检"堵点"问题。

8. 加强主流媒体宣传

在实施限流措施前，中国科技馆在中央广播电视总台、北京电视台、新华社、《北京日报》、《北京晚报》、北京人民广播电台等主流媒体，中国网、中国新闻网、新浪网、人民网、中国数字科技馆网等门户网站，搜狐号、百家号等移动客户端，以及相应的微信公众号等自媒体，广泛宣传预警限流措施，及时告知社会公众，方便观众合理安排参观时间。在通过积极宣传报道，及时准确告知社会公众限流依据、测算数据、保障措施、入馆流程等参观须知，做好限流前期宣传报道的同时，收集反馈社会各界信息反响，优化调整预警限流保障措施，将好事做好，得到社会公众进一步的理解和支持。

9. 加大馆校结合力度

发挥中国科技馆科普教育资源优势，推进馆校科技教育运行机制，加快常设展览更新改造速度，提升临时展览规模品质，引导更多观众避开高峰时间，形成错峰参观效果、常年观众分布均衡的运行状态。

中国科技馆实施预警限流，馆区参观环境显著提升，参观秩序明显好转，观众体验感明显提高。一方面，观众流量趋势均衡，削峰效果明显。2019 年暑期未出现日接待观众量超 5 万人次的情况，2018 年同期此类情况有 7 天（见表 5），2019 年日接待观众量的曲线较 2018 年同期明显平缓（见图 6），切实达到限制高峰客流预期目标。另一方面，观众参观区域分布更加均衡（见表 6）。暑期主展厅观众量 109.3 万人次，同比下降 6.98%；儿童科学乐园观众量 15.5 万人次，同比下降 56.34%；特效影院观众量 27.6 万人次，同比上涨 9.09%；短期展厅观众量 27.2 万人次，同比上涨 102.99%。大量观众在馆区未到达瞬时承载量时，被分流至特效影院观影，还有部分观众被分流至短期展厅免费参观。这样，既能更好地保证观众参观安全，又能更好地发挥已有科普设施的科普效果。

表 5　中国科技馆限流前后，暑期观众接待情况对比

时间	5 万人次以上	4 万~5 万人次	3 万~4 万人次	3 万人次以下
2018 年暑期	7 天	13 天	17 天	25 天
2019 年暑期	0 天	9 天	32 天	21 天

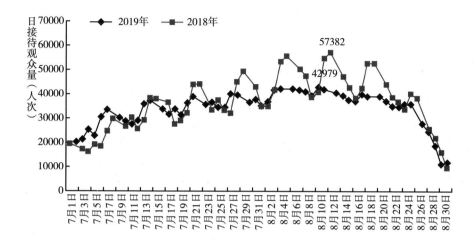

图6 中国科技馆2018年7~8月、2019年7~8月日均接待观众曲线

资料来源：中国科技馆观众参观数据（2019年7~8月）。

表6 中国科技馆暑期各展厅区域观众同比增长

单位：万人次，%

时间	主展厅	儿童科学乐园	特效影院	短期展厅	观众总量
2018年暑期	117.5	35.5	25.3	13.4	191.7
2019年暑期	109.3	15.5	27.6	27.2	179.6
2019年同比增长情况	-6.98	-56.34	+9.09	+102.99	-6.31

四 博物馆实施预警限流的建议

基于上述分析、总结，对需要实施预警限流的博物馆提出如下建议。

（一）限流措施申报审批

博物馆实行限流管理和措施，应由属地旅游主管部门（或上级主管单位）牵头，第三方社会机构评估，灵活动态调整门票预售数量，以瞬时承载量为红线，绝对不能逾越。形成"预警限流实施方案"并邀请旅游主管部门（或上级主管单位）、属地公安、属地消防等职能部门参与方案审定评估，提高方案合法性、合理性、合规性，报上级主管部门批复后，向社会公示限流方案和措施。

（二）充分调研设定承载量

博物馆应严格依据《景区最大承载量核定导则》（LB/T034—2014）、《景区游客高峰时段应对规范》（LB/T068—2017）核算最大承载量及瞬时承载量等重要指标，综合考虑空间承载量、设施承载量、生态承载量、心理承载量、社会承载量等一般指标，并根据场馆运行经验，前期充分调研评估，可采用实地考察、政策调研、数据分析等综合调研方式，着重分析研究相关政策和数据，调研同类型博物馆可供借鉴的经验做法。一是通过实地调研考察，详细了解各博物馆建筑概况、限流依据、观众流向、机构设置、限流措施、基础设施、全网售票、票务政策、信息化建设等方面工作值得借鉴的经验和日常运行中的实际困难，更有效地推动预警限流实施。二是通过政策调研分析，梳理关于《中华人民共和国旅游法》《老年人权益保障法》等法律法规；搜集整理门票优惠的指导意见以及国内博物馆及景区实施预警限流的步骤措施。三是加强数据分析评估，根据《景区最大承载量核定导则》认真统计博物馆自身展览面积，梳理近几年观众参观数据和票务数据进行分析，核算最大承载量、瞬时承载量、预警临界点和单日最高可售票量的具体数据，科学合理地核算预警限流承载量指标。

（三）推行全网预售机制

实施全网售票模式是未来博物馆发展的必然趋势，博物馆及社会公众要逐步适应全网售票"节奏"，让公众可以提前预订门票，合理安排时间和行程，并且博物馆还需在现场保留综合票务服务，专为老年人和外籍人士提供现场售票业务，既解决购票排队问题，又满足服务公众需求，两全其美。在实施全网售票基础上，也应注重热点展项网络预约。如上海科技馆的热门展项"食物的旅行""地震历险"等体验性展项全部实行网络预约，由于网速可允许现场2000人同时预约，高峰期间1700张体验券5分钟即全部预约完毕。重点热门展项实行网络预约模式，可以有效避免现场观众排队造成纠纷或拥挤伤害。

（四）引导分时错峰出行

调节淡旺季宣传侧重点，利用官网、微信、微博及自媒体、大众媒体等渠道，旺季宣传错峰出行信息，淡季宣传展览展项信息，调节观众参观时间，避免聚集拥挤，取得了"平抑旺季、调节淡季"削峰填谷效果。积极引导个体观众上、下午分场参观，充分利用团队票务预售、团队集中入馆、团队可预测性较强的特点，做好团队限流和分流工作。通过即时迅捷宣传引导，从源头疏解客流，倡导错峰出行，从而实现平抑客流的初衷。在向观众宣传时要灌输安全管理理念，注重规范观众文明行为，完善观众行为约束和保障制度。博物馆可以在重点区域通过不同方式向观众宣传安全参观须知，提高观众安全意识，及时制止观众不安全行为。

（五）完善限流机制建设

博物馆应根据实际运行情况，一方面，组建限流管理决策机构，成立由馆领导任组长、相关部门负责人为成员的领导小组，全面负责预警限流工作的组织部署、协调调度等工作。明确牵头实施部门及各成员部门工作职责，因地制宜地制订切实可行的预警限流预案，明确预警响应级别，进行有针对性的实战演练，检验预案真实性、可行性并随时进行调整。另一方面，在实行限流措施及高峰接待期间，定期召开一线部门专题例会，采用现场问题现场解决快速处置联动机制。专题例会可由安全运行分管领导统一协调调度，加强部门协调沟通，确保安全有序运行。

（六）推进安防配套建设

博物馆公共安全管理应充分应用高度智能化、集成化安防监控系统，推进"智能场馆"安防系统改造建设，一是以搭建安防综合管理平台为基础，增设全景、人脸识别等高清监控摄像机，实现博物馆整体区域全面覆盖，达到实时监控、实时预警的目的，及时、快速播报预警信息，全面、准确回溯突发事件原貌。二是通过客流监控系统，实时掌握客流变化情况、预警客流增减趋势，可有效实施疏导分流、预警上报、预案响应等馆区高峰限流措施。三是利用各类视频数据特别是监控数据来夯实公共安全基础管理工作，如观众流向趋势、观众密度区域监控、人脸识别身份认证等基础要素的基础数据等。四是从海量的视频数据中第一时间发现危害公共安全的预警信息，如个人翻越护栏、违规触摸文物、暴力操作展品，做到有针对性地重点监控防范和提前化解。博物馆通过应用客流统计、周界防范、定位追踪、区域警戒等技术手段，切实提高博物馆可视化、智能化安全管理水平。

（七）调整安检管理理念

实施预警限流措施是进一步保障观众安全、提高参观质量的重要措施。安检作为第一道屏障，应起到馆内流量"调节器"和"缓冲器"的作用，能够实现张弛有度、充分调节的目标。适当调整安检管理理念，不能一味只追求观众快速安检。观众有秩序排队安检，是实现安全管理的措施和方式，应将排队压力控制在建筑之外，控制在红线区域，避免建筑内人员聚集拥挤，再将排队压力传递至检票环节。管理本身就是服务，要寓管理于服务，保障安全才是最好的服务。

（八）改善馆区外部环境

博物馆通过改造馆区外部环境，提升整体舒适环境，如修建景观雕塑，增设休闲设施，搭建科普展项、公益科普设施，改造室外灯箱灯柱，既可扩充展览展示空间，又可为观众提供多元文化服务。良好整洁的环境可缓解观众长时间排队出现的急躁烦闷情绪，应予以高度重视。

（九）集成数据智能服务

博物馆应充分利用信息技术手段，提高预警限流实效，实现场馆客流的智慧化管理。一是充分利用移动互联网技术，开发观众服务 App，为观众在参观前提供咨询和预约服务，在参观中提供导览和讲解服务，在参观后提供意见反馈服务，提升全流程的服务体验。二是充分发挥全网票务系统对客流的引导和分流作用，从观众预约、购票的环节就开始提供参观建议服务，基于个性化需求和实际环境实现合理引导和计划性分流，从而提升参观体验。三是充分发挥客流密度系统对观众流量的实时监测作用，利用大数据技术实现对观众流量、行为的分析和预判，为预警限流提供科学合理的决策依据，从而实现场馆客流的智慧化管理。

（十）提升服务能力水平

博物馆实施预警限流前期，节假日高峰期间，在观众排队聚集区域，一方面，应增设工作人员做好限流管理、购票指导、信息咨询、观众服务等服务保障工作，并加大安检区域现场秩序维护力度，切实提高为公众服务的水平。一旦启动预警限流措施，应在馆区外围就对观众进行分流，增加广播系统及电子显示屏，及时向观众公告剩余票量，使观众清楚地了解馆区客流状况，与此同时，利用安保力量有序疏导观众。另一方面，应加强安全服务人员业务能力，定期开展专项业务培训，包括礼仪礼节、规范用语、安全意识、应急处置等方面的能力培训，并严格实施培训考核，提高整体服务人员安全能力素质，增强工作责任感、使命感，使其更好地提供优质服务，保障场馆安全有序运行。

2020 年新冠肺炎疫情暴发，全国博物馆陆续关停，待疫情稳定向好，各博物馆逐步恢复开放，分别采取实名预约、控制总量、分时限流、错峰参观、暂不接待团体参观等措施，减少人员聚集。疫情期间博物馆接待量一般不超过日最大承载量的 50%，瞬时流量不超过最大瞬时承载量的 20%。正是在前期充分数据核算的基础上，博物馆才能迅速制定非常时期的限流措施，才得以快速、准确响应国家和行业要求，落实防疫限流措施，这说明预警限流具有充分的前瞻性和必要性。2019 年 8 月，文化和旅游部提出强化博物馆智慧建设，实现实时监测、科学引导、智慧服务；推广门票预约制

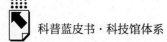

度，合理确定并严格执行最高日接待游客人数规模；到 2022 年，5A 级国有景区全面实行门票预约制度。文化和旅游部针对旅游景区和博物馆行业提出明确的时间表和路线图，推动"无预约、不参观"接待模式，博物馆应寓管理于服务，落实预警限流措施，实行预约参观制度，疏解客流保障安全，全面提升服务公众能力。

参考文献

张玲莉、王保云等：《人群拥挤踩踏事故的场所高危点统计与分析》，《安全》2019 年第 10 期。

赵红军、张平等：《2010 年上海世博会客流影响因素的实证分析》，《国际商务研究》2011 年第 4 期。

杨伟朋：《博物馆反恐风险评估要素分析》，《中国博物馆》2019 年第 1 期。

B.15
自然科学类博物馆与基金会：
价值与困境

——以上海科技馆为例

张斌盛*

摘　要： 通过研究上海科技馆和上海科普教育发展基金会合作案例，本报告指出自然科学类博物馆在与基金会合作过程中，可以实现办馆经费的多元化、提升社会资源的整合能力和拓展服务大众的时空界限等价值；同时指出双方的合作还面临内生动力不足、基金会行业的集中度高、合作关系的不确定性大、捐赠资金的法律法规是否适用等困境。最后从政府、博物馆、基金会和社会四个角度提出了应建立分类管理制度，成立社会捐赠资金的专门管理机构，以及设立专项基金开展合作，大力发展科普类基金会等建议，为强化博物馆和基金会的合作提供参考。

关键词： 博物馆　基金会　上海科技馆

在全球博物馆发展史上，基金会起着举足轻重的作用。在美国，许多博物馆均与基金会等社会机构保持着紧密的合作关系；有的博物馆直接由基金会发起设立，如古根海姆博物馆就是由所罗门·R. 古根海姆（Solomon

---

* 张斌盛，上海科技馆基金管理处处长，经济学博士，副研究员，研究方向为科普产业、非政府组织、文化与科技融合等。

R. Guggenheim）基金会投资设立的。通常认为，博物馆的资金来源主要由自营收入、公共财政和捐赠收入三部分组成，大约各占 1/3，其中捐赠收入的相当比例来自基金会。在我国，公益性基金会参与博物馆的建设和发展，起步较晚，合作形式差异也很大，深度合作还存在许多体制机制的障碍。博物馆办馆经费来源较为单一，通过基金会募集的社会资金与整合的社会资源在博物馆运营资金的总体比例还很小。这一现象在自然科学类博物馆行业更为明显，与当前我国自然科学类博物馆和基金会大发展的现状不相匹配。因此，研究我国自然科学类博物馆和基金会的关系，探寻博物馆和基金会相互促进的有效路径，具有一定的理论和现实意义。本报告以自然科学类博物馆及其相关基金会为主要研究对象，以上海科技馆和上海科普教育发展基金会 20 年的合作为案例，尝试对自然科学类博物馆和基金会的关系进行分析与探讨。

一 自然科学类博物馆与基金会合作现状

近年来，不少自然科学类博物馆正在积极寻求成立公益性基金会，或者与公益基金会建立更为紧密的合作关系，希望通过基金会能够有效地整合社会资源，争取更多资金和资源，支持博物馆的发展，从而拓展博物馆发展空间，实现可持续发展。

（一）21 世纪是我国博物馆和基金会大发展的时期

21 世纪前 20 年是自然科学类博物馆的兴盛期，我国科普场馆和公益基金均得到了前所未有的迅猛发展。据统计，截至 2018 年底，我国共有包括科技馆和科学技术类博物馆在内的科普场馆 1461 家，相较 2006 年的 859 家上涨了 70%；2018 年人均科普专项经费 4.45 元，相较 2006 年的 1.18 元上涨了 277%[1]。自然科学类博物馆是科普场馆中的主要力量，其从场馆数

---

[1] 2006 年度全国科普统计数据、2018 年度全国科普统计数据。

量、经费投入、从业人数、服务人数方面均得到巨大发展，为公民科学素质提升做出了重大贡献。与此同时，我国公益基金会增长也异常迅猛。2006年全国共有基金会1138家，2018年共有基金会7015家，比2006年增长了516%①。从基金会行业分布来看，教育领域的基金会数量最多，但是其中以科学普及为主要活动领域的基金会并不多见，与自然科学类博物馆密切相关的基金会则更是少之又少。博物馆和基金会的大发展与双方合作规模和深度的不足形成鲜明对比，未来合作空间和潜力巨大。

（二）国内外博物馆与基金会的合作存在较大差异

国内外自然科学类博物馆办馆经费来源存在明显差异。在国外，博物馆办馆经费来源更趋多元。田英通过分析美国的情况认为，在美国，除了少数博物馆国家给予资金的全面保障外，绝大多数科技馆办馆经费中公共财政约占31%，社会捐款约占30%，自营收入约占39%。这一点在欧洲、亚洲其他地区尽管具体比例稍有差异，但呈现类似的特点②。钱雪元通过分析1989年、1999年和2005年美国博物馆收入情况的变化得到，自营收入基本稳定在40%左右，公共资金占博物馆总运营经费的比例从1989年的39%下降到2005年的24%；而社会捐赠从1989年的19%增长为2005年的35%③。可见，无论从哪个角度进行分析，基金会等机构的捐赠资金是博物馆运营经费不可或缺的组成部分，而且，所占比例还有逐年上升的趋势。在我国，除了极少部门自然科学类博物馆是由私人举办的外，绝大多数自然科学类博物馆均由各级政府或者国有企业举办，其主要特点是政府和国有机构推动型，办馆资金和资源主要来自政府和国有机构。未来，如果我国博物馆全面实行免费开放的政策，自然科学博物馆将面临办馆资金不足、资源来源单一等问题。社会资源整合能力将会是摆在各个博物馆面前的重要问题。加强与基金会等非政府组织的合作是自然科学类博物馆整合社会资源非常重要的路径之一。

---

① 基金会中心网，www1.foundationcenter.org.cn/。
② 田英：《浅议基金会如何在科技馆事业中发挥作用》，《科普研究》2011年第6期。
③ 钱雪元：《简析美国科技博物馆的资金来源》，《科普研究》2011年第6期。

（三）现阶段我国博物馆和基金会合作基本特性

目前，我国不少文博类博物馆和基金会建立了较为密切的合作关系。北京故宫文物保护基金会、北京中国国家博物馆事业发展基金会、广东省博物馆事业发展基金会和北京观复文化基金会等是其中的代表。但自然科学类博物馆与基金会的合作，无论合作项目数量，还是资金规模，均未达到较高水平。其中，运作较为成功的主要有：民航博物馆和中国民航科普基金会、中国科技馆和中国科技馆发展基金会，以及上海科技馆和上海科普教育发展基金会。这些运作比较成功的自然科学类博物馆和基金会存在一些共同特性：博物馆和基金会有共同的"基因"，天然就存在非常紧密的联系。基金会虽然是一个独立的社团法人，但无论决策层还是工作层均有博物馆的深入参与。基金会理事会决策层和秘书处的工作人员大多数来自相关博物馆，博物馆可以在一定程度上参与和影响基金会的实际决策。同时，基金会和博物馆在科学普及和提高公民科学文化素养方面的目标完全一致，但具体的工作重心具有较明显的差异，博物馆主要基于场馆开展科普教育活动，基金会主要与科普场馆合作更多地走出场馆开展科普活动，其运作机制和形式范围均与博物馆有所不同，从而实现优势互补、错位竞争。另外，在合作过程中，博物馆能整合更多社会资源，服务范围也得到较大拓展；同样，基金会依托博物馆，使得它与其他社会组织在竞争中拥有明显的资源优势和信誉度；秘书处工作人员部分来自所依托的博物馆，从而保证了基金会的日常运行，降低其运营人员成本，使基金会在运行时能够较好地满足《基金会管理条例》所规定的两个法定比的要求，实现基金会的可持续发展。

（四）上海科技馆与基金会的合作实践

以上海科技馆和上海科普教育发展基金会的合作为例：上海科普教育发展基金会是一家以科普教育为主业的公益基金会。2001年10月，伴随上海科技馆的建成开放，上海科技馆基金会成立了，主要目的在于整合社会资源支持和推进上海科技馆的建设与发展，为公众提供更好的科普服务。随着基金会科普公益事业的发展，2005 年，上海科技馆基金会更名为上海科普教育发展基金会，成为一家具有公开募集资格的独立的社团法人。该基金会创始人左焕琛教授从上海市政府领导岗位卸任后，同时兼任上海科技馆理事长和上海科普教育发展基金会理事长。上海科技馆领导层 1 ~ 2 人兼任基金会副理事长，并设有专门部门负责基金会秘书处的日常工作。近 20 年的运行，上海科普教育发展基金会始终秉持"集众人之力·扬科普之光"的宗旨，主要开展向全球募集标本和藏品活动，丰富科技馆的馆藏，支持科技馆的建设和发展；通过与上海科技馆合作，先后创设了"慈善科普""培育英才""资助奖励""论坛展览"四大系列 20 余项科普教育公益品牌，立足上海，走向长三角，服务老少边穷地区，形成了较为完整的科普教育体系，为上海乃至全国科普教育事业做出了较大贡献。

二 合作价值——以上海科技馆与上海科普 教育发展基金会的合作为例

早在上海科技馆建设初期，上海市委、市政府就明确要求，新建设的上海科技馆不仅要实现场馆建设的国际一流，而且要深化体制机制改革与创新，参照国际一流标准，探索出一套具有中国特色、上海特点的运行机制。于是，在 1999 年 6 月科技馆尚未建成时，建设指挥部就成立了上海科技馆展品征集委员会，2001 年 10 月 23 日，在展品征集委员会的基础上，成立了上海科技馆基金会。近二十年来，科技馆和基金会相互依托、互为支撑，充分运用各自的资源优势，在许多方面开展了紧密合作，实现了互利共赢。对上海科技馆而言，两者的合作价值主要体现在以下几个方面。

（一）促进办馆经费来源的多元化

上海科普教育发展基金会成立之初就是为了整合社会资源支持上海科技馆的建设与发展。上海科技馆作为全额拨款事业单位，其办馆经费主要来自财政拨款。尽管上海科技馆办馆经费一直相对充裕，但由于年度预算安排的刚性约束、资金使用范围限定较窄、资金使用的监管日趋严格等因素，其在年度新增项目的实施、人才专项资助与奖励、创新性项目探索等方面，受到一定限制。因此，上海科技馆希望能够得到基金会的相关资金支持，补充到上述项目中去，使上海科技馆在这些项目实施的过程中能减少对财政资金的依赖。而基金会正好可以运用其社会组织的特性，通过定向捐赠和成立专项基金的方式支持科技馆的发展和建设。自 2008 年起，上海科普教育发展基金会就专门设立面向科技馆青年科研人员的"资助科普教育创新项目"，定向资助上海科技馆青年人才开展基础研究、策划展览、策划与实施教育活动，以及科普著作的出版，培育上海科技馆青年科普教育创新人才。十多年来，共资助 70 余个上海科技馆青年研究团队，10 余人在获得资助后陆续得到国家自然科学基金、中国科协、上海市科委等上级部门的项目资助，8 人先后被评为高级职称，项目孵化和人才培育效果显著。2010 年，上海科技馆发挥自身学科优势，专门新成立科学影视中心，规划制作 100 集中国珍稀动物科普影视片，打造中国版的"DISCOVERY"。该计划得到上海科普教育发展基金会的积极响应，投入专门资金支持科普影视片前期的预研究和后期的衍生品开发，对上海科技馆科普影片的起步和发展起到积极的推动作用。例如：基金会与上海科技馆、河马动画一起联合拍摄和制作了《大熊猫》科普纪录片，以及《熊猫滚滚——寻找新家园》4D 特效电影。在这两部影片的拍摄中，上海科技馆负责剧本创作和科学性把关，河马动画以创作资源作为投入负责动画制作，基金会联合企业捐赠资金。上海科技馆探索形成了科技馆、企业和基金会多方共同出资金、出资源、出平台的良好合作机制。至今，上海科技馆制作的珍稀动物系列科普影视片，如"重返二叠纪""鱼龙勇士""细菌大作战""熊猫滚滚"等 4D 影片在国内的科普场馆播映。另外，2019 年，基金会成立了"上海科技馆科普创新人才培育专项资金"，在原来资助科普教育创新项目的基础上，增加了对取得重大创新成果的个人和团队进行奖励，对部分创新性探索项目进行跟踪，以及开展青年人才的国际国内合作交流，以弥补上海科技馆在部分项目上资金的不足。

（二）提升社会资源的整合力

上海科普教育发展基金会通过与上海科技馆联手，充分发挥基金会及其理事长的社会影响力，向全球征集标本与藏品，为上海科技馆的发展夯实了物质基础。上海科普教育发展基金会与肯尼斯·贝林先生及其领导的环球健康与教育基金会合作，积极开展国外标本的募集，在环球健康与教育基金会创始人贝林先生和上海科普教育发展基金会创始人左焕琛教授的大力推动下，先后从美洲、非洲、欧洲等地征集了 700 余件珍稀动物标本和 100 余件非洲原住民文化藏品，无偿捐赠给上海科技馆，许多藏品填补了国内博物馆收藏的空白。运用贝林先生所捐赠的这些藏品，上海科技馆先后打造了"蜘蛛展""世界动物展"，以及上海自然博物馆（上海科技馆分馆）内的"走进非洲展"，至今这些展览依旧是上海科技馆和上海自然博物馆内非常受观众喜爱的展区。此外，基金会还面向国内，募集各类化石、标本、艺术品，为进一步丰富上海科技馆馆藏做出了重大贡献。

另外，上海科普教育发展基金会积极引入国内外知名企业和跨国公司的资源，参与上海科技馆的展品展项的研发，如通过和美国应用材料公司、INTEL 合作联合打造"摩尔定律与芯片制作技术"的展项，引入上汽集团在世博会展出的新能源概念车"叶子车"；IBM 提供的"Try Science"互动装置等，探索形成了一种有效的展品和展览开发的新模式。

近年来，上海科普教育发展基金会通过设立专项基金支持上海科技馆更新改造和天文馆建设。通过联合"优时比贸易（上海）有限公司"设立专项基金，定向支持上海科技馆更新改造中"人与自然"展区中有关脑科学内容的预研究、决策咨询，并以专项基金会的名义成立了专家委员会，汇集了一批国内外在脑科学、类脑研究和脑神经医学等方面的专家，为该部分展示内容提供预研究资金和强大的专家资源支持。同时，与天文爱好者张勃先生联合成立了"天文科普专项基金"，支持开展天文科普教育研究与策划，并希望通过支持全国各类天文科普教育活动，集聚一批高水平的天文科普教育资源，确保在天文馆建成开放的同时，就能将未来上海天文馆（上海科技馆分馆）的科普教育体系同步建立起来，最大限度、最高水平地打造一个与世界一流天文馆相适应的天文科普教育体系。

（三）拓展服务大众的时空界限

上海科普教育发展基金会的科普活动开展及品牌培育离不开上海科技馆，同时这些活动也能进一步拓展上海科技馆服务大众的时空界限。上海科普教育发展基金会先后打造了"慈善科普""培育英才""资助奖励""论坛展览"四大系列近 20 个科普公益项目。年均举办各类活动 200 余场次，累计服务人群 4000 多万人次。尽管这几年上海科技馆也在积极推进馆校合作等对外拓展服务，但由于资源和职责定位的限制，其科普教育活动大多基于场馆开展，在一定程度上受到场馆的时空限制。上海科技馆通过与基金会合作能够迅速突破场馆的时空界限，大大提高服务社会的能力。

上海科普教育发展基金会创设了"慈善科普"公益品牌。通过将"科普"和"慈善"相结合，打造"赛复流动科技馆""农民工子弟走进科技殿堂""沐科普阳光，享科技梦想"等项目，主动对接精准扶贫，落实"科普扶智"，更好地服务国家和上海发展。"赛复流动科技馆"一方面通过巡展辐射郊区、农村、社区，实现"科普就在家门口"服务理念，使那些没机会参观上海科技馆的人同样能够享受科普服务；另一方面通过捐赠远赴新疆、西藏、青海、内蒙古、云南、贵州等老少边穷地区，以及习仲勋红军小学、邓小平红军小学、贺龙中学、陈毅希望学校等红军学校，累计捐赠流动科技馆 34 套近 1000件科普展品，以及大量科普书籍、展教具，使那些资源相对匮乏的地区也能够享受优质科普资源。"农民工子弟走进科技殿堂"通过每年邀请农民工子弟5000 余人次走进科技馆和自然博物馆，使他们能够感受科技的乐趣。这些做法均使科技馆的辐射范围得到大大的拓展。

积极对接上海市科学技术创新中心建设对科普的要求，上海科普教育发展基金会和上海科技馆携手创设了"创造力培养"，参与举办了"明日科技之星""上海市青少年科技创新大赛""上海国际自然保护周"等项目；争取跨国公司支持，共同推动"未来工程师大赛""赛复创智杯"等项目开展；广泛动员社会力量创设"未来科技之星""STEAM 教育专项""肠道健康教育专项"等项目。基本形成多学科、多年龄层次的"创造力培养"项目体系，积极助力青少年科学素养的提升。

三 自然科学类博物馆与基金会合作面临的困境

通过与基金会合作，自然科学类博物馆能够更为有效地整合各类社会资源，促使办馆资金多元化，不断拓展博物馆时空界限。但是，由于博物馆和基金会两种机构属性、两种运行方式、两种监管要求等因素，双方的合作还面临不少困境。

（一）自然科学类博物馆与基金会合作的内生动力不足

我国的自然科学类博物馆绝大多数是一类事业单位，办馆资金来自政府财政拨款，日常运行资金基本有了保障。因此，在捐赠资金的使用和监管还不够清晰的情况下，许多博物馆尽管有需求，但内生动力不足。不像国外博物馆，如果没有社会捐赠将会严重影响其正常运营。

（二）中国公益市场集中度过高，使得科普类基金会供给不足

目前，我国的公益资源大多集聚在"安老、扶幼、助学、济困"等传统慈善领域，除了少部分由特大型知名企业主办的基金会外，大部分慈善资源集中在各级慈善基金会、红十字会、宋庆龄基金会等。教育行业的基金会数量占比虽然很大，但主要还是与教育行业相关的助学、济困的慈善事业，真正将主要业务范围清晰定位为科学普及的基金会数量总体不多，规模也不大。我国基金会的发展总体上还是一个寡头垄断状态。

（三）"事社分离"使得两者原有的深度合作面临挑战

科普类基金会供给不足使自然科学类博物馆不得不直接参与到科普类基金会的设立、管理和运行等相关事务中；而"事社分离"的原则要求作为事业单位的博物馆须在人、财、物等方面与作为独立社团法人的基金会进行

分离。目前，博物馆与基金会在财务管理方面的关系普遍较为明晰，基金会通过单独设账，独立管理基金会的资产。但是，在人力资源和办公场所等方面，基金会还与博物馆有着密切关系，主要体现在目前科普类基金会大多数由自然科学类博物馆免费提供办公场所，秘书处的工作人员大多数也是博物馆事业单位员工。进一步推动厘清事业单位和基金会在人、财、物方面的关系是大势所趋。未来，如果博物馆和基金会在人、财、物等方面完全切割清楚，基金会将面临管理成本的大幅上升，其运营势必受到较大影响。基金会将不得不在与博物馆的合作中考虑其管理成本和科普公益项目募集的可能性，博物馆和基金会的深度合作势必会受到一定影响。因此，未来两者间的关系到底朝什么方向发展，始终是摆在博物馆和基金会面前的重要课题。

（四）基金会捐赠博物馆资金使用的法律法规适用困境

国家对一类事业单位的预算及收支管理均有严格规定，监管也越来越严格。财政预算资金必须严格按照《中华人民共和国会计法》《中华人民共和国行政监察法》等相关规定执行，而且采取的是收支两条线的基本原则。因此，自然科学类博物馆在如何区别财政资金的管理和社会捐赠资金的管理方面还存在一些困惑。部分博物馆为规范起见，将捐赠资金全部参照财政资金进行管理，部分博物馆将其作为"八项费用"上缴财政，事实上改变了捐赠人的意愿。也有的博物馆采取项目合作的形式，资金不直接进入博物馆的账户，而是通过协议的约定，根据项目需要由相关基金会在账上列支。这种名目繁多的变通手法反映在基金会和博物馆合作过程中还存在需要进一步完善的地方，这是目前博物馆和基金会紧密合作的成功案例不多的一个重要原因。

五　对策与建议

自然科学类博物馆与基金会建立紧密的合作是基于共同价值和共同业务范围，能够实现优势互补。一方面，基金会通过和博物馆合作，能够获得直接和间接的发展资源与发展机遇，提升竞争优势；另一方面，自然科学类博物馆可以借助基金会公益属性和渠道优势提升其社会服务功能，使博物馆的社会服务范围得到大大拓展，对科普场馆的办馆资金、资源整合力、社会服务力等均具有明显的正向促进作用。因此，自然科学类博物馆无论从资金需求还是从资源整合的角度而言，进一步加强与基金会的合作都具有重要意义。为进一步优化自然科学博物馆和基金会的合作，需在以下几个方面不断完善。

（一）政府应明确自然科学类博物馆社会捐赠资金使用的有关规定

政府应该出台政策，在对财政资金严格管理的前提下，鼓励和规范自然科学类博物馆运用社会资源和资金支持博物馆的发展。重点在于建立和完善社会捐赠资金和财政资金分类管理机制。这种分类管理机制应确保财政资金严格遵守财政资金的使用规范，同时社会捐赠资金的管理应该在法律的框架下，根据捐赠协议的约定执行。

（二）博物馆应建立严格的内部控制制度，确保捐赠资金在规范的前提下使用

建议博物馆针对捐赠资金专门设立一个有别于自身的决策机构的管理机构，该管理机构可以由博物馆、基金会、捐赠人和社会代表共同组成，专门负责社会捐赠资金的使用方向、使用计划、使用规范和监督等有关事项。并探索建立社会捐赠资金的公开制度，确保社会捐赠资金的使用符合规范，接受来自社会各方的监督。

（三）基金会可以通过设立专项基金的方式支持博物馆建设

由于博物馆对社会捐赠资金的管理还需要不断探索，基金会可以联合各方发起设立专门用于自然科学类博物馆某一业务领域的专项基金，定向支持博物馆某一特定方向的业务拓展，尤其可以较好地解决博物馆探索性科普创新项目的研发。

（四）在"事社分离"的原则下，进一步厘清合作中人和物的关系

"事社分离"是处理自然科学类博物馆和基金会两个不同法人主体之间

关系的基本原则，应该得到遵守。在此原则下，双方应就人力资源和办公场所两个方面探索一种新的合作机制。首先，博物馆可以按照当地财政局对国有资产出租出借评估价格的最低值对基金会使用的办公场地收取租金，将原来的免费使用或者混合使用变成一种租赁关系，用契约来厘清关系。尽管这样会增加基金会的运行成本，但总体上基本可控。其次，鼓励经过组织部门审批同意后，博物馆领导兼任基金会领导职务，确保博物馆能够参与基金会的运营和管理，同时从专业上为基金会提供支持。最后，在开展博物馆和基金会合作项目以及管理专项基金时，组建一个博物馆和基金会人员共同组成的联合办事机构，而基金会在开展与博物馆无关的其他科普公益项目时，由基金会自行聘用员工实施。在此机制中，博物馆员工从事的是与博物馆自身直接相关的工作，基金会员工从事的是与基金会直接相关的工作，关系更为清晰，符合"事社分离"的基本原则。

（五）鼓励发起设立以科学普及为主要业务范围的基金会

科技创新和科学普及是创新发展的两翼，两者同等重要。但实际上社会各界对科学普及的重视还不够，这也正是科普类基金会无论从数量上还是从资金规模上均显不足的重要原因。因此，进一步鼓励全社会设立与科学普及相关的基金会，意义重大。政府应从税收、法律法规等方面支持科普类基金会的设立，鼓励企业和基金会的捐赠，为博物馆进一步加强与基金会的深度合作创造更大的发展空间。

参考文献

胡柳：《古根海姆博物馆运营模式初探》，《商场现代化》2009年第2期。

王守文、徐顽强：《科技类基金会发展现状、动因与趋势》，《科技进步与对策》2013年第5期。

B.16

智慧管理 智慧运行 智慧服务
——上海科技馆构建"智慧博物馆"的实践与思考

黄 凯 章 铖 罗 陈 郑旭振 陈 聪 唐王琴*

摘 要: 本报告通过研究智慧博物馆建设发展背景及国内外实践情况,
指出智慧博物馆是以人为核心并实现人物结合、人人结合和
人机结合的三位一体的智慧生态系统,应采取整体规划、分
步推进、需求牵引、创新应用、资源共享、集约建设、规范
开放、保障安全的实施原则。同时本报告阐述了上海科技馆
平台化智慧管理、智能化智慧运行、网络化智慧服务方面的
建设实践经验,提出在新一轮信息技术和科技革命加速发展
下,人工智能将成为智慧博物馆的强大引擎,并研究和提出
了在深化设施智能、数据智能等方面的人工智能应用场景。

关键词: 智慧博物馆 人工智能 上海科技馆

上海科技馆是具有中国特色、时代特征、上海特点的综合性"三馆合

---

* 黄凯,上海科技馆信息中心副主任,高级工程师,研究方向为智慧博物馆规划、顶层设计及
建设实践等;章铖,上海科技馆信息中心工程师,研究方向为智慧管理、业务协同及流程再
造、数据治理及可视化、人工智能应用实践等;罗陈,上海科技馆信息中心工程师,研究方
向为智慧服务、数字化线上展览教育、游客大数据分析及个性化服务等;郑旭振,上海科技
馆信息中心工程师,研究方向为机房网络等基础设施建设、云计算、网络智能化运维等;陈
聪,上海科技馆信息中心助理工程师,研究方向为智慧运行、网络及信息安全、场馆运行支
撑保障系统应用实践等;唐王琴,上海科技馆信息中心助理工程师,研究方向为数据治理、
大数据应用实践等。

一"的自然科学技术博物馆集群，包括建筑面积 10.06 万平方米的上海科技馆及其两个分馆——建筑面积 45.25 平方米的上海自然博物馆和在建的上海天文馆，是国家一级博物馆、国家 5A 级景区、全国科普教育基地、国家文化与科技融合示范基地等，集教育、展览、收藏、研究、科学普及、科学精神传播和文化交流于一体，是全国重要的科普教育基地和精神文明建设基地，2019 年全年共接待观众 738.17 万人次。

近几年，上海科技馆为进一步推动落实"互联网 +"战略，按照上海市推进智慧城市建设和信息化发展的总体要求，全面提升信息化对科技馆转型发展的支撑作用，开展了智慧博物馆的深入研究、顶层设计和创新实践，研究智慧博物馆内涵、整体构架等，并对智慧博物馆总体规划及建设进行战略规划、顶层设计、统一布局，统筹建设上海科技馆"三馆合一"的智慧博物馆，助力建设世界一流科学技术博物馆集群。

一 智慧博物馆建设发展现状

（一）发展背景

人类经历了农业革命、工业革命，正在经历信息革命。信息革命带来了生产力又一次质的飞跃，谁能把握信息革命带来的机遇，谁能在信息化上占据制高点，以信息化促进转型发展，谁就能掌握先机、赢得优势、赢得未来。党的十九大提出了建设网络强国、数字中国、智慧社会的战略部署，推动大数据、人工智能、物联网和云计算等向各行各业加速融合、创新发展，推动各行各业服务模式的创新。全国各地都在创建面向未来的智慧城市，大力实施"互联网 +"战略，发展智慧旅游、智慧教育、智慧文化等，因此智慧博物馆建设也是应运而生、势在必行。

2008 年，IBM 公司提出"智慧地球"的概念，随着新一代信息技术的快速发展，"智慧"这一概念所代表的感知、互联、智能、融合也快速运用到各个领域，博物馆行业的"智慧博物馆"的理念也应运而生。智慧博物馆是在实体博物馆的基础之上，由于技术的进步而演变发展起来的新生事物。对于"智慧博物馆"建设，世界各国的博物馆也根据自身特点在不同的实践路径上开展了不断的研究和探索实践。智慧博物馆实现了"物—数字—人"的双向多元信息交互，"以人为中心"，实现博物馆的智慧服务、智慧保护、智慧管理，可以认为智慧博物馆=数字博物馆+物联网+云计算。

（二）国外主要案例

2012 年巴黎卢浮宫与 IBM 合作建设欧洲第一个智慧博物馆之后，海外一些领先的博物馆作为在智慧博物馆"道路"上的先行者，虽然大多没有以智慧博物馆的名义整体全面地建设智慧博物馆，但是在智慧博物馆建设的数字化藏品共享、虚拟化参观、个性化服务等细分领域，都持续深入地开展着具体的建设和应用工作。

藏品数字化及共享服务。英国大英博物馆建立了标本 3D 数据库，每个标本提供高品质的 3D 图和 3D 模型，用户可以在电脑上将模型旋转、放大或下载，提供藏品搜索功能，提供大量图片供用户浏览，并提供网络相册，公开进行分享。

虚拟化参观。俄罗斯艾尔米塔什博物馆为观众提供虚拟参观，按照场馆的建筑设施、珍宝画廊、展览中心、馆外景色等进行主题分类，进行大量的可视化呈现，用户点击每个区域都可以身临其境地访问相应的展区，获得高清的观展体验并获得藏品的相关知识。

个性化服务。阿姆斯特丹国立博物馆与埃因霍温技术大学、通信研究所合作，就观众如何在线体验藏品进行试验，观众在网上建立档案，包括个人喜爱的艺术及文化活动等，根据这些信息，系统将为观众量身打造个性化虚拟参观及实地参观路线，致力于构建一次难忘的私人定制参观体验来吸引观众更频繁地使用博物馆在线及实地资源。

（三）国内主要案例

2014 年国家文物局以秦始皇帝陵博物院、广东省博物馆、甘肃省博物

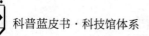

馆等为试点单位开展智慧博物馆建设，行业内开始了不断的探索和研究，在藏品数字化、智能导览、虚拟场馆、可视化运营管理等方面取得了比较突出的成效。

智能化虚拟导览和参观。敦煌研究院与华为联合推出了全新的莫高窟洞窟外展示游览技术，采用华为最新发布的人工智能河图平台和数字敦煌的成果，实现了观众在洞窟外用华为手机就能看到洞窟内详细的壁画内容，给观众带来身临其境的奇幻体验。

藏品数字化及线上服务。故宫博物院发布"故宫名画记""数字多宝阁""数字文物库"三款数字产品，突破展陈场所、成本经费、文物脆弱性等限制因素，将大量馆藏文物数字化，利用高精度的三维数据立体、全方位地展示文物的细节和全貌，让观众可以零距离360度"触摸"文物并与之互动，可以按条件筛选检索，让观众可以方便地学习、欣赏、分享，大大提高了文物的共享学习价值。

数字化治理和科研服务。苏州博物馆的智慧博物馆观众服务可视化方面通过位置定位，展示热力图，分析客流密集点与流线，通过观众知识、行为、需求等各类数据的搜集和分析，提高展陈质量，改善参观体验，优化服务内容。吉林大学文物保护实验室，将大型佛像进行三维建模及数字化建档，尝试利用三维模型对石制品疤痕的分布、规律等进行统计学分析，拓展数字考古学的研究领域。

二　智慧博物馆建设构思

（一）智慧博物馆的内涵

智慧博物馆是以人为核心，通过新一代信息技术的智能化应用和场馆业务的知识化融合，通过空间形态、场馆业态和网络生态的高度融合，实现人物结合、人人结合和人机结合的三位一体的智慧生态系统。在空间环境建设上，不断实现人与空间环境的深度结合（人物结合）；在管理服务建设上，不断追求以人为核心的创新活动和人性服务（人人结合）；在信息生态建设上，不断实现人与机（信息技术）的深入结合（人机结合）。

（二）智慧博物馆建设目标

智慧博物馆建设需要全面推进大数据、云计算、物联网、5G 等新兴技术的示范应用，以提升观众服务体验为核心，以深化智慧应用为主线，以落实"互联网＋科普"为抓手，推行智慧管理，实现智慧运行，创新智慧服务，构建形成以观众为中心，空间感知、数据融合、智慧交互、智能泛在的"空间形态、场馆业态、网络生态"三位一体的智慧博物馆。

（三）智慧场馆建设实施原则

1. 整体规划，分步推进

遵循智慧场馆顶层设计和整体规划蓝图，统一领导，统一部署，规划先行，加强对建设项目的全局性调控和统筹指导，建设中各个分项任务要加强统筹推进、方案对接，实施协调、集成联动，按计划、分阶段推进建设工作。

2. 需求牵引，创新应用

坚持以需求为导向，加强面向公众服务的应用，各业务部门应加大业务和技术应用的广度和深度，充分利用新一代信息技术推进理念创新、管理创新、服务创新，以创新促应用。

3. 资源共享，集约建设

完善科普信息资源共享的支撑体系和管理机制，提高科普资源效益和共享成效。打破体制机制障碍，大力推行集约化建设模式，处理好整体与局部、集中与分散、建设与应用的关系。

4. 规范开放，保障安全

不断完善与健全信息化发展的制度和标准规范体系，确保信息化项目建设和应用的规范性与开放性。合理把握安全与发展的关系，健全信息安全长效机制，实现建设应用与安全保障的协调发展。

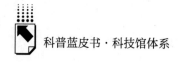

三 上海科技馆的智慧博物馆建设实践

当前，以数字信息技术为基础的云计算、物联网、大数据、数字传感、云储存等技术越来越成熟，以物、人、数据动态双向多元信息传递模式为核心的智慧博物馆已经从理念走向实践。近几年，上海科技馆在"三馆合一"顶层设计和整体规划蓝图指引下，聚焦智慧管理、智慧运行、智慧服务三个方向，各相关部门按照职责分工、分步推进实施，初步形成了管理平台化、服务网络化、决策数据化的"三馆合一"的智慧博物馆架构。

（一）平台化智慧管理建设

1. 建设三馆跨平台协同办公平台

实现了业务全流程再造。三馆跨平台协同办公系统对原有纸质流程进行了再造，重新梳理简化流程，形成了 280 多个新的电子化业务协同流程，让全馆跨部门业务协作、统一管理脱离了手工作业、经验管理阶段，缩短了流转时间，提升了办公效率，实现了无纸化办公，大大降低了纸张消耗，自 2017 年 5 月上线以来至今累计办结 5.4 万多件审批事项，让三馆业务办理实现"数据多跑路，同事少跑腿"。

实现了业务全流程覆盖。实现了预算管理、采购管理、合同管理、报销管理、项目管理、科研管理、展品展现维修管理、专家库、供应商库、人事管理等业务的全覆盖，以及发文管理、电子签章管理、用印管理、公务用餐管理、出差申请、讲座论坛及活动报告审批、施工申请、拍摄申请等日常办公审批等全覆盖，全面集成了各个业务模块及子系统，并根据不同岗位需求实现个性化岗位门户，紧贴员工工作需求，实现智能办公；管理全流程网络化、公开化、透明化，实现了预算控制、过程透明、痕迹保留、角色明晰、责任担当的阳光采购模式，为风险防控、廉政建设插上智慧的翅膀，实现了"制度＋科技＋阳光"。

2. 建设数据总线及业务数据汇聚中心

建设数据总线平台，以"资源共享、提升管理"为目标，培养数据汇聚、数据治理、数据分析能力，打通数据孤岛，进行数据治理，将全馆的数据资源进行全局管理，探索大数据挖掘分析、辅助支撑运行管理、宏观决策等，让数据可视化并发挥更大的价值，有效提升了科技馆运行总体掌控能力。

建设业务数据汇聚中心，接入 OA 系统、票务系统等六大系统共计1980多张数据库表的4000多万条数据，并以每天10万条左右的新增数据量保持增长，实现进同一个门户、三馆合一的跨部门跨层级数据共享，看同一套数据，全维准确共享，场馆宏观运行数据的集中分析、展示。

形成一套数据管理规范，指导和规范未来新的信息化系统建设中的数据管理，包括实时数据采集规范、离线数据采集规范、技术元数据规范、数据资源目录体系、结构化数据存储规范、非结构化数据存储规范、业务元数据标准、数据集规范、代码集标准、数据质量规范等用于共享交换的数据标准和规范。

3. 建设档案管理信息系统

建设档案管理系统，进行档案数字化，包括档案收集、档案管理、档案利用、数据管理、库房管理、系统配置及系统管理七大模块，通过先进的 RFID 射频技术，实现了实体档案智能密集架管控与 RFID 电子标签联动，可以采用"非接触"的形式对实体档案进行盘点和查找，实现了档案收集即时化、库藏管理智能化、档案管理规范化、档案利用现代化，让科技馆的档案管理和使用效率实现了质的飞跃。

（二）智能化智慧运行建设

1. 构建智慧博物馆坚实的基础设施基石

建成了为科技馆总馆及属地化运营提供智能监控、绿色环保、网络安全的数据中心机房，具备 680U 的核心计算能力、近 200 台虚拟化服务器和 150T 的存储资源；为三馆提供 500M 总出口带宽的统一安全、可靠的互联网网络，跨区域 20G 带宽的三馆互联高速光纤网络；共建成游客无线网络 300 多个接入点，达到了展区公共区域的全面覆盖，为游客提供了便捷的移动网络服务。

2. 建设"三馆合一"的智能安防综合管理平台

基于开放的"云计算"的架构，以视频图像资源和报警信息为核心，安装 1800 多个高清摄像头监控、红外微波三鉴探测器 84 个、玻璃破碎报警器 104 个、紧急报警按钮 95 个、电子围栏 200 米，实现了报警、巡更、门禁、对讲、周界等各类安防信息的全面集成、整合、联动，实现了各子系统间的资源共享和信息互通、3D－GIS 地图实时可视化以及联动应急预案；通过集成人脸识别系统，对重点关注人群进出场馆进行报警及预警分析、信息跟踪；实现了馆内各展区及总体客流实时统计、监测、分析、预警，人流密度数据通过场馆三维空间模型实时全景可视化；提供日常监管、应急指挥、综合信息研判和辅助决策等智能化应用，以安防监控指挥中心为载体，实现了"中心管理、三馆融合、系统联动"的三馆智慧安防管理。

3. 建设场馆运行服务高效支撑系统

建立全渠道全天候票务服务及管理系统。为游客提供了票务的便捷网上服务，票务全网售、全分时预约，让观众可通过官方微信公众号、官方网站以及第三方合作平台随时进行分时预约购票，提前七天预售，提供游客网上电影票自助选座服务，现场可直接凭第二代身份证、二维码检票、自助取票机上取票、检票入场等，极大地降低了观众的排队等候时间。团队网上预约为团队销售工作人员提供统一便捷的管理平台，省去电话、传真、邮件等烦琐的传统低效率办公流程，采取旅行社资质网上提交、网上审核的方式控制来馆的旅行社质量，通过设定每日团体总人数最高值的方式，自动控制旅行社来馆人数，避免人为误操作引起的纠纷和现场运营混乱。为检票工作人员提供清晰易用的检票平台，提供闸机检票、一体机检票以及 PDA 无线检票，以满足不同场地不用票种的入馆条件；闸机上还配备了活体生物识别技术——掌静脉设备，用于二次入馆游客使用,这是全国第一次将掌静脉技术运用于游客服务,开创了相关领域的先河。

建立实时客流统计分析系统。系统通过每个出入口的可见光探头及红外热成像探头,采用显示空间立体成像、视觉现实增强技术实时更新统计区域背景模型、完整连续路径追踪技术快速识别各种移动轨迹(高密度、交叉、折返、迂回、纵列、并列、挽臂粘连、站停、曲折前行等)、倾斜角度补偿算法等技术,实现游客人数的精准统计;支持按不同年份、不同时段或年内多个时段自定义组合、对比,支持通过天气维度的变化展现天气与客流之间的关联,实现多维度分析场馆客流;成为实施客流管理的核心依据,确保了春节、国庆黄金周、暑假等大客流时段场馆运行安全有序,为场馆运行安全提供了有力的数据保障及支撑。

建立展项活动线上预约系统。提供相关热门展项和活动的线上预约,2018年春节,展项预约系统上线,观众可在微信预约"食物的旅行"和"地震历险"等热门展项和活动,以往长假期间馆内的排队长龙消失了,取而代之的是互联网上的火爆,10分钟内所有场次秒杀一空,瞬时最高并发数达5800,线上预约节省了游客排队时间,极大地缓解了展区运行压力,让场馆运行更安全有序。

4. 建设楼宇及展项智能化系统

建设建筑物自动化(BA)、通信自动化(CA)、安全保卫自动化系统(SAS)、消防自动化系统(FAS)、结构化综合布线系统(SCS)、结构化综合网络系统(SNS)、智能楼宇综合信息管理自动化系统(MAS)等建筑智能化系统,实现对温、风、气、水、声、光、电、网等场馆环境要素的智能化全天候实时监测与控制,并引入全生命周期建筑信息模型(BIM)应用与管理,建立基于BIM技术的协同数据管理平台,实现上海天文馆项目建设数据信息的整合及综合应用;建设展项与展示设备运行管理系统,对灯光、音响、投影、屏幕、主机、多媒体内容进行控制,实现对展区和展项的全数字化、科学化管理。

（三）网络化智慧服务建设

1. 建设数字博物馆学习平台，拓展互联网科普

建设在线教育平台"自然探索在线"（Natural Adventure Online，NAO），主要包含在线教育游戏、配套卡牌收集展示系统和站内资源检索三大板块。20 个在线教育游戏主要基于 H5 技术，内容依托场馆展览、教育、研究特色，并对标鸟类、昆虫、古生物、植物、地质五个学科领域的核心科学概念，用户将扮演科考队员、厨师、侦探等一系列角色，在问题、任务的引导下开展主动探索，获得沉浸式体验。平台还收录了音频、视频、科普文章、藏品精粹等 1500 余条原创资源，用户可以通过关键字对站内资源进行主题式检索，以获得个性化的、完整的学习方案。平台在推动博物馆资源开放共享、提升公众科学素质等方面发挥了重要作用，这也是国内博物馆对跨界教育的率先尝试。

建设交互共享教育微信小程序"我的自然百宝箱"，打造了移动便携、操作功能更强的交互体验，成为秀一秀"动物"收藏、聊一聊"动物"记忆与故事分享眼中的"万物·家园"的专属平台，采用首页精简、简易化按键设置、瀑布流浏览、搜索、收藏关注等方式让用户界面更友好，让用户得以快速注册、一键上传、了解填写要求等。应用点击量超过 1 万人次，在线共收到昆虫、鸟类、两爬类、哺乳动物、鱼类、软体动物等 982 组上传作品。该应用在增强公众活动的参与互动体验、传播科学的自然观察法方面取得了良好效果，并吸引公众在日常生活中参与到自然观察活动中，拓宽了场馆科普教育的边界。

进行藏品的数字化管理，提供网上资源共享服务。建设藏品管理系统，包括藏品编目（账目）管理、盘点管理、多媒体管理、RFID 新型智能化电子标签管理等共 14 个模块，采用跨平台、RFID 等技术，为实现业务管理、信息交流的数字博物馆提供了一个基础平台；完成 5.5 万余件标本藏品的数字化采集，参加中国科学院植物研究所主持的科技部"国家科技基础条件平台"项目国家标本资源共享平台植物子平台项目，对接国家标本平台

（www. nsii. org. cn）和中国数字植物标本馆（https：//www. cvh. ac. cn/），实现平台共享约 2.1 万余件。

2. 全方位信息传播，扩大国内国际影响力

互联网公众服务平台、官方微信等实现注册用户数近 200 万，为公众提供 PC 版和移动版等多渠道的实时在线服务，提供了信息获取、活动预约、门票购买、科普课件学习、互动交流等全方位的服务，实现了三馆的公众服务、行政党务信息公开与馆文化和对外形象展示；提供英法日韩四国外语网的全新服务，以参观服务和新闻资讯为主，展示馆内各类展览、电影、教育活动、重要新闻和国际交流活动，共有 79 个国家的用户访问，成为外籍人士了解上海科技馆的重要渠道，扩大了上海科技馆的国际影响力。

四　智慧博物馆未来发展展望

信息化经过了多年的发展，也有了新的变化和阶段。信息技术从单纯的作为技术工具和手段，发展到可以为有效地支撑业务发展提供服务，信息化经过多年的发展积累了大量的数据，在新一代信息技术的支撑下，社会已经全面开启了数字化、智能化时代。尤其是新一代人工智能作为新一轮科技革命和产业变革的核心驱动力，将改变世界，推动经济社会各领域从流程化、网络化向数字化、智能化加速跃升。

（一）人工智能将成为智慧博物馆的强大引擎

智慧博物馆从多年的软硬件的投入支撑业务工作、业务流程线上化的信息化时代，迈向了构建数字化体系、数据驱动力、人工智能引擎的人工智能时代。数字已成为建设智慧博物馆的核心要素，需要构建全新的数字体系，加速数字化转型与升级；人工智能将"无时不有、无处不在"，将创造新的强大引擎和核心驱动力；利用人工智能技术，强化数据驱动能力，大幅提升运行、管理、服务的智慧化水平。人工智能时代，人类向智能化迈进，博物馆也朝着智慧化的高级形式——人工智能博物馆迈进。

243

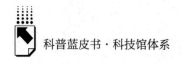

（二）智慧博物馆建设中的人工智能应用场景

在未来的智慧博物馆建设中，深化设施智能、数据智能等人工智能应用，聚焦解决实际瓶颈、痛点问题等现实场景，让科技馆的发展插上"智能＋"的"翅膀"。

1. 智能客流监测及管理

实现馆内各展区及总体客流实时统计、监测、分析、预警和预测（人数、拥挤指数、当前客流速度、流向趋势预测等），智能规划疏散引导路线并联动预案处置，并基于空间模型实时三维全景综合态势可视化；特殊行为识别及监测、预警（游客摔倒、扶梯逆行、持续奔跑、特定禁入区域闯入等），并联动区域管理及时介入消除安全隐患；通过图像识别、人脸识别等随时对特定人员进行全馆区域搜索、定位、监测及路径分析等（特定人员监测、走失儿童寻找定位）。

2. 智能运行监测及管理

汇聚场馆环境监测数据、能源数据、展项运行数据、设施设备运行数据等各类智能传感数据，实现设备状态智能预判和控制调优、设备故障智能诊断和监测预警、能效智能分析和自适应优化管控，并且集成场馆 BIM 模型，打通各系统实现互联互通，实现场馆集约化管理和高效运行及三维全景综合运行状态可视化、智能辅助决策等，提高场馆运行管理效率和风险预判能力，降低运行风险。

3. 智能游客导览及观展

实现游客观展的智能化实时定位、路线导航、游览服务等，并可以根据游客喜好及设定进行个性化实时服务（参观路线、展品展项、科学活动、活动日历、餐饮消费、文创购物、客流导引等）；通过 AR、VR、多语种智能应答机器人等各类人机交互技术，实现虚拟现实导览、智能展柜交流互动、低龄儿童互动导览、展项深度信息展现等丰富的观展体验。

4. 智慧全域旅游及服务

基于游客多维度的用户画像，融合游客交通、信息浏览、购票、入馆、参观、购物、餐饮、离馆等的全路径、全行为数据，主动为游客提供及时、精准、个性化、智能化的信息推送服务，拉动游客多次来馆参观；融合其他景区数据，智能分析游客偏好，主动、精准地推送场馆信息给有意向的游客，既要拉动、吸引新增客流来馆参观，又要消除淡旺季矛盾，实现削峰填谷。

5. 智能辅助藏品修复及研究

对藏品损坏或残缺部分的姿态、颜色、尺寸等进行智能学习及模拟修复，为修复专家提供可视化三维模型、修复方案等辅助参考；对藏品进行图片、三维模型等一体化数字化采集、存储、展示、管理等，可以对数字化藏品进行智能特征提取及知识图谱构建，实现藏品数字化的高效管理、精确检索、智能分类、关联分析、对比鉴定等，以数字化和智能化手段辅助研究。

综上所述，上海科技馆对于智慧博物馆进行了长期的研究和建设实践，并在顶层规划的指引下，统一规划，分阶段、分层次地进行基础建设、应用实施、持续优化的循环迭代建设，在拓展互联网科普、便捷游客网上服务、支撑场馆运行、提升协同管理、助力廉政建设、加强安全保障等方面全面助力业务发展。在未来，智慧博物馆建设将顺应新一轮信息技术和科技革命发展浪潮，深化智慧管理、智慧运行、智慧服务、智慧教育、智慧保护等，持续构建面向深度智能感知、教育多元传播、跨界开放共享、数据融合治理、精细决策管理的能力，推动信息技术和事业创新发展全面深入融合，更高质量助力博物馆数字化创新发展。

参考文献

宋新潮：《智慧博物馆的体系建设》，《中国文物报》2014年10月17日。

燕旸：《博物馆的智慧保护和智慧管理述略》，《文物鉴定与鉴赏》2016年第7期。

李姣：《智慧博物馆与AI博物馆——人工智能时代博物馆发展新机遇》，《博物院》2019年第4期。

B.17

供给侧结构性改革下的科普讲座

——重庆科技馆科技·人文大讲坛创新研究

朱珈仪 董泓麟 郑诗雨 张婕*

摘　要： 科普讲座是科技馆开展科普教育的一种较为常见的形式。随着信息化时代的到来，以面对面交流为主要方式的科普讲座受到严峻挑战。究其原因，主要是信息技术的发展和新媒体的广泛应用，使公众获取信息的渠道和方式日益增多，严重冲击了传统科普讲座的生存和发展空间。在此背景下，重庆科技馆科技·人文大讲坛转变策划思路，创新传播形式，进行内容二次研发，开展了同一主题不同层面内容设计、活动体验向多元化转变等实践探索。科技馆科普讲座通过沉浸式氛围打造、数字技术融合、社会优势资源整合等多途径，进一步扩大了科普覆盖面、提高了关注度及传播力，有助于提高公民科学素质。

关键词： 科普讲座　科普生态圈　科普传播

科技馆教育是指由科技馆组织实施的，以作品或活动为载体、面向全社会公众进行的各种普及性科学教育、科学传播的作品与活动的统称。科技馆

---

* 朱珈仪，重庆科技馆副馆长，研究方向为科学传播、科学教育；董泓麟，重庆科技馆创新发展中心副主任，馆员，研究方向为科技馆教育活动、科学传播；郑诗雨，重庆科技馆创新发展中心项目研发专员，助理馆员，研究方向为科技馆教育活动、科学传播；张婕，重庆科技馆创新发展中心项目策划专员，副研究馆员，研究方向为科普传播、科学教育。

教育活动是指科技馆开展的各种普及性科学教育、传播活动。按活动的形态来分，科普讲座属于对话类交流活动①，以传播科学知识、科学精神、科学思想和科学方法为目的，由科技专家面向大众进行的一种传授方式，多采用报告会和广播的形式②。科普讲座具备内容的多样性、知识的前瞻性、形式的互动性等基本特征。科普供给侧结构性改革是新时代下我国科普事业发展的重要思路和方向，如何从以广大群众为主的需求方出发，调整及优化供给方提供的科普产品，使之更加精准、有效，亟须广大科普工作者思考和实践。在这样的背景下，重庆科技馆通过加大科普内容研发、增强科普服务实效，促进渠道与模式融合的实践，推动科普讲座的创新发展，为探讨如何服务于科普供给侧结构性改革提供参考。

一 科技馆科普讲座面临的机遇与挑战

（一）科普讲座面临的机遇

1. 新时代下科学普及的重要性及政策支持，为科普讲座的开展营造了良好的外部环境

习近平总书记强调，科技创新和科学普及是实现创新发展的"两翼"，要把科学普及放在与科技创新同等重要的位置。讲座类科普活动在政府制定的各项关于公民科学素质提升的政策法规、规划中不断被提及。《全民科学素质行动计划纲要实施方案（2016—2020 年）》指出，举办讲座、报告会，组织专家面对面等活动是提升重点人群的科学素质的重要方式，也是实施科技教育与培训基础工程的具体组成部分。《中国科协科普发展规划（2016—2020 年）》也指出，讲座类科普活动是实施科普传播工程的具体载体。不仅

① "科技馆教育活动创新与发展研究"课题组：《科技馆教育活动创新与发展研究报告》，载《科技馆研究报告集（2006～2015）》，中国科学技术出版社，2016，第 692 页。
② "中国科技馆新馆教育活动项目研究"课题组：《中国科技馆新馆教育活动理论研究报告》，载《科技馆研究报告集（2006～2015）》，中国科学技术出版社，2016，第 58 页。

如此，讲座类科普活动作为开展重点领域科普工作、提升科普服务能力、营造鼓励创新的文化环境的一种重要工作方式，也在被广泛应用。

2. 信息技术的高速发展和新媒体的应用，为科普讲座的传播助力赋能

随着"互联网＋"科普的兴起，MOOC 这类线上开放课程在 E-Learning 领域的风靡，以及大科普格局的推动，网络大大提高了科普讲座传播效率。例如，在"典赞·2019 科普中国"十大网络科普作品中，中国科学院长春应用化学研究所高楠关于阿尔兹海默症的主题演讲就占有一席之地，该演讲的视频浏览量在腾讯视频"中国科普博览"栏目超过 465 万次，图文版阅读量在首发平台微信公众号"格致论道讲坛"超过 10 万次①。

（二）科普讲座面临的挑战

1. 受多行业举办类似活动的冲击，平台优势减弱

当今社会，不仅是博物馆、图书馆等公共机构可邀请专家面向公众开展讲座，越来越多的高校院所、社会机构、媒体等也积极参与到科普大军的行列，开展多项讲座类科普活动，比如，今日头条主办的"海绵演讲"，果壳承办的"我是科学家"，中国科学院主办的"格致讲坛"，一席独立媒体主办的剧场式现场演讲"一席"等，这些丰富的讲座类活动让科技馆举办科普讲座的优势越来越不明显。

2. 受组织模式单一的制约，资源存在短板

许多科技馆开展的科普讲座多为独办、承办，合办较少或合作内容有限，在经费、专家、宣传等方面也存在短板。如经费方面，科技馆开展的科普讲座多为公益性质，其经费来源多为政府财政支出，在有限的经费里需考虑多项支出，如既要合理尊重演讲嘉宾的知识产权，又要通过多种渠道做好宣传推广，在条件允许的情况下还要考虑为观众提供丰富有趣的现场体验；专家方面，单个馆很难邀请到多位省市外甚至国外有代表性的专家来专门参

---

① 数据来源：2020 年 6 月腾讯视频中国科普博览栏目观看量、格致论道讲坛微信公众号阅读量。

与一次线下活动。此外，"全国各地区讲座发展不平衡还与各地区专家资源分布不均有关，东北、华北、长三角、珠三角沿海经济发达地区拥有大量的教育资源和文化科技资源，在重点院校、科研院所集中了优秀的专家资源"①。这样的情况在科技馆同样存在。

3. 受传统活动形式影响，科普传播延续性不够

科技馆行业现今虽更加注重教育活动研发，但这里指的"教"，更多的是展陈范围内的教育活动，讲座类科普活动则属于展陈范围外的"教"，其传统的组织形式并不重视研发与策划，再加上单场讲座大多数情况下仅邀请一位专家，重复开展率较低、连续性不强等原因致使围绕讲座开展的科普影像、图书、文创，以及理论提炼等产出不高。

二 重庆科技馆科技·人文大讲坛发展思路

重庆科技馆科技·人文大讲坛是在重庆市科协指导下，面向公众开展科普宣传、传播科学文化、弘扬人文精神的公益讲坛。讲坛立足"公益 高端 精品"定位，向所有热爱科学、有兴趣传播科学的个人和组织开放，邀请国内外科技和人文领域的专家学者与社会公众面对面交流，为双方搭建交流科学的桥梁。自 2010 年开办至 2017 年 8 月，共举办讲坛 63 期，观众近 3 万人次，其中青少年观众 1.5 万人次，内容涉及航天航空、环境生态、生命健康、信息技术、能源材料等多个领域。

面对信息化时代下科普讲座的机遇和挑战，重庆科技馆于 2017 年底对科技·人文大讲坛进行改版升级，积极构建观众、专家学者、社会机构三方良性互动、共同受益的讲坛生态圈；致力于呈现层次丰富、观点立体的科学内容，创设讨论话题、分享观点的科学氛围，展示视野高阔、富有人文气息的科学情怀。并且重庆科技馆增加在线传播活动实况，搭建专家学者与公众

---

① 兰艳花、单志远：《我国公共图书馆讲座服务实践现状及若干建议》，《图书馆界》2011 年第 6 期。

双向沟通、线上线下交流互动的桥梁。截至 2019 年底，改版后的科技·人文大讲坛共开展 21 场讲座，在思路、内容、形式及传播渠道等方面进行了创新。经过两年实践，改版前后的讲座观众数，由线下的平均每期 457 人次提升至每期 775 人次，线上则实现了从无到有的突破，平均每期 26 万人次观众观看网络直播，两年累计超过 1000 万人次（见图 1），取得了一定的成效。

图 1 科技·人文大讲坛改版前后平均每期观众数变化情况对比（2010～2019 年）
资料来源：重庆科技馆创新发展中心。

（一）以 MCR 工作方式为指导，构建良性互动科普生态圈

针对面临的机遇挑战和各项瓶颈，重庆科技馆以 MCR（Mission——使命，Customer——需求，Result——成果）工作方式为指导，重新思考新时代下，讲座类科普活动如何进一步在全民科学素质提升及现代科技馆体系建设中发挥作用。通过重温讲坛发展历程、分析新时代下的目标和挑战，重庆科技馆制定了《重庆科技馆科技·人文大讲坛发展规划（2018～2020）》，在保留讲坛原有"公益 高端 精品"定位的基础上，从使命担当、客户需求、工作成效出发，在新时代下赋予讲坛新的价值内涵。围绕强化组织和聚力辐射，将使命中的公益坚持下来，延伸为进一步增大普惠、均等的作用发挥；围绕专业意识和创新形式，将需求中的高端体现延伸为进一步推动结

构和质量的转型发展；围绕信息建设和产出转化，将成效中的精品打造延伸为进一步加强能力和效益的双重提升；逐步建立起由重庆科技馆、观众、合作机构三要素构成的良性互动、共同受益的讲坛生态圈。

（二）以公益科普为基调，加强科普资源整合与机构联动

重庆科技馆科技·人文大讲坛重温并明确讲坛使命，在坚持公益原则的基础上，更加注重讲坛在科普公共服务中普惠和均等作用的发挥。通过馆馆、馆校、馆企等机构联动，整合资源，集中力量，在人、财、物三方面强化组织，在宣传、影响上聚力辐射，在有效保障公益性的同时，拓宽渠道，扩大影响，支撑普惠化、均等化作用的发挥。

（三）以科普内容为重心，优化服务保障机制与科普传播路径

从提高人民群众科普获得感出发，通过问卷调研、数据分析等形式，了解和把握观众需求，并以观众需求为导向，在科普内容高端、权威的基础上，注重结构转型，探索机制改善，进一步推动讲坛高质量发展。一是通过制度文件、工作流程和行业标准，促进管理精细化、操作规范化和服务专业化，牢固树立专业意识。二是在选题策划和活动体验上创新形式，选题策划由"一事一讲""一事浅讲"向"一事多讲""一事深讲"转变，从自然科学、工程技术、人文社会三个角度，对同一个主题进行不同层面的内容设计，活动体验由单一化向多元化转变，通过沉浸式氛围打造、数字技术融合，加深参与度、增强参与感。

（四）以科普成果为导向，打造优质精品科普讲座与成果

坚持成果导向，不断打造精品内容，以此加强创新能力和科普效益的双重提升。一是在信息建设方面，结合智慧科技馆、数字科技馆、信息化服务枢纽等线上综合平台，设置讲坛专栏，提供关键字搜索和视频、图文回看等多项科普服务，以及适应不同渠道传播特点的科普产品，提高科普传播率，促进效益提升。二是在产出转化方面，针对讲坛线下活动一次性的特点进行

二次研发，提高科普利用率，既做频率上的"快消品"，又做质量上的"耐消品"，加强理论研究和提炼，提升团队对活动的科学管理和决策水平。

三　重庆科技馆科技·人文大讲坛发展举措

对照以 MCR 工作方式为指导的讲坛规划思路，具体从保障机制、机构联动、科普传播、科普讲座成果转化等方面开展实践探索，注重科普内容研发，增强科普服务实效，促进渠道与模式的融合，推动讲坛的科普供给侧结构性改革，重塑工作新格局（见图2）。

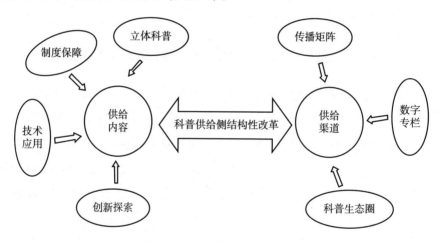

图2　讲坛科普供给侧结构性改革的具体做法

（一）建立健全保障机制

大型讲坛是一类综合性较高、组织过程较复杂的科普活动，研发人员不仅要敏锐地察觉热点、找准切入点进行选题策划，还要做好协调、事务等各方面的组织工作。清晰的制度是让活动环环相扣、有条不紊进行的有力保障，也能最大限度地避免在活动周期内因人员调动、工作交接等常见情况造成的负面影响，进而保证活动顺利落地。基于以上认识，重庆科技馆重新梳理讲坛的工作流程和标准，制定渠道维护的管理办法，先后在对外审批、视频制作等9个方面形成了《重庆科技馆科技·人文大讲坛流程标准》，涉及50余项相关流程的规范操作，在成员审核、发布标准等6个方面形成了《重庆科技馆科技·人文大讲坛用户群管理规范》，在名称中英文使用规范、标准简介等5个方面形成了《重庆科技馆科技·人文大讲坛品牌规范》，以制度促进品牌管理精细化、活动操作规范化、科普服务专业化。

（二）积极拓展科普内容供给与宣传途径

1. 吸纳整合更多优势科普资源，倾力打造互利共赢的科普生态圈

围绕讲坛各个阶段的需求和目标，以重庆科技馆、观众、合作机构（主要指各期讲坛的支持与合作单位，包括政府机关、企事业单位等）等三要素为主体，在定向联系、资源借力、招募征集等方式上进行了诸多尝试，探索科普资源共建共享机制，不断推进重庆科技馆、观众、合作机构良性互动、共同受益的科普生态圈建设。重庆科技馆通过举办大讲坛，向市民普及科学知识，达到提升全民科学素质的目的，通过合作机构获得技术、经费和人员方面的支持；合作机构通过重庆科技馆获得社会影响和平台资源，通过观众获得人气及市场；观众通过重庆科技馆满足其知识提升和专家对话的需求，通过合作机构获得丰富的知识或技术体验。三要素紧密联系，构成了一个闭合循环的讲坛科普生态圈（见图3）。2018~2019年，讲坛活动专家80余人、合作伙伴40余个，分别参与选题策划、经费支持、内容提供、现场执行等多个方面，进一步强化组织力量、筑牢合作基础。

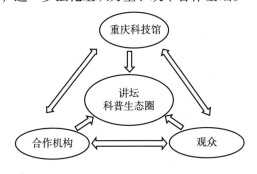

图3 重庆科技馆、观众、合作机构三要素构成的讲坛科普生态圈示意

2. 注重信息化科普资源的利用，积极开拓对外科普传播资源与载体

一是构建科普传播二级矩阵。在共建科普生态圈、对内加强组织力量的基础上，加强与重庆市内媒体合作，进一步细分媒体资源，组建二级传播矩阵，即以讲坛内容为核心，通过本地媒体（电台、电视台、报纸等）、门户网站（大渝网、华龙网等）、视频网站（Bilibili、豆瓣等）、线下平台（宣传栏、多媒体等）、移动 App（上游、网易等客户端）和社交网络（微博、QQ、微信等）等 6 条渠道，首发建立一级传播矩阵，通过购物狂、企鹅生活会等各大论坛、江北微发布等政务平台、游客群体及合作伙伴大 V、微信号等扩散传播相应内容，转发建立二级传播矩阵（见图 4）。

二是开辟讲坛数字专栏。结合互联网时代的传播特点，在参考中国科协《关于加强科普信息化建设的意见》等相关文件的基础上，利用官网平台建设科技·人文大讲坛专栏，提高传播率，扩大覆盖面。一方面，梳理讲坛开坛以来各类影像及文字资料 800 余份，充分考虑不同人群的阅读习惯，从时间和空间上全面有序地分板块展示讲坛内容，向公众提供查询、回看等线上服务，搭建科学的信息化框架。另一方面，专栏上线后，结合用户使用意见以及运行情况评估，针对因内容多、涉及广、占用服务器资源大造成的搭建

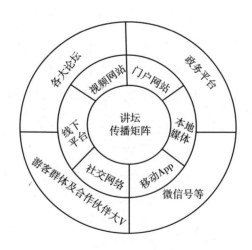

图 4　讲坛传播矩阵（内圈为一级首发矩阵，
外圈为二级转发矩阵）

模块耗时长、界面兼容性弱等问题，进行功能优化、页面美化和排版简化，进一步降低专栏的使用成本，贴近用户的使用习惯，提高信息技术的便捷度和内容的利用率。

（三）不断探索科普讲座新模式

1. 改变讲座内容单一的模式，多角度解构主题

通过向所有热爱科学、有兴趣传播科学的个人和组织开放，邀请参与者共同从自然科学、工程技术和人文社会三个不同角度解构同一个科学主题，呈现层次丰富、观点立体的科学视野，探索建立观众需求有带入、热点内容有融入、资源合作有引入、科普体验有浸入的立体科普，最终不断增加客户对科普品牌的黏性。

以 2017 年开展的"你不知道的野生动物保护"主题为例（见表 1），讲坛的活动设计遵循什么是野生动物、野生动物在哪里、怎么保护野生动物、野生动物保护与生活息息相关四条线索徐徐展开，并在讲坛活动的现场进行相应的环境布置，深化公众对野生动物保护工作方法、高科技手段及生命共同体的认识，树立尊重自然、顺应自然、保护自然的意识。

表1　"你不知道的野生动物保护"设计示意

角度	线索	形式	内容
自然科学	什么是野生动物	展板	包括野生动物的科学范畴、典型代表及分级
		讲坛	研究方法、工具、地点、环境、组织、渠道、意义等
工程技术	怎么保护野生动物	模型、图影	国内外的自然保护区，野生动物栖息地、救护站、濒危动物科研中心等
人文社会	野生动物保护与生活息息相关	讲坛	人与自然是生命共同体
		阅读、展板	野生动物保护法及国际贸易公约等相关法律法规，常见的违法行为、违法制品等

除"你不知道的野生动物保护"外，2018～2019 年，科技·人文大讲坛先后以"如果森林会说话""文物若有张不老的脸""我叫中国造"等为

题（见表2），在生态文明建设、坚定文化自信、建设航天强国等方面，从自然科学、工程技术、人文社会三方面开展了选题策划。

表2　2018～2019年讲坛选题策划概览

主题及切入点	角度	内　容
如果森林会说话(生态文明建设)	自然科学	城市的自然保护区及森林科学课等
	工程技术	森林科研工具及森林产品等
	人文社会	诗歌中的森林及林业科研人员等
文物若有张不老的脸(坚定文化自信)	工程技术	建筑遗产的数字修复及虚拟设计等
	人文社会	文物遗址的保护、传承与创新
我叫中国造（建设航天强国）	工程技术	现代化航空工业体系建设和国产大飞机研发等
	人文社会	英雄试飞员事迹、无人机花式表演等
神机妙算(建设数字中国)	自然科学	脑科学、神经科学等
	工程技术	生物多层神经网络、计算机科学等
	人文社会	人脑记忆术、人工智能的科幻未来微缩场景创作等
赛先生如是说(展示科技工作者形象)	自然科学	深空探测等
	工程技术	蛟龙号、载人深潜等
	人文社会	科学谣言、科幻创作等
山城科学院(重庆城市发展)	自然科学	长江物种保护、考古等
	工程技术	5G、桥隧技术等
	人文社会	文明探源、艺术表现等

2. 运用新媒体手段营造沉浸式科普氛围，注重线下线上相结合

运用数字网络等技术手段，实现现场屏幕互动、线上问卷调查、网络直播回播、数据搜集分析等功能，营造兼具互动性和体验性、科技感和实观感的沉浸式活动现场，形成台前台后对话、线上线下参与的良好氛围，进一步激发观众兴趣、提升科普效果。

一是在活动前、中、后三个阶段运用不同的信息技术，持续丰富和优化观众的线下体验（见图5）。活动前，通过线上平台传递讲坛的亮点内容，实现网络预约、人数统计、回访确认等功能，使潜在观众多角度了解活动并便捷预约；活动中，通过视频直播，实现讲坛的实时线上观看和转发传播，通过屏幕互动实现观众与讲者同步对话，增强观众的体验感和参与感；活动

后，通过线上调查搜集观众的反馈建议，通过数字专栏提供活动资料回看、查询、再传播等功能。

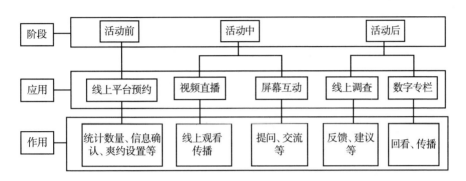

图5　讲坛在活动前、中、后阶段技术应用示意

二是参考慕课、微课等发布形式，以及《国家精品课程教学录像上网技术标准》等行业标准，通过专业拍摄、文字速记、后期制作，精制讲坛视频，进行二次传播。

（四）聚焦讲坛主题内容的深度挖掘和二次研发

传统的讲坛是线下活动，具备"一次性"的特点，对内容供给的创新探索充分考虑到这一特点，将"盘活存量"作为重要的指路标，在工作中转变思路、大胆创新、探索实践，在持续时间和传播空间上纵横深化讲坛内涵。

一是依托讲坛线下活动的主体内容进行二次研发，让讲坛输出的科普产品既做频率上的"快消品"，又做质量上的"耐消品"。二次研发有两种类型：一类是根据讲坛已有内容进行拓展延伸，独立或融合地开展其他活动（见表3），以2019年开展的"赛先生如是说"主题为例，其间配套开展"十万颗科学种子收集计划"，鼓励公众积极主动地参与讲坛线上线下活动、传播相关科普内容，生产科学种子，达到一定目标后，重庆科技馆向山区留守儿童赠送100本科幻启蒙书；另一类是在讲坛已有内容的基础上，提炼创作短视频、科普图文、动画短片等更精练及适宜网络传播的科普作品（见

表4），以2018年开展的"如果森林会说话"主题为例，在线下讲坛活动的内容中，选取在城市森林资源中修建手作步道作为切入点，制作《手作步道——一条人与自然的和谐之路》动画短片，成功申报2018年科普融合创作与传播项目，在科普中国、重庆新浪等媒体平台播放，点击量达15万次。

表3　部分拓展延伸类的二次研发

主题	拓展活动	内容
如果森林会说话	十万颗科学种子	鼓励公众线上线下参与、传播讲坛,生产科学种子,共同达成目标后种下1000棵树
	修建手作步道	顺应本地环境特性和历史脉络,因地制宜地设计和修建步道
我叫中国造	8小时飞行+	征集市民到通航产业园体验机舱模拟驾驶,无人机竞技、编程体验,以及花式表演观赏
神机妙算	机器来袭	讯飞听见、AI小布、跳舞机器人互动
赛先生如是说	十万颗科学种子	鼓励公众线上线下参与、传播讲坛,生产科学种子,共同达成目标后送出100本书
山城科学院	跨界工作坊	桥梁等领域,与音乐等艺术形式结合

表4　部分提炼创作类的二次研发

主题	作品创作	形式
如果森林会说话	在城市森林公园打造手作步道	动画短片
	森林保护的工具、科研人员等	科普文章
神机妙算	机器学习的含义、分类、发展等	科普图文
山城科学院	桥梁形态及力学原理	科普图文

五　结语

重庆科技馆在科技·人文大讲坛活动上的创新，主要表现为从管理制度、讲座流程等方面建立健全保障机制；从打造科普生态圈、加强信息化利用等方面拓展讲座内容的供给与宣传途径；从多角度解构主题、营造沉浸式科普氛围等方面不断探索科普讲座新模式；从对已有内容进行拓展延伸和提炼创作等方面聚焦讲坛主题内容的深度挖掘和二次研发。这是顺应新时代社会发展变化，在国家大力推进终身教育体系、构建学习型社会背景下，探讨如何围绕现代科技馆体系建设，提升全民科学素质的具体体现，并在实践中不断积累成败经验。

参考文献

何旭：《关于科普讲坛的一点建议》，《才智》2009 年第 33 期。

余水立：《关于公共图书馆讲坛的思考》，《传媒论坛》2018 年第 20 期。

B.18
以基层科普为抓手推动科技馆体系建设

—— 以新疆科技馆为例

盛凯 刘媛*

摘　要： 新疆首座科技馆始建于 20 世纪 80 年代，90 年代新疆基层科普场馆兴起建设高潮。经过 30 年的发展，全疆现有 26 座科技馆，基本已发展成一个覆盖城乡、实用高效，以满足不同人群科普需求为宗旨的科技馆体系。它以实体科技馆为依托，统筹流动科技馆、科普大篷车、农村中学科技馆、县域科技馆和社区科普馆，以基层科普工作为重点，助力全疆公民科学素质提升。新疆基层科普场馆建设因地制宜，构建多级联动机制，以省级馆为引领，打造品牌活动，取得了一定成效。

关键词： 科技馆体系　流动科技馆　科普大篷车

科技馆是长期面向公众开展科普活动的重要阵地，在提升公民科学素质方面发挥着重要的作用。1985 年，新疆建成了全疆第一座科技馆——新疆科技馆，建筑面积 10119 平方米；2008 年，改扩建后的新疆科技馆新馆向公众免费开放。截至 2019 年底，新疆已建成开放 26 家科技馆，其中享受国家免费开放资金补助的 15 家，包括新疆科技馆、乌鲁木齐市科技馆、伊宁市科技馆、库尔勒科技馆、克拉玛依市科技馆、和田市科技馆、吐鲁番市科

＊ 盛凯，新疆科技馆办公室科技辅导员，研究方向为科学传播；刘媛，新疆科技馆办公室科技辅导员，研究方向为科学传播。

技馆、乌苏市科技馆、叶城县科技馆、和布克赛尔蒙古自治县科技馆、呼图壁县科技馆、塔城市科技馆、阿克苏市科技馆、乌恰县科技馆、昭苏县科技馆。

近年来，新疆聚焦社会稳定和长治久安总目标，围绕推进现代科技馆体系建设，以基层科普为抓手，整合科普资源，创新体制机制，有效发挥实体科技馆、流动科技馆、科普大篷车、农村中学科技馆以及科普教育基地科学教育和科普宣传主阵地作用，为提升全疆各族群众科学素质、夯实总目标做出了积极努力，并取得了一定成效。

一 科技馆体系下新疆基层科普工作现状

针对新疆地域广阔的特点，新疆重点利用流动科技馆、科普大篷车、县域科技馆、社区科普馆等，服务基层公众，助力全疆公民科学素质提升，促进全疆科普服务公平普惠。

（一）流动科技馆

2013 年，新疆开始配发流动科技馆，截至 2019 年底，全疆累计配发流动科技馆展品 18 套，其中有 2 套已完成巡展任务，并已落地捐赠，剩余 16 套展品继续开展巡展活动①。流动科技馆新疆巡展的主要对象为尚未建设实体科技馆的县（市），优先考虑边远地区、贫困县（市）。新疆科技馆作为流动科技馆新疆巡展的具体执行单位，加强与相关单位的合作，使流动科技馆巡展工作得到了所到地党委政府及科协、教育局的大力支持。2013～2019年，流动科技馆在新疆 50 余个市县站点巡展，实现了全区 14 个地州的全覆盖，巡展行程达到 15 万公里，开展特色科普活动 1000 多场次，惠及群众约400 万人次，覆盖巡展地 80% 以上的适龄青少年，其中农村少数民族学生占很大比例，为社会公众搭建了参与科学实践、提升科学素养的平台。

---

① 本文数据均来自新疆自然博物馆协会及新疆科技馆统计数据。

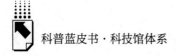

（二）科普大篷车

2005年，新疆申请第一辆科普大篷车，至今累计配发各类科普大篷车121辆，基本完成全覆盖。科普大篷车在运行期间，尤其是流动科技馆巡展启动前的6年间，将科普展品送到缺乏科普设施的边远贫困地区，极大满足了当地青少年享受科普服务的需求。仅2019年，全疆科普大篷车联合开展各类科普活动537场次，惠及各族群众及青少年20万余人次，累计展出110余天，行程7.8万多公里。新疆科技馆还联动各级科协、科技馆，举办"科普大篷车进校园"活动，结合研学实践教育活动将科学课程送到基层，激发基层青少年的动手能力和逻辑思维能力，不断延伸大篷车的科普展教功能，提高教育水平。

（三）农村中学科技馆

2014年，农村中学科技馆项目在新疆落地。截至2019年底，新疆现有农村中学科技馆展品30套，分别在和田、伊犁、昌吉、吐鲁番、巴州、喀什、阿勒泰、克州8个地州的30所乡镇中学落地，其中2019年受赠学校有7所。目前，30套展品在全疆各地州的基层中学以点带面地开展科普展教活动，2014～2019年平均年开展教育活动300场，直接受益青少年达到12万人次以上。新疆在农村中学科技馆运行方面积累了一定经验，2017年，和田地区民丰县若克雅乡中学、伊犁州察布查尔县海努克乡中学在中国科技馆发展基金会举办的全国农村中学科技馆经验交流会上被评为优秀学校，并在中国科技馆发展基金会制定的《农村中学科技馆项目网络平台积分管理细则》的基础上，逐步形成农村中学科技馆管理制度和考核管理办法，使管理更加科学、运行更加高效。

（四）县域科技馆

新疆地域辽阔，基层地区的科普资源匮乏，为不断加强基层科普阵地建设，提升各族群众科学文化素质，在流动科技馆、科普大篷车、农村中学科技馆等科技馆体系重要组成部分之外,新疆还设立了县域科技馆这一特色项目,主要向南疆四地州和边远农村地区倾斜。县域科技馆不同于县级科技馆,是在县级地区配套科普展品和展教资源,将优质科普资源向基层下沉。2018年,新疆首次在疆内10个县域分别配发县域科技馆展品,每套展品包含36件以上的科普展品、1套球幕影院、2套VR互动设备。在展品内容上,主要从基层群众易于接受和理解的角度出发,保证知识点涵盖面广,提供耳目一新、科技感十足的新颖展品,充分重视展品的互动性和科普效果。目前,县域科技馆取得了超乎预期的良好效果,尤其是移动球幕影院和VR设备广受基层群众欢迎。

(五)社区科普馆

为进一步推进基层科普工作,发展社区科普事业,提升广大群众科学文化素质,促进社会和谐发展,新疆科技馆以提高基层群众科学素质为出发点和着力点,促进辖区科普场所的建设,探索本地社区科普联合协作的有效机制,打造"政府大力推动、各部门联合协作、公众广泛参与"的社区科普工作格局。通过支持示范县实施社区科普馆建设,丰富城镇社区服务内容,为社区居民提供科普讲座、展览、培训及各类竞赛等,与新时代文明实践中心、社区科普服务站、科普画廊、科普图书室等设施有机融合,形成一个整体,打造成社区科技教育、传播与普及的坚强阵地,成为社区居民科学素质提升的重要渠道和途径。社区科普馆在发挥科普功能的基础上,紧密结合南疆各县市重点工作、区域特点和当地产业、行业发展需求,充分展现科技在社会经济发展中的作用,及时转化最新科技成果与科学知识,对提升社区群众的科学素质发挥着重要作用。

二 新疆现代科技馆体系建设经验

新疆现代科技馆体系建设以基层科普工作为重点和抓手,不断实践探索,总结了一些有益经验。

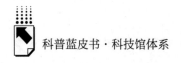

（一）因地制宜，实现基本科普服务均等化

建设新疆现代科技馆体系，是充分考虑新疆地域辽阔的实际情况和广大人民群众对于提升科学素质的迫切需求的战略选择。在有条件的北疆大中型城市建设相对高水平综合类科技馆，在县域主要开展流动科技馆巡展，在乡镇及边远地区开展科普大篷车活动，开展进农村、进学校、进机关、进军营、进监狱、进社区等科普活动，配置农村中学科技馆，建设基于网络的数字科技馆。针对不同人群的实际需求发展不同类型的科技馆，根据不同区域、不同层级投入主体（政府、援疆、企业、其他机构等）的支持能力选择建设合适的科技馆，以为公众提供可持续的科普服务作为科技馆事业发展的出发点和落脚点，大力促进全疆科普资源共建共享，快速提高全社会公众科普服务能力。

（二）多级联动，实现科普资源效用最大化

新疆地域辽阔，各地州市县和乡村之间路途遥远。为了更有效地发挥科技馆体系整体效应，构建符合新疆特点的全疆科普服务平台，新疆尝试构建自治区、地州市、县（市、区）三级有效联动机制。其一，国家关于科普工作的部署通过多种类型的科技馆和基层科普设施提供的服务，以更加贴近公众的方式得以落实；其二，明确了自治区科技馆对基层科普场馆的支持和指导，基层科普场馆和设施得到持续有效的支持；其三，同一层级的不同形式科技馆服务协同联动，不同机构相互支撑，整体效应优势更加明显。新疆在现代科技馆体系的发展中旨在构建一个符合新疆特点的全疆科普服务平台，实现科普资源效益的最大化。

（三）省馆充分发挥示范引领作用

在科技馆体系建设中，省级馆应当充分发挥示范引领作用，带动全省科技馆建设发展。新疆在现代科技馆体系发展水平整体落后于东部发达地区的情况下，新疆科技馆作为新疆重要的科普服务窗口和平台，充分发挥了新疆

科技馆的龙头作用，以实体馆为核心，通过常设展览、短期展览、科普剧表演、科学实验、特效影院放映、科普"六进"等内容丰富、涵盖面广的科普展教活动，体现现代科学教育的先进理念，积极推动公共科普服务能力的整体提升。统筹流动科技馆、科普大篷车、数字科技馆，增强并整合科普资源开发、集散、服务能力，发挥数字科技馆在资源开发、共享、协同、增效等方面的作用。同时，大力提升县域科技馆、农村中学科技馆、青少年科学工作室等辐射服务，实现资源的共建共享。特别是近几年，随着基层科普场馆的不断建设，新疆科技馆在硬件和软件方面给予地州场馆大力支持，有效推进新疆现代科技馆体系建设工作的深入开展。

（四）打造品牌，主题活动见成效

结合"全国科普日""科技工作者日"等主题日，充分发挥流动科普优势，联合开展各类主题科普宣传活动。例如，巴音郭楞蒙古自治州科协联合党委宣传部、教育局、科技局、农业农村局、卫健委等部门在尉犁县开展以"礼赞共和国 智慧新生活"为主题的 2019 年全国科普日尉犁县系列活动，为广大村民和社区居民普及日常生活与卫生健康相关科学知识，营造讲科学、爱科学、学科学、用科学的良好氛围；在第 49 个"世界环境日"来临之际，科普大篷车走进农十二师 104 团西城南社区，开展了以"美丽中国，我是行动者"为主题的科普展教活动，进一步推动公众积极参与生态文明建设，以实际行动共建天蓝、地绿、水清的美丽中国。

三 新疆现代科技馆体系存在的问题

受地方经济发展等多种因素制约，与其他经济发达地区相比，新疆的科技场馆等科普基础设施还相对薄弱，远远不能满足公众对科普资源的需求，在科技馆体系的持续深化建设进程中，面临的主要问题如下。

（一）流动科普设施管理机制有待进一步完善

流动科技馆、科普大篷车、农村中学科技馆、县域科技馆等基层科普设施的建设虽然取得了一定社会效益，但实际工作中也凸显了不少问题。主要体现在制度机制不完善；协调科协及其他相关业务部门"大联合"不到位；个别地州对大篷车运行数据汇总及信息报送工作认识不足，没有责任到人，基层大篷车开展联合活动的积极性不高；缺少创新性科普宣传活动。存在以上问题的主要原因仍在于制度建设不完善、管理机制不健全，从而导致各级职责不够明确。

（二）人员能力水平有待提高，研发能力不足

随着现代科技馆体系的建设发展，对科技馆工作人员的要求日益提高。科技馆工作人员既是科普教育工作者，又是科技馆的运营管理人员，不仅需要懂得科技馆展品陈列、保管、维护等工作，还要掌握管理运营技术，会进行市场运作与宣传，了解观众的心理，辅导公众进行学习和参与科技活动。对科技馆的工作人员素质和专业能力要求高，科技馆工作人员的专业知识和业务技能有待于进一步提高。

（三）新媒体应用不够

新媒体作为一种新型传播渠道和工具，具有即时性、互动性、可视性、成本低等特点和优势，使其有别于传统媒体而深受观众喜爱，成为科学传播的主流渠道之一，也成为科技馆更好地服务于公众科学文化需求、开展科普工作的一项不可或缺的选择。目前，新疆的科技馆普遍存在新媒体科普资源不足、新媒体手段欠缺等问题，部分科技馆思想观念转变不够及时，对接社会上新涌现的科普文化需求不够。尤其南疆地区一些科技馆还没有配备相应的新媒体展品，运用网络等媒介也很少；在新媒体应用方面还处在探索发展阶段，在应用新媒体手段提升场馆的服务能力方面有待提高；有效利用互联网等现代信息技术加强科学传播的机制和平台建设不强；科普内容缺乏吸引力，传播方式互动性不强，不能很好地吸引广大受众参与。

四　新疆现代科技馆体系建设的未来思考

新疆现代科技馆体系建设，在中国科协、新疆科协的有力支持下逐步形成以新疆科技馆为中心，以乌鲁木齐市科学技术馆、克拉玛依科学技术馆、阿克苏科技馆为示范，辐射全疆的实体科技馆、流动科技馆、科普大篷车、数字科技馆及农村中学科技馆组成的现代科技馆体系。基层科普场馆突出特色建设，用好用活科技馆免费开放补助资金，通过硬件升级、管理升级、赛事升级、活动升级等具体措施，着力使科技馆成为重要的科学传播基地、提升公众科学素养的科普教育基地；成为激发青少年科学兴趣的创新实践基地、促进创新的科技交流基地、提升农牧民科学素质的主阵地。面对新形势、新任务、新要求，本报告认为新疆现代科技馆体系建设还需从以下几个方面进一步加强。

（一）制定完善流动科普设施管理机制

一是依据中国流动科技馆考核管理办法，研究制定适合新疆实际情况的管理办法，建立试点，进行规范化管理。加强与各县市科协的联系，联合巡展地本级财政、教育、公安等相关部门开展巡展活动，提高基层科普工作的积极性和实效性，逐渐形成科普"大联合"的良好局面。二是进一步完善和创新管理机制，落实好各地配套设施运行经费，把中国流动科技馆新疆巡展、科普大篷车、农村中学科技馆项目一并纳入新疆各级科协组织的年终考核，以此规范和指导基层科普工作的落实。加强宣传，选树典型，面向基层科协选树最美"科普人"，表彰活跃在一线的科普工作者。三是积极探索科普与新媒体的深度融合，创新科普活动的内容和形式，并利用信息化手段开展更加广泛的推广宣传工作，全力提升科普教育水平。

（二）加强展教资源的开发与创新

通过设立展览展品开发及更新改造、科学教育活动开发、科普影视和网络科普作品创作项目，带动全疆科普展教资源研发水平的整体提升。

第一，依托具有一定研发能力和展教资源的科技馆建立科普展教资源研发中心，整合优质科研资源和人才队伍，促进科普展教资源研发的重点突破与创新发展，发挥其带动与辐射作用，不断提升新疆科普资源开发能力与水平。引进社会力量共同参与科技馆展教资源的开发，与教育机构、研究机构建立紧密的合作关系，拓展科普展教开发的资源和队伍。

第二，持续推动流动科技馆新疆巡展工作，不断创新丰富巡展内容和形式，将更多的趣味科普实验、科普剧、科学实践活动等融入巡展当中，开展内容丰富、形式多样的科普活动，扩大巡展科普服务的辐射面和惠及面。

（三）加强人才队伍建设

建设高素质的专业人才队伍，是提升现代科技馆体系科普能力的重要任务之一，通过在职培训和进修、外地交流等多种途径和方式培养科技馆所需的专业人才，完善人才评定制度，逐步建立科技馆专业人才培养体系，造就一批具有创新意识和专业素质的管理型、专家型和技术型的高素质人才队伍。

依托中国科技馆、上海科技馆等发达地区科技馆高层次专家人才队伍，充分利用科技馆联盟机制，搭建新疆各级科普场馆科技辅导员培训交流平台，提高科技馆人才队伍建设质量；实施"请进来、走出去"的人才培养模式，加强人才智力扶助，促进信息及时共享、理念深度融合。

注重培养和引进人才，提高服务能力。第一，加大对现有人员的培养力度，主要措施是与中国科技馆、上海科技馆等国内一流场馆联合申请科研课题，加强重点人才培养，同时制定吸引人才的办法，加大人才引进力度。第二，选派业务骨干赴内地一流场馆，师从一流团队，提高业务能力。第三，通过在职培训和进修、外地交流等多种途径和方式培养科技馆所需的专业人才，逐步建立科技馆专业人才培养体系，造就一批具有创新意识和专业素质的管理型、专家型和技术型的高素质人才队伍。

推进科技馆从业人员的专业技术职务评聘办法实施。利用好2016年8月新疆人社厅发布的《新疆维吾尔自治区科技辅导专业技术职务任职资格评审条件（试行）》（新人社发〔2016〕105 号）文件，切实形成能够激发从业人员不断提高业务水平的良性竞争激励机制。

（四）丰富科普手段，综合运用新媒体等新型科学传播形式

以抖音为代表的短视频分享平台，以微信公众号、今日头条等为代表的自媒体平台，是现阶段以及未来一个时期主流的传播手段。当下的时代具有"流量制胜""网红经济"等显著特色，而流量和关注度则代表社会公众的思想动向。科学文化的基本属性是文化，而文化恰恰又是社会群族的精神活动，因此，抢占新媒体的话语权，引导公众提升科学素养，既是科技馆业务工作的分内之事，又是推广科学文化的必然要求。

新疆现代科技馆体系建设要与时俱进，勇于尝试和探索，在运营新疆数字科技馆网站、官方网站、公众号等平台的基础上，经过系统分析，不断了解公众在科普领域感兴趣的内容和传播方式，设置新媒体传播部门，更加精准地打造适应新时代的科普工作方法，发展更加符合当地区域特点和经济社会发展水平的科普模式，同时还要对前沿媒体传播途径进行预判，以期能够在下一个、更新的传播方式出现时及早抢占先机；充分应用信息化手段，强化用户（观众）理念和体验至上的服务意识，充分应用现代多媒体手段，提升场馆的服务能力和魅力，增强场馆的科普效果和观众黏性。

五　结语

现代科技馆体系建设使公共科普服务能够覆盖全疆各地区、各类人群，在一定程度上缓解了全疆科普资源城乡分布不均衡的问题，拓展了欠发达地区公众获取科技知识和信息的渠道，推动了全疆科普服务的公平普惠与效能提升。

现代科技馆体系是科技馆事业与我国国情创造性结合的产物，是科普机制的创新与发展，为欠发达地区科普场馆的发展提供了模式与经验。据此，可以不断总结和推广现代科技馆体系的新做法、新经验、新成效，探索构建科普场馆之间协同发展、互惠共享的新模式、新路径。

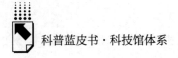

参考文献

"中国特色现代科技馆体系'十三五'规划研究"课题组:《中国特色现代科技馆体系建设发展研究报告》,《科技馆研究报告集（2006～2015）》（上册），中国科学技术出版社，2017。

冯静哲:《流动科普基础设施现状及对策探讨》,《科技风》2019年第2期。

龙金晶:《现代科技馆体系下流动科普设施运行机制的思考》,《学会》2020年第6期。

借 鉴 篇

B.19

博物馆集群协同联动发展模式研究

——以美国史密森学会为例

莫小丹　谌璐琳*

摘　要： 美国史密森学会拥有庞大的博物馆集群，因其在集群管理
　　　　运营方面的卓越表现而声名远扬。经过百余年的探索与实
　　　　践，史密森学会已构建了统一有序的组织架构，以其科学
　　　　的战略规划、精准的资金运作、高效的资源调配、科学的
　　　　评估，取得了规模效益倍增、服务能力不断提升、集群影
　　　　响力持续扩大的显著成效。分析史密森学会集群化发展模
　　　　式的成功做法，可为中国现代科技馆体系的创新发展提供
　　　　有益借鉴。

* 莫小丹，中国科学技术馆科研管理部助理研究员，研究方向为国外科技馆；谌璐琳，中国科
学技术馆科研管理部助理研究员，研究方向为科学传播、科技馆体系。

关键词： 博物馆 史密森学会 集群化 垂直管理

一 引言

1990 年，迈克尔·波特（Michael Porter）在《国家竞争优势》（*The Competitive Advantage of Nations*）一书中首次提出"产业集群"（Industrial Cluster）这一经济学概念。波特通过对 10 个工业化国家的考察发现，为提高竞争力，自 20 世纪 80 年代以来，具有竞争与合作关系的企业或机构聚集在特定地理位置，形成一种新型的产业组织与区域经济形态。集群中的各要素相对齐全，有助于降低各个组分的成本；成员之间互动频繁，有助于实现知识和信息的有效交流、沟通；各个组分协同联动，形成合力，有助于形成规模经济，提高产业和区域的整体竞争力。

博物馆集群即由"产业集群"的概念衍生而来，是指为了共同提高博物馆的社会效益、经济效益，多个博物馆之间聚集组成的具有复杂组织结构的博物馆运营系统。类似的博物馆集群，国外的包括英国利物浦博物馆、德国慕尼黑博物馆、美国纽约古根海姆博物馆、美国史密森学会①、英国科技馆集团。国内的包括上海科技馆、上海自然博物馆、上海天文馆"三馆合一"的集团，以及由北京科学中心、16 个区域分中心和 N 个特色分中心共同构成的北京科学中心体系等。史密森学会作为世界上最大的博物馆体系和研究机构综合体，同时也是美国唯一的半官方性质的博物馆机构，分析其集群化发展模式能为探索建立我国博物馆多层次、结构优化的制度体系提供有益借鉴。

---

① 国内关于史密森学会（Smithsonian Institution）的名称的翻译没有形成统一的学术规范，根据 2015 年出版的《重构与发展——博物馆集群化运营研究》一书中的译文，本报告将统一使用"史密森学会"这一译法。

二 史密森学会集群化模式的确立

王小明、宋娴根据博物馆集群的组织形态，提出了垂直和水平两种模式。在垂直模式中，按照统一的行政管理体系形成的时间顺序，分为先因性和后因性两种；在水平模式中，按照自愿共享方式的不同，分为服务型（存在核心场馆）和共享型（无明显的核心场馆）两种。按照上述划分方式，史密森学会属于先因性垂直管理模式，类似的代表还有美国纽约古根海姆博物馆、英国科技馆集团。

史密森学会的博物馆集群的形成并非一蹴而就的，而是在不断发展过程中根据集群的需要与目标调整，经过多年的发展才形成了比较成熟的集群。这个过程大致经历了三个阶段。学会从成立之初起就具有非常明确的设想：建设集研究机构、博物馆、画廊、图书馆于一体的综合体。随着美国经济的快速发展，学会的藏品逐渐丰富起来，博物馆对公众展示其研究和收藏成果的功能凸显，美国政府逐步加大对学会博物馆的支持力度，并将其视为学会最重要的组成部分，博物馆的数量不断扩大，最终发展成为集群，并形成了较为完善的管理模式。

1846 年，史密森学会在美国政府的主导下成立，财政上依赖政府支持，具有官方的管理属性，但并不属于政府，是受理事会管理的独立机构。根据吴岳对史密森学会早期历史的研究，首任秘书长约瑟夫·亨利（Joseph Henry）制定了史密森学会的发展蓝图，包括建立一座研究中心、一座博物馆、一座艺术陈列室、一座国家级图书馆，为史密森学会庞大的体系奠定了发展基调，即在成立之初就计划构建一个包含多个博物馆和组织机构的博物馆集群。然而在成立早期，学会工作的侧重点是科学研究而不是博物馆事务。

20 世纪，博物馆进入主动向公众展示藏品、体现自身教育价值的发展时期。随着藏品的大量增加，各类展览的成功举办，要求史密森学会筹建美国国家博物馆的呼声越来越高，几经调整最终才定调，标志着学会由

最初的以学术研究为主的阶段转入承担更多传播知识和教育公众的阶段，
这一时期，学会博物馆群的规模不断壮大，包括在美国首都华盛顿特区的
国家广场周边建设博物馆，弗利尔美术馆（1923 年，亚洲艺术博物馆前
身）、国家航空博物馆（1946 年）、史密森非洲艺术博物馆（1964 年）、
史密森学会美国历史博物馆（1964 年）等逐渐对公众开放。20 世纪 80 年
代，秘书长西德尼·狄龙·瑞普利（Sidney Dillon Ripley）开创性地提出
了"博物馆作为教育机构和休闲场所"这一理念，对"博物馆仅仅作为
艺术品收藏所"这一传统理念产生了巨大的冲击，在瑞普利长达 20 年的
领导下，史密森学会博物馆集群建设进入第二波发展高峰期，如美国国立
非洲艺术博物馆、非裔美国人历史和文化博物馆等，丰富了集群内的博物
馆类型。

进入 21 世纪后，史密森学会于 2010 年首次提出为期五年的"2010~
2015 战略计划"，旨在通过战略计划的拟订，明确中短期目标与长远目标，
在加强学会垂直管理的同时，通过"战略—目标—任务"的管理模式，打
通了学会的横向联系。战略计划将史密森学会的工作推上一个新的高度。
2021 年，史密森学会在成立 175 周年之际，发展成为拥有 19 座博物馆、21
家图书馆、9 座研究中心、1 个国家动物园以及 1.55 亿件艺术品和标本、
6400 名雇员、7300 名志愿者的庞大机构。史密森学会博物馆集群化发展模
式的确立，为学会发展奠定了强有力的基础。

三 史密森学会集群化模式的特点

史密森学会的博物馆类型多样、主题多元、作用独特。集群的运营，
需要一套完善成熟的管理体制，以保证各个组分的正常运行，并使集群
得以持续发展。与运行单一场馆不同，集群化运营的难度在于如何将多
个场馆和机构以有效的方式融合为有机的整体。作为先因性垂直管理模
式的典型代表，史密森学会以"增长知识、传播知识"的使命为核心，
搭建有序、职责分明的组织架构，在目标和策略上达成共识，确保技术、

资金、人才在集群内高效流动，以效果评估提高执行力的管理模式，最终形成了办馆宗旨明确、各个场馆有机统一、资源合理流动的特色集群化发展模式。

（一）统一有序的组织架构，有助集中管理

史密森学会是典型的垂直纵向管理模式，其优势在于关系清晰、分工明确、权责分明、有利于统一指挥和集中管理。

核心组成部分是管理委员会（理事会），下设秘书长及多位助理，分别专职管理发展、运营、市场营销及公共事务等。博物馆群作为一个整体，由博物馆和文化次长负责管理（见图1）。

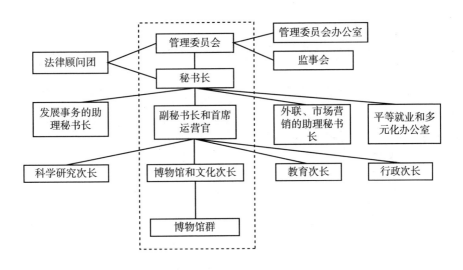

图1 史密森学会组织架构示意

注：若无特别说明，本文图表数据均来源于史密森学会官方网站。

管理委员会作为史密森学会的核心组成部分，肩负着推动学会发展的最重要责任——统揽全局：制定学会的战略规划，管理学会的日常运营与合作交流，为整个学会创造最大的经济、社会、教育及文化价值，主要任务包括确保学会的经济来源，参与管理、发展、监控收入（包括

联邦预算、募捐、史密森捐赠、创收活动）。委员由 17 名成员组成，包括美国副总统、最高法院院长、3 名白宫代表、3 名参议院代表及 9 名公民代表。根据 2020 年 4 月学会官方网站公布的最新组织结构：副秘书长和首席运营官负责管理所有核心业务（科学研究、教育、博物馆和文化、行政），同时按照专业技能联系的紧密程度，将业务活动归类组合到同一个单元中，由此形成了边界清晰的条块关系，提高了专业化程度、工作效率，有助于提升治理能力，同时减轻了各级行政主管的工作负担。博物馆集群内的各个博物馆皆由一位馆长负责，各馆之间行政独立但互通信息，定时举行交流会以便互相提供信息进行交流，联动配合开展重要活动。尽管史密森学会不断调整各级行政主管业务分管内容，但垂直管理模式一直沿用至今。

（二）制定科学战略规划，统筹布局建设

为了保证博物馆在日新月异的环境下健康发展，制定战略规划是国外博物馆集群团结一致、形成合力的常见策略。史密森学会始终以"增长知识，传播知识"的使命作为工作目标，为社会、知识、文化、精神、经济各界提供高水平的服务。2010 年，史密森学会首次提出为期五年的"2010 ~ 2015 年战略计划"，为学会的未来发展指明了方向，要求博物馆集群的各项工作都围绕使命和战略计划开展。该项战略计划对社会环境、行业现状、自身组织进行了综合分析评估，学会长期开展的观众研究和项目评估也为战略计划的制订提供了大量的数据支撑。战略计划明确了史密森学会的角色、责任、核心优势，从战略、目标、任务三个维度确定执行过程中的重点任务，聚焦核心功能，明确优先发展事项，制订行动计划和分阶段措施，进而延伸出一系列的具体目标，确保博物馆集群的资源用来实现最重要的目标，保障博物馆的运营有章可循和有序性，朝着正确的方向前进，有计划地行事，更加高效、经济地实现整体目标，同时还可以激发全体博物馆职员的热情和动力（见表1）。

表1　史密森学会战略计划优先事项和具体目标

战略框架（2019 版）				
解谜宇宙	保护地球生物多样性	重视世界文化	了解美国历史	提升艺术和设计的变革性能力
战略优先事项	具体目标			
1. 研究和奖学金	通过对科学、艺术、历史、文化的高影响力研究来创造知识			
2. 公众参与	通过令人信服的展览、教育活动、媒体产品，通过线上线下的方式向美国以及全球其他国家的公众分享知识			
3. 全国性的藏品	通过藏品的维护和进一步收集，保护自然、文化遗产			
4. 史密森学会设施	维护学会历史悠久的基础设施，保护藏品、开展科研、接待公众参观			
5. 人才队伍和组织建设	（1）通过建立灵活、经济高效的泛机构管理流程提升组织运营效率和有效性。（2）确保人才队伍的多元化和包容性。（3）加强财务管理			

由于"2010～2015 年战略计划"在学会内部的测评中获得了一致好评，理事会于 2017 年制订了新的五年"2017～2022 年战略计划"，始终围绕"增长知识、传播知识"这个核心目标，一以贯之地坚持以公众为中心，提出服务公众数量超 10 亿的宏伟目标；通过观众调查研究，以观众满意度作为绩效目标，提高博物馆服务公众的效率和质量。同时将"放大艺术设计的变革力量"列入战略优先发展工作，进一步强调博物馆展览、教育功能，突出通过艺术设计表现方法，强化观众的体验，维护一个使各种声音自由表达、公众充分选择的环境。战略计划强调史密森学会作为有机统一的整体，通过统一的价值秩序，增强集群认同感和团结意识，最终形成集群合力。

（三）资金先集中再分配，协调高效运作

大型博物馆具有资源优势，而中小型博物馆则存在人、财、物多方面的困境，需要在建设与运营上给予重视和投入。史密森学会建立了全学会统一的财务管理制度，集合政府财政拨款、私人募捐、投资盈利等各类资金，再综合长期战略规划、战略优先事项、单个场馆的目标，对整体收入进行分配使用，对不同功能和特点的博物馆资助的侧重点不同，从而解决了博物馆集

群内各个场馆发展阶段不一、实力差距较大、资源分布不均、资金不足等问题，平衡了史密森学会的短期利益与长远利益。

史密森学会财务事务系统中与博物馆相关的运营经费包含三大类：整个学会的日常运营（以员工工资为主）、博物馆建设（以各博物馆的日常运营为主）、整体功能（包括展览策划、巡回展览、其他对外服务等）。以博物馆建设为例，服务公众的支出项目包括公众获取和利用资源、展览服务、教育三个方面，按照场馆的规模、核心业务、该馆在战略计划中所起的作用来进行经费的测算和划拨（见图2），确保政府拨款能有效地用于促进"增长知识、传播知识"。例如，美国国立自然历史博物馆、印第安人博物馆、非裔美国人历史和文化博物馆主要通过支持人文方面的教育、公共项目来增加公众的人文知识，因此获得教育服务资金的比例相对较高；赫尚博物馆和雕塑园、非洲艺术博物馆、国立肖像美术馆的主要工作是举办主题展览，学会则通过拨款维持和改善此类场馆的公共服务。在实际资金分配运作中，采取专款专用的形式，设立专项明确使用用途，就避免了资金过分的平均化分配，保障了政府拨款的安全和效率。可见，先集中再分配的财务运作模式具有以下优点：一是目标一致，能促进学会经济利益和价值最大化；二是通过资源共享，增强学会内部资源的聚合与共享；三是运作协同，由学会通过财务运作系统，加强对博物馆集群内成员的宏观指导和控制，可以规避风险。

（四）凝聚共识、资源共享，促进资源流动

史密森学会既有垂直管理，也通过"凝聚共识、资源共享"的方式进行场馆间的联动，建立横向联系，确保资源在集群内高效流动。

史密森学会在制定战略优先事项时，将集群内与该优先事项相关的机构进行联合，实现人员、资金和技术有效流动、高效聚集。博物馆之间经常联合举办展览、教育活动、公众活动等，如史密森音乐节、博物馆节庆、"美国妇女倡议"、地球日塑料回收承诺、趣味市集、国际研讨会等。通过共建共享展览、教育活动、公众活动、多媒体产品、学校课程等业务，明确场馆间的合作内容和方式，形成资源共享、协调沟通机制，优势互补，推动各个

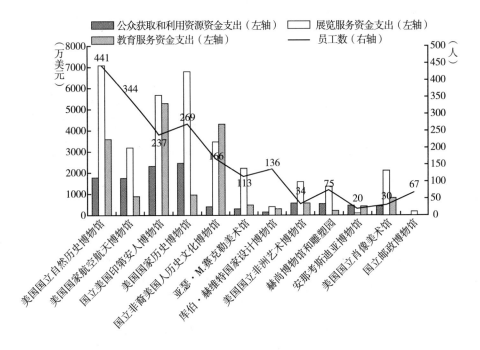

图2　史密森学会部分博物馆资金支配及员工数情况

组分的开放合作，以"共识"促进共同发展。

　　史密森学会通过人员培训共享先进理念与技术。学会为展览策划与制作成立了专门的部门——展品办公室（The Smithsonian Exhibits Office，SIEO）。每年，展品办公室独立设计和制作大约100个大小展览项目，这与其强大的设计能力和出色的团队密不可分。展品办公室通过在学会范围内开展员工培训，提高员工的展览设计技能，与此同时，为员工提供接触最先进的展示设备和设计理念的机会，提升员工在总体规划和展览开发方面的能力，尤其是进行原型制作和互动开发方面，从而确保学会能持续不断地培养、扩大具有策划、设计和制作高能力的专业人才队伍。类似的部门还包括史密森科学教育中心（Smithsonian Science Education Center，SSEC）。通过跨部门的系列培训、研讨会，激发人员的创造力、合作精神，激发学会内部各个场馆的横向协同活力。

（五）系统开展科学评估，提升执行力

学会的高效运转依赖快速反应能力和高效的执行力。史密森学会"2017~2022年战略计划"提出：要形成优化快速反应、成本效益、负责的管理结构。提升快速反应能力和执行力的关键之一是开展科学的评估。

史密森学会严格按照发展规划运营博物馆，在集群总体目标的基础上细化出步骤计划，明确每一项任务，考核体系围绕战略优先事项确定指标。通过评估和监测单个目标的进度，能够及时发现问题，纠正问题，以此确保达成运营目标并实现良性的可持续发展。例如，公众参与的评估考核指标中，为实体馆服务能力、教育活动服务能力、社交媒体影响力、巡回展览服务能力、史密森联盟服务能力设定了明确的目标数量，并标注实际完成情况（见表2）。不断地评估和改进最终有效保障了学会的重点项目的顺利实施，项目决策程序更加科学合理，项目管理日趋完善，项目效果实现度不断提升，最终提高了资金配置效率和使用效率，并提高了整个组织效率。

此外，史密森学会还组织理事会开展自我评估，主要针对研究、教育、收藏、公众获取、打破界限、能力建设等方面展开，促使理事会及时发现运行过程中的问题并加以纠正，确保史密森学会稳定有序发展。同时，史密森学会也接受社会监督，定期向员工、股东、国会、公众公布财务状况、设施更新、业务进展、人事变动等各类事项，确保得到及时的反馈。自2008年起，理事会每年都举行年度公众论坛，论坛对媒体开放并且通过网络直播为理事会与公众提供直接交流的机会。公众监督为学会带来无形的压力和约束力，但有利于提高计划的效率和执行效果。

表2　公众参与的评估考核指标（2019年度）

核心绩效指标	指标类型	目标	实际完成	完成度
史密森学会博物馆和动物园服务观众数	博物馆、动物园效益	2800万人次	2330万人次	83%
史密森学会教育活动服务观众数	公众使用教育活动等级、质量	1000万人次	1020万人次	100%

续表

核心绩效指标	指标类型	目标	实际完成	完成度
社交媒体粉丝量	公众使用史密森学会资源	700 万人次（脸书）	700 万人次（脸书）	100%
		610 万人次（推特）	590 万人次（推特）	97%
史密森巡回展览展出地数量	馆外服务和美国国内效益	30 个州 127 个地区	38 个州 130 个地区	100%
史密森联盟成员单位数量	馆外服务和美国国内效益	218 个	214 个	98%

四　史密森学会博物馆集群模式的成效

（一）集群规模不断扩大，发展势头强劲

史密森学会通过不断扩大旗下博物馆的数量，形成了整体布局规范合理、管理灵活有序、优势互补和协同发展的博物馆集群，高效地为社会公众提供多元化、有针对性的公共服务，构建便捷的线上线下资源库，在美国的教育、研究和文化生活中发挥着至关重要的作用，培育了城市乃至国家的良好科学与人文底蕴。

一方面，学会在博物馆建筑选址、设施功能上从方便公众的角度考虑，自 20 世纪 60 年代至今，已有 11 座国家博物馆设立在美国华盛顿国家大道两侧，形成了世界级的博物馆文化景观。另一方面，博物馆集群营造的文化氛围，推动社会不断地变革与进步。例如，2016 年，全面展示非洲裔美国人生活、艺术、历史、文化的国立非裔美国人历史和文化博物馆竣工，体现了学会几十年不断努力创造更公正的社会的成果；2020 年 3 月，美国众议院投票通过了提案，将在国家广场建设新的博物馆——女性历史博物馆，关注女性贡献和重新发现女性对社会的意义。不断新建的博物馆也标志着史密森学会博物馆集群化发展势头并未衰减。

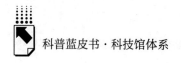

（二）规模效益倍增，知名度不断提升

博物馆的展览和教育活动是其与社会沟通的重要渠道。史密森学会每年推出大量展览，并开展模拟制作、科学探索、专题讲座、示范表演、动手操作、知识竞赛、学术讨论等一系列公众活动。史密森学会打破了单个博物馆单打独斗的工作方式，使学会规模效应和品牌效应最大化，不断扩大学会影响力。

展览数量是衡量博物馆能力和吸引力的重要指标之一，史密森学会以其集群化优势，每年推出新展览约100个，尤其是具有灵活性、追踪社会热点的短期展览数量众多（见表3）。此外，史密森学会还开发了一系列有关艺术、科学、历史和流行文化的展览，向全球各地输送，大到博物馆、小到乡村的社区中心都通过这一形式分享了学会的藏品和专业知识。2019年，共有38个展览在130个地区巡回，覆盖了美国38个州，共服务学校、博物馆、图书馆6314家（见表4）。

表3　2016～2019年学会对公众开放的展览数量

单位：个

年份	大型常设展览	大型短期展览	小型展览	开放展览总数
2016	13	60	37	110
2017	6	56	31	93
2018	19	68	30	117
2019	4	52	32	88

表4　巡回展览情况

年份	估计的观众数（万人次）	展览数量（个）	巡展地数量（个）	覆盖的州（个）	巡展国家数量（个）	服务学校、博物馆、图书馆（家）
2016	450	41	760	50	4	—
2017	450	31	142	50	—	5450
2018	450	29	129	34	—	3811
2019	450	33	130	38	1	6314

得益于自身丰富的馆藏和强大的研究能力，史密森学会教育功能不断凸显。2007～2017 年，学会共开发了 39 个针对幼儿园至 8 年级学生的课程模块，与 1454 个美国校区合作，服务了美国 50 个州、全球 25 个国家，受益学生高达 650 万人。史密森学会多样的展览和教育活动也吸引了大量观众，2016～2019 年每年线下观众均在 2300 万人次以上，官网线上访问数稳定在 1 亿次以上，数字化服务水平及大众获取数字资源程度较高（见表 5）。同时，观众对学会具有较高的满意度，学会 2015～2016 年度的满意度调查显示，满意度为 9～10 分的观众占 60%，满意度为 7～8 分的观众占 30%。

表 5　2016～2019 年史密森学会 19 家博物馆年观众量

单位：万人次，亿次

年份	观众数	线上访问数量
2016	2930	1.34
2017	3010	1.51
2018	2880	1.60
2019	2330	1.54

随着互联网的广泛应用，社交媒体成为各类组织改善与公众关系的理想空间，对于博物馆来说，社交媒体平台上的"粉丝"数量及互动程度也是考察其社会效益的一个重要指标。史密森学会于 2009 年策略发展会议中主张，博物馆应该做出改变，以适应社交媒体对社会造成的影响。到目前为止，学会在 Facebook、Twitter、Instagram、YouTube 等平台上都有活跃表现。2019 年度，学会的 YouTube 账号点击量为 3.1 亿次，Facebook、Twitter、Instagram 粉丝总量达到 1660 万。

（三）塑造有影响力的交流平台，扩大"朋友圈"

1996 年，史密森学会发起成立史密森联盟（Smithsonian Affiliations），旨在促进学会博物馆群与其他博物馆、教育和文化组织建立长期合作关系，以便共享藏品、展览和教育资源，开展联合研究等。学会的集群化优势，成功吸引了外界对其资源的兴趣和与学会建立伙伴关系的向往。联盟成员作为"史密森会员"，可以使用史密森学会的徽标和相关资源，包括借用藏品，租用学会研发的巡回展览，与学会合作开展创新教育项目，通过"史密森访问学者"项目进行人才交流，参与品牌活动"史密森文化节"等。与此同时，史密森联盟的成立有助于解决学会长期面临的藏品不断增加，运行经费不断上涨，藏品保存、策展、研究、展出等系列挑战，监督和协调学会的合作伙伴关系。史密森联盟成立之初仅有21家会员单位，截至2019年，联盟会员单位达到216家，遍布美国46个州和波多黎各、巴拿马，进一步扩大了史密森学会在全美洲的影响力。

五 对我国科技馆建设的启示

当前，我国科技馆正处于快速发展时期，场馆数量不断扩大。科技馆的建设也从最初主要注重数量增长转变为更加重视服务质量和能力建设。科技馆服务社会公众的水平是由科技馆能否提供公众需要的科学文化内容以及科普展教资源的研发和实施能力决定的。科技馆体系在《全民科学素质行动计划纲要实施方案（2016—2020年）》《面向建设世界科技强国的中国科协规划纲要》等整体规划的指导下建设发展，步入有序发展的轨道，一个具有中国特色、覆盖全国、遍及城乡的科技馆体系已初见成效。但由于尚未形成最有效的协调机制，科技馆体系仍面临不同科技馆之间和不同的科普项目之间缺乏配合，沟通和协调机制不健全等问题，影响了科技馆的持续高质量发展。

为此，部分科技馆进行了区域性科技馆体系建设的有益探索。如2019年北京科学教学馆协会成立，进一步推动北京科学中心"1 + 16 + N"体系提质升级；上海科技馆（2001年对外开放）、上海自然博物馆（2015年对外开放）、上海天文馆（预计2021年对外开放）形成三馆集群发展。但我国科技馆领域的集群尚处于起步阶段，仅有时间不长的探索实践，结构简单，亟须形成推动资源开发和服务融合发展的战略合作协同创新发展的模式和路径。史密森学会博物馆集群经过百年的发展，在运营管理方面积累了许多经验，集群化发展有了较为成熟的运营模式，对我国科技馆集群化发展有一定的启示意义。

（一）明确发展方向，形成战略计划

随着科技馆数量的增加，如何吸引观众来馆参观是每一个科技馆共同面临的挑战。成功提升科技馆吸引力的关键在于科技馆形成清晰的发展方向和战略计划。作为制定战略的关键要素——社会的发展、科技馆的功能、观众对科技的关注，是推动我国科技馆事业发展的特有动力。首先，科技馆的核心功能是展览展示和教育活动，只有持续开发出一流的展览和教育活动，才能提升科技馆的吸引力。其次，层出不穷的科学新发现、新成果，不断地刷新公众理解科学和认识世界的方法。科技馆是提供科学传播服务的公共设施，是公众参与科学的重要平台。科技馆只有为最新的科技创新成果提供展示平台，顺应时代发展，才能不断满足多样化的公众科学文化需求，为公众提供优质科普服务。最后，科技馆搭建新的科学交流平台，充分发挥自身优势，努力增进公众对科学与社会以及科学与伦理等问题的理解和参与。要实现上述目标，必须加强科技馆的场馆建设，提升展览展示与教育活动开发能力、社会公共服务能力和馆级交流合作能力。

（二）设立品牌活动，发挥联动效应

不同级别的科技馆发展状况存在很大差距，中小型场馆受经费、人员保障等各方面的限制，面临发展后劲不足的困难，尤其需要以资源共享、协同化发展的方式，促进其良性发展，更好地承担基层科普服务的功能。因此，在同一区域内，不同级别、不同规模的科技馆可逐步开始筹建网络状的运营共同体，增进场馆之间的相互联系，促进资源要素在场馆间的合理流动，将原本的竞争关系转变为合作关系。

一是形成常态化的合作模式，确立集群内部的核心组成部分（可以是核心场馆，也可以是核心组织）。核心组成部分作为主导者，带动区域内的

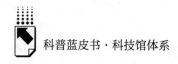

其他中小场馆发展。如核心场馆自身拥有强大的人力、物力、财力资源，将自身的经验与资源进行辐射。实现资源在集群内各个场馆间高效流动。

二是形成品牌活动，促进集群内部合作落在实质层面。为真正实现积聚效应，应抓住关键环节、节点和时间，打造大型综合性活动，如科普日、科学节、科技周等；多馆联合开展优质展览巡展；通过品牌塑造，采取有针对性的宣传策略和渠道，扩大活动知名度和影响力。

三是在品牌活动运作过程中，不断优化协调沟通机制，确保资源调配的高效便捷，为展览、教育活动在集群内组织、实施、管理提供便利。通过形成一体的、高效能的集群化场馆运行管理体系，为集群内的各个场馆的良好发展提供助力，提高集群内各个场馆参与的积极性，从而获得公众的关注和支持，更好地发挥科普职能。

四是搭建交流平台，组织交流会、业务培训等，提升活动品质，获得持续发展动能。如组建高水平的跨馆研发团队，在确保展览设计制作有序推进的同时，也能培养出高水平的人才队伍。

（三）整合社会力量，构建多元合作

区域内的科技馆集群作为一个整体，向外辐射发展多元合作网络，通过与相关行业的融合带动区域科普事业的发展。一是作为公共文化服务体系中的一部分，联合图书馆、美术馆、文化馆，积极发挥各类机构的优势与服务功能，拓展服务内容与服务形式。二是与高校、科研机构、科技企业等社会机构开展广泛的合作，充分整合各类社会资源，以多元的合作模式，鼓励各种社会资源、社会力量多渠道参与科技馆展览、教育和文创开发，发挥社会力量的作用，形成场馆与社会的长效互动机制。

参考文献

王小明、宋娴：《重构与发展——博物馆集群化运营研究》，上海科技教育出版社，

2015。

柳懿洋:《博物馆集群化运营模式研究》，中央美术学院博士学位论文，2017。

吴岳:《史密森学会的创立及其初期活动研究（1836～1878）》，东北师范大学博士学位论文，2016。

社会科学文献出版社

皮 书

智库报告的主要形式
同一主题智库报告的聚合

✤ 皮书定义 ✤

皮书是对中国与世界发展状况和热点问题进行年度监测，以专业的角度、专家的视野和实证研究方法，针对某一领域或区域现状与发展态势展开分析和预测，具备前沿性、原创性、实证性、连续性、时效性等特点的公开出版物，由一系列权威研究报告组成。

✤ 皮书作者 ✤

皮书系列报告作者以国内外一流研究机构、知名高校等重点智库的研究人员为主，多为相关领域一流专家学者，他们的观点代表了当下学界对中国与世界的现实和未来最高水平的解读与分析。截至2020年，皮书研创机构有近千家，报告作者累计超过7万人。

✤ 皮书荣誉 ✤

皮书系列已成为社会科学文献出版社的著名图书品牌和中国社会科学院的知名学术品牌。2016年皮书系列正式列入"十三五"国家重点出版规划项目；2013~2020年，重点皮书列入中国社会科学院承担的国家哲学社会科学创新工程项目。

中国皮书网

（网址：www.pishu.cn）

发布皮书研创资讯，传播皮书精彩内容
引领皮书出版潮流，打造皮书服务平台

栏目设置

◆ **关于皮书**
何谓皮书、皮书分类、皮书大事记、
皮书荣誉、皮书出版第一人、皮书编辑部

◆ **最新资讯**
通知公告、新闻动态、媒体聚焦、
网站专题、视频直播、下载专区

◆ **皮书研创**
皮书规范、皮书选题、皮书出版、
皮书研究、研创团队

◆ **皮书评奖评价**
指标体系、皮书评价、皮书评奖

◆ **互动专区**
皮书说、社科数托邦、皮书微博、留言板

所获荣誉

◆ 2008年、2011年、2014年，中国皮书
网均在全国新闻出版业网站荣誉评选中
获得"最具商业价值网站"称号；
◆ 2012年，获得"出版业网站百强"称号。

网库合一

2014年，中国皮书网与皮书数据库端口
合一，实现资源共享。

权威报告・一手数据・特色资源

皮书数据库
ANNUAL REPORT(YEARBOOK)
DATABASE

分析解读当下中国发展变迁的高端智库平台

所获荣誉

- 2019年，入围国家新闻出版署数字出版精品遴选推荐计划项目
- 2016年，入选"'十三五'国家重点电子出版物出版规划骨干工程"
- 2015年，荣获"搜索中国正能量 点赞2015""创新中国科技创新奖"
- 2013年，荣获"中国出版政府奖・网络出版物奖"提名奖
- 连续多年荣获中国数字出版博览会"数字出版・优秀品牌"奖

成为会员

通过网址www.pishu.com.cn访问皮书数据库网站或下载皮书数据库APP，进行手机号码验证或邮箱验证即可成为皮书数据库会员。

会员福利

- 已注册用户购书后可免费获赠100元皮书数据库充值卡。刮开充值卡涂层获取充值密码，登录并进入"会员中心"—"在线充值"—"充值卡充值"，充值成功即可购买和查看数据库内容。
- 会员福利最终解释权归社会科学文献出版社所有。

社会科学文献出版社 皮书系列
SOCIAL SCIENCES ACADEMIC PRESS (CHINA)

卡号：433212826949

密码：

数据库服务热线：400-008-6695
数据库服务QQ：2475522410
数据库服务邮箱：database@ssap.cn
图书销售热线：010-59367070/7028
图书服务QQ：1265056568
图书服务邮箱：duzhe@ssap.cn

基本子库
SUB DATABASE

中国社会发展数据库（下设 12 个子库）

整合国内外中国社会发展研究成果，汇聚独家统计数据、深度分析报告，涉及社会、人口、政治、教育、法律等 12 个领域，为了解中国社会发展动态、跟踪社会核心热点、分析社会发展趋势提供一站式资源搜索和数据服务。

中国经济发展数据库（下设 12 个子库）

围绕国内外中国经济发展主题研究报告、学术资讯、基础数据等资料构建，内容涵盖宏观经济、农业经济、工业经济、产业经济等 12 个重点经济领域，为实时掌控经济运行态势、把握经济发展规律、洞察经济形势、进行经济决策提供参考和依据。

中国行业发展数据库（下设 17 个子库）

以中国国民经济行业分类为依据，覆盖金融业、旅游、医疗卫生、交通运输、能源矿产等 100 多个行业，跟踪分析国民经济相关行业市场运行状况和政策导向，汇集行业发展前沿资讯，为投资、从业及各种经济决策提供理论基础和实践指导。

中国区域发展数据库（下设 6 个子库）

对中国特定区域内的经济、社会、文化等领域现状与发展情况进行深度分析和预测，研究层级至县及县以下行政区，涉及地区、区域经济体、城市、农村等不同维度，为地方经济社会宏观态势研究、发展经验研究、案例分析提供数据服务。

中国文化传媒数据库（下设 18 个子库）

汇聚文化传媒领域专家观点、热点资讯，梳理国内外中国文化发展相关学术研究成果、一手统计数据，涵盖文化产业、新闻传播、电影娱乐、文学艺术、群众文化等 18 个重点研究领域。为文化传媒研究提供相关数据、研究报告和综合分析服务。

世界经济与国际关系数据库（下设 6 个子库）

立足"皮书系列"世界经济、国际关系相关学术资源，整合世界经济、国际政治、世界文化与科技、全球性问题、国际组织与国际法、区域研究 6 大领域研究成果，为世界经济与国际关系研究提供全方位数据分析，为决策和形势研判提供参考。

法律声明